面向对象的遥感图像森林分类研究与应用

Research on Object-oriented Classification for Forest Covers of Remote Sensing Imagery and Its Application

李春干　著

中国林业出版社

图书在版编目（CIP）数据

面向对象的遥感图像森林分类研究与应用/李春干著．—北京：中国林业出版社，2009.11
ISBN 978-7-5038-5733-1

Ⅰ．面…　Ⅱ．李…　Ⅲ．遥感图像－应用－森林资源调查－研究　Ⅳ．S757.2

中国版本图书馆 CIP 数据核字（2009）第 193473 号

出　版：中国林业出版社（100009　北京西城区刘海胡同 7 号）
网　址：www.cfph.com.cn
E-mail：forestbook@163.com　电话：（010）83222880
发　行：中国林业出版社
印　刷：北京林业大学印刷厂
版　次：2009 年 11 月第 1 版
印　次：2009 年 11 月第 1 次
开　本：787mm×1092mm　1/16
印　张：11　　彩插　8 面
字　数：267 千字
印　数：1～1000 册
定　价：50.00 元

作者简介

李春干，研究员、教授级高级工程师、博士。1983 年毕业于广西大学林学院林学专业，后获南京林业大学森林经理专业硕士学位、北京林业大学森林经理专业林业遥感方向博士学位。2006 年 5 月至 2007 年 8 月在美国 PURDUE 大学林业和自然资源系作访问学者。现为广西林业勘测设计院总工程师。

1983 年至今，一直从事森林资源调查、动态监测与管理的研究与开发工作，目前研究重点为“3S”技术在森林资源监测与管理中的应用。分别获部省级科技进步二等奖 1 项，三等奖 3 项。以第一作者身份公开发表研究论文 40 余篇，其中 EI 收录 2 篇。合作出版专著一部。是广西“新世纪十百千人才工程”第二层次人选（2002218），广西首批省级干部联系、关护的专家，首届广西林业科技重奖个人获得者。广西大学兼职教授、硕士生导师。

前 言

以地面调查为主的传统森林资源调查和监测技术方法，存在着工作量大、劳动强度大、成本高、周期长、效率低、时效性差等问题，而且调查精度不高，难以满足当今林业发展的需要。以遥感（Remote Sensing，RS）为主，包括地理信息系统（Geographic Information System，GIS）和全球定位系统（Global Positioning System，GPS）的3S技术及其集成，由于其具有传统技术不可比拟的优势，成为当前森林资源调查和监测研究的重点和热点。

遥感图像森林分类是遥感技术在森林资源监测应用中最基础、最重要和最关键的工作。几十年来，遥感图像分类无论是在理论上，还是在技术上都取得了长足的进步，但仍不能满足大面积实际应用需要，尤其是在森林分布破碎、类型多样、结构复杂的南方林区，遥感图像分类精度还有待进一步提高。近年来，随着高空间分辨率航天遥感图像的容易获取且成本可以接受，遥感技术在森林资源监测中应用前景十分广泛。面向对象分析方法的提出和发展，为遥感图像森林分类提供了一个极有希望的途径。然而，现有的遥感理论和技术大多是基于中低分辨率图像、针对像元分析建立起来的，对于高空间分辨率图像和具有丰富含义的图像对象，需要从图像处理、图像分割和特征提取，到图像分类等各个方面都进行深入的研究。

本书是作者多年来相关研究工作的总结。以改善SPOT5图像森林分类精度为目的，从图像预处理、图像分割、ETM+辅助数据的应用、对象的光谱和纹理特征提取与筛选、多分类器分类与结合等整个流程进行了全面的、系统的和综合的探索和研究。并以森林资源规则设计调查应用为目的，介绍了通过SPOT5图像分割自动提取小班边界的技术方法，以及基于规则分类的航空遥感图像森林/土地利用/覆盖分类方法。主要研究内容包括：林区GPS控制网的建立和基于该网采集地面控制点进行遥感图像几何精校正的方法，图像融合、正射校正、图像增强、彩色合成；图像分割、基于规则的分类和基于分类的分割；对象特征提取、正态性分布检验和对象特征筛选；面向对象的多分类器（最小距离、马氏距离、Bayes准则、模糊分类、支持向量机）分类；多分类器结合方法；基于图像分割的森林小班边界自动提取方法；基于多尺度分割和规则分类的森林/土地/利用/覆盖分类。

在与本书相关的研究工作中，得到了国家自然科学基金（30371158）、广西“新世纪十百千人才”工程专项资金（2002218）、广西壮族自治区林业局科学基金（200246）和广西财政资助出国留学基金等多项经费的共同资助。

本书的主要研究工作是作者于2006年5月至2007年8月在美国PURDUE大学作访

问学者时完成的，部分工作在国内完成。在研究过程中，得到了 PURDUE 大学林业和自然资源系邵国凡教授、陆地观测计划（Program of Terrestrial Observatory）的 Larry L. Biehl 教授的鼎力帮助，广西林业勘测设计院代华兵工程师、谭必增高级工程师参与了林区 GPS 控制网和图像预处理工作。此外，还得到了西安科技大学李崇贵教授、中国林业科学研究院资源信息所赵宪文研究员、北京林业大学林学院冯仲科教授、广西高峰林场刘运华副场长、高峰林场林业调查规划设计队朱贤良队长等的大力帮助。借本书出版之际，作者对他们表示深深的谢意。

由于作者水平有限，书中难免存在缺点错误，敬请读者批评指正。

李春干

2009 年 7 月

目　录

第 1 章　面向对象的图像分析方法与森林遥感分类研究进展 …… (1)
1.1　遥感图像分类概述 …… (2)
1.2　面向对象的图像分析方法 …… (4)
1.3　遥感图像森林分类研究现状与趋势 …… (6)
1.4　研究区域概况和数据源 …… (11)
1.5　面向对象的遥感图像森林分类总体思路 …… (13)
1.6　本章小结 …… (15)
参考文献 …… (15)

第 2 章　SPOT5 图像预处理 …… (22)
2.1　数据预处理基本流程 …… (22)
2.2　林区 GPS 控制网的建立 …… (22)
2.3　几何精校正和空间配准 …… (30)
2.4　图像融合 …… (34)
2.5　正射校正 …… (38)
2.6　图像增强 …… (41)
2.7　彩色合成 …… (42)
2.8　本章小结 …… (43)
参考文献 …… (44)

第 3 章　图像分割与基于规则的分类 …… (46)
3.1　图像分割 …… (46)
3.2　基于规则的分类 …… (49)
3.3　基于分类的分割 …… (52)
3.4　图像分割效果评价方法 …… (53)
3.5　结果分析与讨论 …… (56)
3.6　本章小结 …… (58)
参考文献 …… (59)

第 4 章　对象特征提取与筛选 …… (60)
4.1　对象特征提取 …… (60)
4.2　对象特征分析和正态性分布检验 …… (63)
4.3　对象特征筛选 …… (66)
4.4　结果分析与讨论 …… (73)

4.5 本章小结 …… (78)
参考文献 …… (78)

第5章 面向对象的多分类器分类 …… (80)
5.1 分类方案确定 …… (80)
5.2 训练样地选取 …… (81)
5.3 最小距离分类器 …… (83)
5.4 马氏距离分类器 …… (85)
5.5 Bayes 分类器 …… (87)
5.6 模糊分类器 …… (90)
5.7 支持向量机分类器 …… (93)
5.8 讨 论 …… (96)
5.9 本章小结 …… (104)
参考文献 …… (105)

第6章 多分类器结合 …… (106)
6.1 标准的多分类器结合方法 …… (106)
6.2 模糊融合方法 …… (108)
6.3 投票法与模糊融合相结合方法 …… (111)
6.4 结果分析与讨论 …… (112)
6.5 本章小结 …… (115)
参考文献 …… (115)

第7章 基于 SPOT5 图像分割的森林小班边界自动提取 …… (116)
7.1 研究区域概况和数据源 …… (116)
7.2 小班边界自动提取方法 …… (117)
7.3 图像分割结果与分析 …… (118)
7.4 讨 论 …… (119)
7.5 本章小结 …… (121)
参考文献 …… (122)

第8章 面向对象的航空遥感图像土地利用/覆盖分类 …… (123)
8.1 试验区概况及试验数据 …… (125)
8.2 图像分割 …… (126)
8.3 特征检测和基于规则的分类 …… (127)
8.4 结果分析与讨论 …… (131)
8.5 本章小结 …… (135)
参考文献 …… (136)

附表1 最小距离分类混淆矩阵_ 0312new 第三级 …… (139)
附表2 最小距离分类混淆矩阵_ noTM 第三级 …… (140)
附表3 最小距离分类混淆矩阵_ withTM 第三级 …… (141)

附表 4 马氏距离分类器混淆矩阵_ 0312new 第三级 …………………………………（142）
附表 5 马氏距离分类器混淆矩阵_ _ noTM 第三级 …………………………………（143）
附表 6 马氏距离法分类混淆矩阵_ withTM 第三级 …………………………………（144）
附表 7 Bayes 准则分类混淆矩阵_ 0312new 第三级 …………………………………（145）
附表 8 Bayes 准则分类混淆矩阵_ noTM 第三级……………………………………（146）
附表 9 Bayes 准则分类混淆矩阵_ withTM 第三级 …………………………………（147）
附表 10 模糊分类混淆矩阵_ 0312new 第三级 ………………………………………（148）
附表 11 模糊分类混淆矩阵_ noTM 第三级……………………………………………（149）
附表 12 模糊分类混淆矩阵_ withTM 第三级 …………………………………………（150）
附表 13 支持向量机分类混淆矩阵_ 0312new 第三级 ………………………………（151）
附表 14 支持向量机分类混淆矩阵_ noTM 第三级……………………………………（152）
附表 15 支持向量机分类混淆矩阵_ withTM 第三级 …………………………………（153）
附表 16 方案 0312new 分类器融合结果表——投票/模糊法…………………………（154）
附表 17 方案 noTM 分类器融合结果表——投票法 …………………………………（155）
附表 18 方案 noTM 分类器融合结果表——Bayesian 平均法………………………（156）
附表 19 方案 noTM 分类器融合结果表——模糊法 …………………………………（157）
附表 20 方案 noTM 分类器融合结果表——投票/模糊法 ……………………………（158）
附表 21 方案 withTM 分类器融合结果——投票/模糊法 ……………………………（159）
附表 22 方案 noTM 各类型对象特征值的变动系数 …………………………………（160）
附表 23 方案 withTM 各类型对象特征值的变动系数…………………………………（161）
附表 24 方案 noTM 各类型间的欧氏距离 ……………………………………………（162）
附表 25 方案 withTM 各类型间的欧氏距离 …………………………………………（163）

附图 1 原始图像
(1) SPOT5 图像，R/G/B = 4/2/1
(2) Landsat7 ETM + 图像，R/G/B = 5/4/3
附图 2 各方案的 Bayes 分类器分类结果（全图）
(1) 方案 0312new 的 Bayes 分类器分类结果
(2) 方案 noTM 的 Bayes 分类器分类结果
(3) 方案 withTM 的 Bayes 分类器分类结果
附图 3 各方案的第三级分类的 Bayes 分类器分类结果比较（局部）

第1章 面向对象的图像分析方法与森林遥感分类研究进展

森林是人类的摇篮，没有森林就没有人类，森林与人类息息相关。森林是陆地最大的生态系统，是地球生命系统的支柱，是陆地生态平衡的调节中枢，是人类赖以生存的必要保障和发展的基础（Janz, 1993；Smith, 2002），在支撑经济社会可持续发展中具有不可替代的作用。

森林具有可再生的特性，在人为因素和自然力的共同作用下，自然生长和死亡，人为采伐和更新，使森林生态系统无时不处于消长交替的动态过程之中。以森林、林木和林地为主体构成的森林资源显然是一种动态资源。开展森林资源调查（Inventory）和监测（Monitoring），对一定空间、时间内森林资源状态进行连续性跟踪调查（Kohl, 2004），掌握其现状和消长变化情况，预测其发展变化趋势，为制定林业方针、政策、中长期规划和林业生产经营计划（Janz, 1993）、检验经营成果等提供科学依据，对于提高林业发展乃至经济社会发展科学决策水平，促进林业和资源环境以及经济社会的可持续发展具有极为重要的意义（Korotkov *et al.*, 1993；Reese *et al.*, 2003；Michael *et al.*, 2004）。

森林资源监测体系是组织、建立、实施森林资源监测的一整套方法。我国森林资源调查按调查目的、任务和涉及范围的不同，可分为森林资源连续清查（简称一类调查）、规划设计调查（简称二类调查）和作业设计调查（简称三类调查）（李留瑜，1999）。

传统的森林资源调查和监测技术方法以地面测量为主，存在着工作量大、劳动强度大、成本高、周期长、效率低、时效性差等问题（赵宪文等，2002），而且调查精度不高，难以满足当今林业发展的需要。研究表明，以1∶10000地形图为工作手图实地勾绘小班，面积平均误差为25.0%，中心位置平均位移77.1 m，边界平均位移9.3 m（李春干等，2006）。因此，长期以来，众多学者致力于研究探讨新的适用的技术体系和方法（寇文正等，1990；包盈智等，1996；朱维凡，1999；冯仲科等，2001a；唐守正等，2006）。以遥感（Remote Sensing, RS）为主，包括地理信息系统（Geographic Information System, GIS）和全球定位系统（Global Positioning System, GPS）的3S技术及其集成，由于其具有传统技术不可比拟的优势，成为当前森林资源调查和监测研究的重点和热点（赵宪文等，2002）。

我国的航天遥感技术用于森林资源调查和监测，始于20世纪70年代初期（李留瑜，1999；赵宪文等，2002），因其具有宏观性、综合性、短周期、可重复性和低成本等特点，可有效地克服传统体系方法存在的弊端，成为研究森林资源现状及其动态变化的理想手段（赵宪文等，2002）。30多年来，国内外学者对遥感技术在森林资源调查和监测中的应用进行了大量的研究，取得了可喜的成绩（徐冠华，1994；游先祥，1995；赵宪文等，2001a, 2001b；李春干等，2004；Smith, 2002；Tomppo *et al.*, 2002；Kohl, 2004；Sievanen, 2004）。

近年来，随着遥感、地理信息系统和全球定位系统技术的发展及三者的集成与综合应用，遥感技术，特别是航天遥感技术在森林资源监测中显示了强大的优势。

森林面积和蓄积量是森林资源调查和监测的基本内容，也是最为重要的内容。由于森林蓄积量是森林面积的函数，因此森林面积调查和监测是森林资源监测最基本的内容，也是最关键的内容。遥感技术用于森林资源监测，必须首先研究解决森林面积估测问题，即解决遥感图像的森林分类问题。

然而，当今遥感技术在森林资源调查和监测中的应用，尤其是在以获取每个山头地块森林资源信息、满足林业生产经营需要的、大面积调查监测中的应用，还存在很多问题需要深入研究解决：一是森林和土地分类问题还未得到很好解决，能分离的类型个数和分类精度与相关技术标准的要求差距甚远。尤其在地形地貌复杂、森林分布破碎、种类和类型多样、结构复杂的南方林区，情况更是如此；二是森林区划过于粗糙，最小成图面积远大于技术标准要求。由于过往大多采用的中低空间分辨率遥感图像，造成了森林区划最小面积过大且成图比例尺较小（李春干等，2004）。森林分类是遥感技术在森林资源调查和监测应用中最为关键的技术。

1.1 遥感图像分类概述

遥感图像分类（Image classification）是将图像的所有像元按其性质分为若干个类别（Class）的技术过程。

遥感技术是建立在物体电磁波辐射理论基础上的。不同物体具有各自的电磁波反射或辐射特性，因此可以应用遥感技术探测和研究远距离的物体。遥感图像通过亮度值或像元值的大小差异（反映地物的光谱）信息及空间变化（反映地物的空间信息）来表示不同地物的差异，如不同类型的植被、土壤、岩石、水体等，这是区分不同图像地物的物理依据。根据这些差异，可将图像中的所有像素按其性质分成若干类别。

多光谱遥感图像分类是以每个像元的多光谱矢量数据为基础进行的。由于遥感图像上的不同地物在同一波段图像上表现的亮度互不相同；同时不同地物在各个波段图像上亮度呈现的规律也不相同，据此可以根据图像进行地物分类。理论上，同一地物类别的各地物点应该具有相同的图像亮度值，即完全相同的光谱响应。由于在传感器成像过程中受到反射、散射等各种外界因素干扰影响，使得同类地物的成像亮度值总是带有随机误差，因而图像亮度（光谱特征）的观测值是一个随机变量（x）。于是，同名地物点在不同波段影像中亮度的量度构成一个多维的随机变量（X），称为光谱特征向量，即 $X = [x_1, x_2, \cdots, x_n]^T$，其中 n 为波段数，x_i 为地物影像点在第 i 波段影像中的亮度值。

根据其在各波段所具有的亮度观测值，每一个图像地物点都可以在该空间中找到一个相应的光谱特征点。由于随机误差的存在，同类地物中各取样点在光谱特征空间中的特征点不是一个点，而是一个相对聚焦的点集群，且不同类别地物的点集群相对地相互分离。特征点集群在特征空间的分布大致可以分为三种情况（张永生等，2003）：

（1）理想情况：不同类别地物的点集群至少在一个特征子空间中投影是完全可以相互分离的，如图 1-1a。

（2）典型情况：不同类别地物的点集群，在任一子空间中都有相互重叠的现象存在，

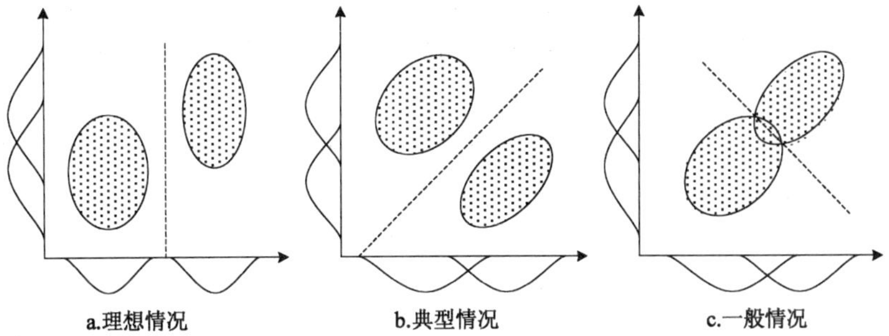

图 1-1　集群分布的三种情况

但在总的特征空间中却是可以完全分离的，如图 1-1b。

（3）一般情况：无论在总的特征空间中，还是在任一子空间中，不同类别的点集群之间总是存在重叠现象，如图 1-1c。

在第一种情况下，只要在相应的子空间图像中采用简单的影像密度分割方式即可实现分类。在第二种情况下，利用单波段图像难以完全分类，需要利用多光谱图像，只有在多维特征空间中，才能实现精确的分类。第三种情况是遥感图像分类中最常见的情况，重叠部分特征点所对应的地物，在分类时总会出现不同程度的分类误差。

显然，对遥感图像进行分类，其核心就是确定不同特征点分布集群之间的线（面），即确定各特征点分布与隶属的判别函数和相应的判别准则，其关键问题就是对各集群的分布规律进行统计描述。通常利用特征点分布的概率密度函数来表征。一旦各类集群分布的概率密度函数可确定，则就可能计算任一随机变量隶属于某类集群的重要依据概率，从而依据某种进行概率比较的判决规则，即分类判决函数，就可实施分类处理。同时在分类处理过程中若事先已经知道类别的信息（即类别的先验知识），在这种情况下对未知类别的样本进行分类的方法称之为监督分类（Supervised classification）。通过监督分类，不仅可以知道样本的类别，甚至可以给出样本的一些描述。类别的先验知识可以用若干已知类别的样本通过学习的方法来获得。若事先没有类别的先验知识，在这种情况下对未知类别的样本进行分类的方法称之为非监督分类（Unsupervised classification）。非监督分类只能把样本区分为若干类别而不能给出样本的一些描述。

总体而言，遥感图像分类过程包括分类准备、分类判决、后处理与结果输出三个阶段。其中分类准备包括图像预处理（几何精校正和配准、分辨率融合、光谱和空间增强等）、特征选择（Feature selection）和提取（Extraction）。特征选择是从众多特征中挑选出用于参加分类运算的若干个特征，特征提取是在特征选择后，利用某种算法（如主成分分析）从原始特征中求出最能反映其类别特征的一组新特征。分类后处理主要是利用光谱信息进行遥感信息分类时，由于环境因素的影响，有可能出现使图像的局部点数据出现偏差，反映到分类结果上便会产生孤立点形式的分类噪声，即产生"椒盐效应"，故在分类后，对分类结果类别分布的一致性进行检验和调整。

分类结果能否正确反映地面地物的空间分布？即图像分类结果正确与否？需要进行分类精度评价。目前分类精度评价主要有两种方法：像素级评价和特征级评价。像素级评价是在分类结果图上以一定方式（机械或随机抽样）选取样本数据，通过与实地调查结果比较分析，评价分类结果，这种方法是遥感分类评价常常采用的方法。另一种思路是基于特征级的精度评价，分别对各种类别结构组成的影像特征与正式特征进行比较，通过特征的各种属性域的差异，获得对精度的评价结果。

像素级分类精度评价计算通常采用混淆矩阵（Confusion matrix）来表示分类结果的精度。混淆矩阵的定义如下：

$$M = \begin{bmatrix} m_{11} & m_{12} & \cdots & m_{1n} \\ m_{21} & m_{22} & \cdots & m_{2n} \\ \vdots & \vdots & \vdots & \vdots \\ m_{n1} & m_{n2} & \cdots & m_{nn} \end{bmatrix} \tag{1-1}$$

式中，m_{ij}表示试验区内应属于 ω_i类的像素被分到 ω_j类中去的像素总数，n 为类别数。混淆矩阵中对角线上的元素值越大，则表示分类结果的可靠性越高，反之则表示分类错误的现象越严重。基于混淆矩阵的遥感图像分类评价基本统计量包括：

①总体分类精度：

$$P_c = \sum_{i=1}^{n} m_{ii} / \sum_{i=1}^{n} \sum_{j=1}^{n} m_{ij} \tag{1-2}$$

②第 i 类的用户精度：

$$p_{ui} = m_{ii} / \sum_{j=1}^{n} m_{ij} \tag{1-3}$$

③第 i 类的生产者（制图）精度：

$$p_{pi} = m_{ii} / \sum_{i=1}^{n} m_{ij} \tag{1-4}$$

总体精度、用户精度和生产者（制图）精度从不同的侧面描述了分类精度，计算简单且具有明确的统计意义。此外还常用漏分误差（Omission）和错分误差（Commission）来反映分类结果的可靠性。实际上，漏分误差与生产者精度是互补的，错分误差与用户精度相对应。

Kappa 系数也广泛用于遥感图像分类精度评价。它是在混淆矩阵的基础上，对分类器的总体有效性进行量化的评价。Kappa 分析产生的评价指标被称为 k_{hat}统计，k_{hat}是一种测定两幅图之间吻合度或精度的指标，其计算公式为

$$k_{hat} = \frac{N\sum_{i=1}^{n} x_{ii} - \sum_{i=1}^{n} (x_{i+} x_{+i})}{N^2 - \sum_{i=1}^{n} (x_{i+} x_{+i})} \tag{1-5}$$

式中，x_{ii}是混淆矩阵中第 i 行、第 i 列上的像元数量（即正确的分类数目）；x_{i+} 和 x_{+i}分别是第 i 行和第 i 列的总像元数量；N 为用于精度评价的像元的总数目。

不同于混淆矩阵总体精度的计算只用对角线上的元素，k_{hat}既考虑了对角线上被正确分类的像元，也考虑了不在对角线上各种漏分和错分的误差，因此，这两个指标通常不相等。

1.2　面向对象的图像分析方法

如上节所述，遥感图像分析是以像元为单元进行的，这是自遥感技术出现以来一直采用

的分析方法，称为基于像元（Pixel-based）的图像分析方法，也称传统的图像分析方法。

基于像元的图像分析方法的理论基础是相同地物类别具有近似的光谱特征，且不同类别地物的光谱特征有一定差别。在数字图像中的表现为相同类别地物的灰度值较为接近，多个具有相近灰度值的相邻像元组成一个地物，如图 1-2a 所示。随着卫星技术的发展，传统的基于像元的图像分析方法存在着如下一些问题：

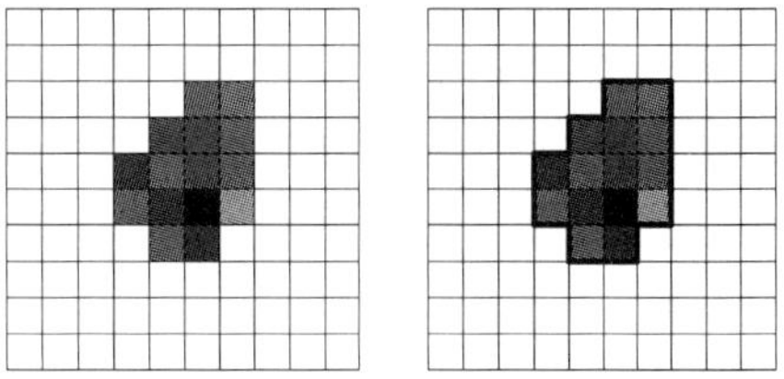

a.像元　　b.对象

图 1-2　像元与对象

（1）通过多元统计理论计算遥感数据中像素的光谱特征，分类结果通常是不完全和不均一的。由于大气散射、混合像元和自然土地覆盖异质性等的影响，接收到的信号通常并不清晰地显示土地覆盖类型中的所有像元。随着遥感系统空间分辨率的改善，数据复杂性增加，真实世界物体在特征空间的表现通过变异大的像元值刻画，因此，以光谱度量统计为基础的图像分类路线是有缺陷的。

（2）大多数分类算法都是基于像元本身的数值，或像元周围某个确定范围的纹理，这一思路自始至终存在缺陷。图像中典型地物不是通过一种颜色来表征，而是通过多种颜色的纹理来表征，同时相同的颜色能够作为不同类型物体纹理的一个部分。而且，在基于像元的方法中，难以集成语义信息，并且缺失拓扑和空间关系特征。

（3）航空图像和高空间分辨率卫星图像（IKONOS，QuickBird）光谱波段少。由于空间分辨率高，同一地面物体由很多个像元构成，光谱变异较大，同质性差，并且存在较多的阴影，光谱分布规律性差，传统分类方法难以适用。

（4）基于像元的分类专注于单个像元，而不是对象，由于缺乏空间特征而导致很多错误。空间 - 光谱方法将光谱信息和空间信息结合起来，能改善分类精度。

研究表明，基于像元的遥感图像分类方法不适宜于高分辨率图像。为了克服这些缺陷，新的图像分析方法——面向对象（Object-oriented）的图像分析方法应运而生。

面向对象的图像分析方法的基础是图像分割（Segmentation），通过分割，将具有相近特征（如灰度值近似等）的相邻像元组成一个对象（Object）（如图 1-2b 所示），并以此为分析单元。由于对象是由多个相邻像元组成，可以测量其各种特征，包括光谱值、纹理、形状、空间关系等，因此对象具有丰富的属性。

图像分割是将一幅图像分割为空间上连续的、互不重叠的并具有同质性的区域，称为对象。在图像分析过程中，一幅图像被分成多个图像对象，这些对象组成图像对象层，而对象层用作图像分析的内部工作区域。在图像分析过程中，一般采用多尺度分割（Multiresolution segmentation），产生多个图像对象层（level），并位于基础像元层之上，两个或多个对象层构成一个图像对象层次，如图 1-3a 所示。

一个图像对象层内的对象是水平连接的，同样，在图像对象层间，对象垂直连接。图像对象以每个图像对象都清楚其上下文关系——其“邻居”和其上一层的上层对象及下层的下层对象的方式，构成网络，如图 1-3b 所示。

为明确图像对象层间确定的关系，一个图像对象只属于一个直接的上层对象，但可有多个下层对象。一个上层对象由多个下层对象合并而成，上层对象的边界与其下层对象的外边界一致，即将下层对象合并后，得到的对象边界与上层对象的边界完全重合，这就是面向对

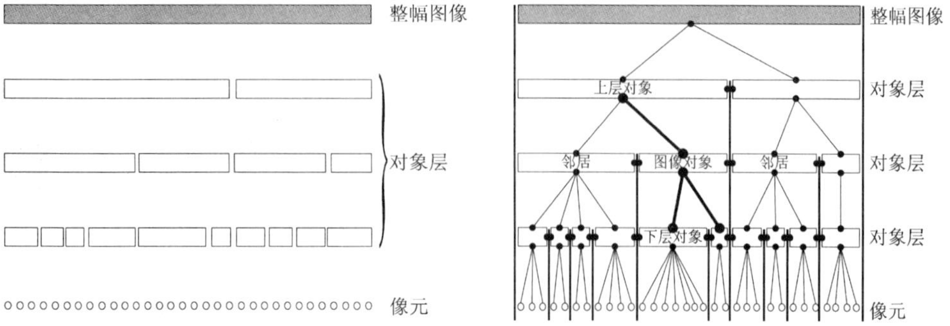

a. 每个图像对象层由一层图像对象构成

b. 在图象对象层内，每个对象与其“邻居”，上层对象和下层对象连接

图 1-3 图像对象层和层次（Definens AG，2006）

象的图像分析方法中常采用的多尺度分割。

对 SPOT5 图像作三个不同尺度的分割，得到三个图像对象层如图 1-4 所示。

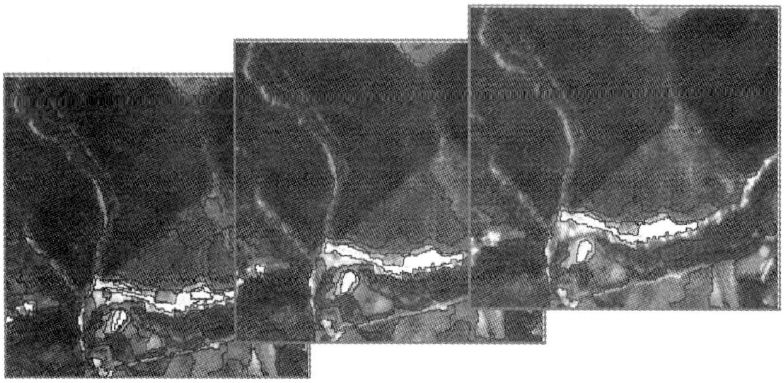

图 1-4 多尺度分割的 3 个图像对象层

1.3 遥感图像森林分类研究现状与趋势

遥感图像分类是将图像中每个像元，根据其在不同波段的光谱亮度、空间结构特征或其他信息，按照某种规则或算法划分为不同类别（赵英时等，2003）。由于分类结果是很多环境和社会经济应用的基础，长期以来遥感分类研究一直受到遥感研究工作者的重视（Lu，2007）。很多学者在发展先进的分类方法和技术、改善分类精度方面，做了大量的工作（Kontoes *et al.*，1993；Foody，1996；Aplin *et al.*，1999a；Stuckens *et al.*，2000；Franklin *et al.*，2002；Gallego，2004）。

近年来，很多先进的分类方法广泛用于图像分类，如人工神经网络、模糊集和专家系统等（Cihlar，2000；Tso *et al.*，2001；Franklin *et al.*，2002）。一般而言，遥感图像分类方法可以分为监督分类（Supervised）和非监督（Unsupervised）分类，或参数（Parametric）分类与非参数（Nonparametric）分类，或硬（Hard）分类与软（Soft）分类，或像元（Per-pixel）分类、亚像元（Subpixel）分类与基元（Per-field）分类。为便于叙述，本书将分类方法归类为像元分类、亚像元分类和基元分类。

1.3.1 基于像元的分类和基于亚像元的分类

1.3.1.1 基于像元的分类

传统的基于像元的分类器是通过合并具有某种相同光谱特征的像元而得到一个分类图像。训练像元中出现的全部物体对分类结果均有影响，但不考虑混合像元的影响。基于像元的分类算法可以是参数的，也可以是非参数的。参数分类器假定灰度值呈正态分布，因此可以分别从各类训练样本中得到统计参数（均值、协方差矩阵）。但是，像元灰度分布并不全都服从正态分布，尤其是在景观复杂的地区。此外，训练样本数量不足、代表性不强，或呈多态分布等，都会把不确定性带入图像分类过程。另一个问题是参数分类器难以综合光谱数据和辅助数据。最大似然法（MLC）是最常用的参数分类器，其具有严密的理论基础、清晰的参数解释能力、易于与先验知识融合和算法简单等特性（王圆圆等，2004；Lu，2007）。此外，几乎所有的商业图像处理软件均带有该分类器。

在非参数分类器中，既不要求数据集服从正态分布，也不需要用统计参数来分离各类型，适合于将非光谱数据加入分类过程。很多研究认为，在景观复杂地区，非参数分类器比参数分类器能取得更好的分类结果（Paola *et al.*，1995；Foody，2002）。最常用的非参数分类器有神经网络（Neural network）、决策树（Decision tree）、支持向量机（Support vector machine）和专家系统（Expert system）。近年来，神经网络方法尤其得到广泛应用（李后强等，1997；孙丹峰等，1999；骆剑承等，2000a，2000b；李朝峰等，2001）。由于其具有非参数性质、随意决定边界能力、容易应用于不同类型数据和输入结构、模糊输出值等多个优点，神经网络是土地覆盖、森林植被分类中最有希望的技术（王任华等，2003；刘旭升等，2005；Paola，1995）。多层感知机（Multilayer perception）是图像分类中最常用的神经网络（Atkinson，1997）。但是，数据集维数、训练集和测试集性质的变化都可能降低图像分类精度（Foody，1997）。Bagging 算法和 Boosting 算法，或这两种技术的混合使用可用于非参数分类过程中改善分类精度，这些技术已经用于决策树（Friedl *et al.*，1999；Defries *et al.*，2000；Lawrence *et al.*，2004）和支持向量机（Kim *et al.*，2003）。

1.3.1.2 基于亚像元的分类

大多数分类方法都是基于像元信息的，每个像元被分到一个类别中，土地覆盖类型是相互排斥的，非此即彼。由于景观的异质性和遥感图像空间分辨率的局限性，混合像元普遍存在于中低空间分辨率数据中（李小文等，2005；卫建军等，2006）。在像元级的分类中，混合像元是影响遥感数据有效应用的主要问题（Fisher，1997；Cracknell，1998），并严重影响遥感图像的解译精度（卫建军等，2006）。与像元级分类相比，亚像元分类方法提供一个更适当的表达和更精确的土地覆盖面积估计（陈晋等，2001），尤其是在中低分辨率数据的应用中（Foody *et al.*，1994；Binaghi *et al.*，1999；Woodcock *et al.*，2000）。此时，模糊表——每个位置由所有待分类别的多重和部分隶属关系组成——是必要的。用于产生一个软分类器的方法有多种，包括模糊集理论，Dempster-Shafer 证据理论，确信度（Certainty factor）（Bloch，1996），以及由最大似然法、ERDAS Imagine™亚像元分类器和神经网络等得到的硬分类结果的软化（Schowengerdt，1996；Huguenin *et al.*，1997；Foody，1999；Kulkarni *et al.*，

1999；Mannan，2003）。模糊集技术（Foody，1996，1999；Mannan *et al.*，1998；Shalan *et al.*，2003）和光谱混合分析模式（Spectral mixture analysis，SMA）分类（Adams *et al.*，1995；Roberts *et al.*，1998b；Lu *et al.*，2003）是最常见的解决混合像元问题的方法。亚像元分类的主要问题是精度难以评估。

长期以来，SMA一直被认为是解决混合像元问题的有效方法。它把每个像元的光谱作为一个终端像元（Endmember）光谱集的线性组合来计算（Adams *et al.*，1995；Roberts *et al.*，1998a）。SMA的输出是典型的分数图像（Fraction Image），一幅图像中每个终端像元光谱代表像元内终端像元的面积比例。在SMA中，终端像元的选择是最重要的方面之一，很多学者（施益强等，2004；Smith *et al.*，1990；Adams *et al.*，1993；Maselli *et al.*，2001；Small *et al.*，2004）做了大量的探索工作，证明SMA对改善分类精度是十分有效的，尤其对改善低空间分辨率数据的土地利用/覆盖面积估计精度特别重要。

1.3.2　基于基元的分类和面向对象的分类

复杂景观的异质性造成在很小的土地覆盖类型内出现很大的光谱变化。在应用像元级分类器时，每个像元被单独地划分到某一类别中去，由于景观中高的空间频率而导致分类结果中可能存在很多噪声。基元级分类就是设计用于处理这种环境异质性问题，并已证明能够有效地改善分类精度（明冬萍等，2005；郭峰，2007；Aplin *et al.*，1999a，1999b，2001；Dean *et al.*，2003；Lloyd *et al.*，2004）。基元分类器通过将土地块（斑块）作为一个独立单元来平均噪声（Pedley *et al.*，1991；Lobo *et al.*，1996；Aplin *et al.*，1999a，1999b；Dean *et al.*，2003）。通过集成矢量和栅格数据，地理信息系统为基元分类的运用提供了一个十分有效的手段（Harris *et al.*，1995；Janssen *et al.*，1995；Dean *et al.*，2003）。矢量数据用于将图像进一步划分为一个小斑块（Parcel），分类以小图斑为基础进行，因此避免了类内光谱变异。然而，基元分类常受一些因素影响，如遥感数据的光谱和空间特性，斑块的大小和形状，斑块边界的确定，以及土地覆盖类型的选择等（Janssen *et al.*，1995）。处理矢量数据模型和栅格数据之间的模糊两面性（Dichotomy）的困难影响了基元分类方法的广泛应用。遥感数据是栅格格式的，它代表了地球表面正常形状的斑块（Patch），大多数GIS数据以矢量格式贮存，用点（Point）、线（Line）、面（Polygon）代表地理目标。

另一替代方法是面向对象分类（Object-oriented Classification）方法（Thomas *et al.*，2003；Benz *et al.*，2004；Gitas *et al.*，2004），它不需要使用GIS矢量数据。面向对象的遥感图像分类方法突破了传统分类方法以像元为基本分类和处理单元的局限性，以含有更多语义信息的多个相邻像元组成的对象（Object）为处理单元（曹宝等，2006）。面向对象分类包括两个阶段：图像分割和分类。图像分割将像元合并得到同质对象。由于对象由相邻的多个像元组成，可以检测和计算多个特征，如光谱、纹理、形状、结构、位置和相关布局等，因此对象具有丰富的目标地物信息。分类以对象为基础，而不是独立的像元。这种方法能够得到比像元分类方法更好的分类效果，尤其是对于高空间分辨率数据（杜凤兰等，2004；熊轶群等，2006；杨长保等，2006）。在生成对象过程中，尺度决定了一个对象类型的存在与否，对象的大小影响分类结果。eCognitionn®方法是迄今为止最常用的面向对象分类方法（Benz *et al.*，2004；Wang *et al.*，2004）。

1.3.3 基于上下文的分类和基于知识的分类

1.3.3.1 基于上下文的分类

除面向对象分类方法和基元分类方法外，上下文（Contextual）分类器也用于处理类内光谱变异问题（Gong *et al.*，1992；Kartikeyan *et al.*，1994；Flygare，1997；Keuchel *et al.*，2003；Magnussen *et al.*，2004）。上下文分类采用相邻像元之间的空间信息改善分类结果（Flygare，1997；Stuckens *et al.*，2000；Hubert-Moy *et al.*，2001；Magnussen *et al.*，2004）。一个上下文分类器可应用平滑技术、马尔可夫自由场（Markov random fields）、空间统计、模糊逻辑、分割，或神经网络（瞿继双等，2004；张路，2006；Binaghi *et al.*，1997；Cortijo *et al.*，1998；Keuchel *et al.*，2003；Magnussen *et al.*，2004）。一般而言，预平滑分类器合并上下文信息作为一个附加的波段，然后应用一般的光谱分类器进行分类，而后平滑分类在通过光谱分类器得到的分类图像上进行。基于马尔可夫自由场的上下文分类器，如循环条件模式（Iterated conditional mode），是最常用的上下文分类方法（Cortijo *et al.*，1998；Magnussen *et al.*，2004），并已证明能够有效改善分类精度。

1.3.3.2 基于知识的分类

不同类型的辅助数据，如数字高程模型（DEM）、土壤图、房屋和人口密度、道路网络、湿度和降水量等，可以通过不同方法参与到分类过程中。方法之一是采用基于知识的分类器，该分类器以土地覆盖类型空间分布图和经选择的辅助数据为基础。例如，海拔高、坡度和坡向在山区与植被分布相关，因此，地形特征对区分植被类型十分有用。人口、房屋和路网密度与城市土地利用分布相关，在区分商业/工业用地与高密度居民区、娱乐草地与牧场/农作物、居民区与林地中非常有用。同样，温度、降水量和土壤数据与大尺度土地覆盖分布相关，在分类过程中有效地使用这些数据，可明显提高分类精度。一个重要的步骤是建立能够用于专家系统或基于知识分类方法的规则。由于其适合于多源数据，这种方法当前越来越受到重视，也得到了广泛应用（甘淑等，2003）。Hodgson 等（2003）总结了用于建立图像分类规则的三种方法：①从专家中取得明确的知识与规则，并提炼规则；②用认知方法隐性提取变量和规则；③从观察数据中，通过自动归纳方法，依据经验建立规则。在建立基于知识的分类方法中，GIS 具有十分重要的作用，因为其具有管理不同数据源和不同空间模型的能力。

1.3.4 多分类器结合

不同的分类器，如参数分类器（如最大似然法）和非参数分类器（如神经网络，决策树等），都有其各自优势与不足（Tso *et al.*，2001；Franklin *et al.*，2003），对于特定的遥感数据，不同分类器的分类精度不同，而且同一分类器对不同类别的分类精度也不相同（柏延臣，2005）。例如，当有足够的训练样本，且在数据集中土地覆盖特征呈正态分布时，最大似然法可能得到准确的分类结果。相反，当图像数据是异常分布时，神经网络和决策树效果更好（Pal *et al.*，2003；Lu *et al.*，2004）。研究表明，与应用单一分类器相比，综合两种或两种以上分类器，可以改善分类精度（张秀英等，2007；Benediksson *et al.*，1999；Steele，2000；Huang *et al.*，2004）。一个很重要的步骤是建立适当的规则，用于结合不同分类器的结果。目前已经提出了很多规则，如产生式规则（Production rule）、加法规则（Sum rule）、堆栈回归（Stacked regression）、多数投票法（Majority voting）、阈值法（Thresholds），用于结合多个分类结果（Steele, 2000; Liu *et al.*, 2004）。

1.3.5　空间信息应用

空间分辨率决定了观察地球表面空间详细情况的尺度。高空间分辨率数据（空间分辨率≥5 m），如 IKONOS 和 QuickBird，已经很容易获取，各种应用也不断增加（明冬萍等，2005；张锦水等，2006；Sugumran *et al.*, 2002; Herold *et al.*, 2003; Xu *et al.*, 2003; Wang *et al.*, 2004）。这些高空间分辨率图像的主要优势是大大地减少了混合像元，与中低分辨率数据相比，可以提取更详细的土地覆盖结构信息。但是，与高空间分辨率数据相伴的新问题随之而来，主要包括地形、高大建筑物和树木造成的阴影，小的土地覆盖类型内大的光谱变异。若分类器不能有效地加以处理，这些缺陷可降低分类精度（Irons *et al.*, 1985; Cushnie, 1987）。光谱变异增大导致复杂景观内光谱异质性加大。海量数据存取和严重的阴影问题影响了合适的图像处理方法和分类算法的选择。为充分应用高空间分辨率数据中丰富的空间信息，需要降低其高的谱内变异。空间信息可用于不同的分类方法，如基于上下文或面向对象的分类方法，或纹理分类。光谱分类和空间分类的结合对于景观复杂地区中详细的土地覆盖分类系统特别有价值。

1.3.6　特征提取与选择

选择适合的变量是图像分类成功的重要步骤。很多潜在的变量可用于图像分类，包括光谱信息、植被指数、变换图像、纹理、上下文信息、多时相图像、多传感器图像和辅助数据。由于土地覆盖的区分能力不同，分类过程中采用太多的变量可能降低分类精度（Price *et al.*, 2002）。选择最有利于区分土地覆盖或植被类型的变量是十分重要的，尤其是在应用高光谱数据或多源数据时。为降低遥感数据冗余和提取特殊的土地覆盖信息，有很多方法用于特征提取，包括主成分分析、最小噪声分离变换（Minimum noise fraction transform）、判别分析、决策边界特征提取（Decision boundary feature extraction）、非参数权重特征提取（Non-parametric weighted extraction）、小波变换，光谱混合分析等（Myint, 2001; Okin *et al.*, 2001; Asner *et al.*, 2002; Neville *et al.*, 2003; Platt *et al.*, 2004）。

早期研究集中在最优波段选择方面。图形分析（如条形光谱图，Bar graph spectral plot）、同谱均值图（Co-spectral mean plot）、二维特征空间图、椭圆图和统计方法（如平均离散度、变换离散度、Bhattacharyya 距离、Jeffreys-Matusita 距离）已经用于确定优化波段（Jensen, 1996）。Penaloza 和 Welch（1996）开发了用于特征选择模糊逻辑专家系统。Peddle 和 Ferguson（2002）测试了三种方法（Exhaustive search by recursion，递归式穷举搜索；Isolated independent search，孤立独立搜索；Sequential dependent search，顺序独立搜索），用于多源数据选择优化，发现这些方法可用于不同的数据分析。实际上，常应用待选变量不同组合的比较。必须具备一个好的参考数据集，特别是对每一个类型，一个代表性强的数据集是应用监督分类的关键。离散类算法常用于评价类型的分离性和纯化每个类型的训练样本。

尽管已经提出了很多分类器，但哪种方法适合于给定的研究区域和研究对象，是很难确定的。分类算法可以是基于像元的，也可以是基于亚像元或基于基元的。基于像元的分类仍然是目前实际应用中最常用的方法。但是，由于混合像元的影响，其精度不一定能够满足研究需要。亚像元算法具有处理混合像元问题的潜力，对中低分辨率数据可能会取得较好的效果。对高空间分辨率数据而言，尽管混合像元减少，但类型内光谱变异可能降低分类精度。基于基元的分类方法或面向对象分类方法最适宜于高空间分辨率数据。使用多源数据，如结合光谱图像、纹理和语义信息、辅助数据等，神经网络、决策树和基于知识的分类，可能更适合于这些复杂的数据处理，近年来越来越受到重视。选择合适的分类器需要考虑多种因素，如分类精度、算法性能和计算资源（Deferies *et al.*，2000）。Flygare（1997）总结出三个标准：分类目的、现有计算机资源和类型的有效区分性。实际应用中，遥感数据的空间分辨率、辅助数据的使用、分类系统、现有软件以及专家经验都影响分类器选择的决定。对某一特定的研究，不同分类器的比较研究常得到最好的分类结果（Zhuang *et al.*，1994；Atkinson *et al.*，1997；Flygare，1997；Michelson *et al.*，2000；Hubert-Moy *et al.*，2001；Keuchel *et al.*，2003；Pal *et al.*，2003；Olthof *et al.*，2004；South *et al.*，2004）。在大多数情况下，尽管要在分类精度、计算时间和计算资源上进行适当折中，上下文分类器、基元分类法和机器学习方法可能比 MLC 得到更好的效果。

1.4 研究区域概况和数据源

1.4.1 研究区域概况

1.4.1.1 地理位置

试验区位于南宁市市区北面的高峰林场内，地理位置为 22°48′48″～23°3′34″N，108°7′55″～108°32′53″E，地处南宁市西乡塘区、兴宁区、青秀区和武鸣县的交界处。该区域东西长约 42 km，南北宽约 27 km，包括银岭、平甫、长客、六里、界牌、东升、延河和二塘共 8 个分场，总面积 27318 hm²，如图 1-5。

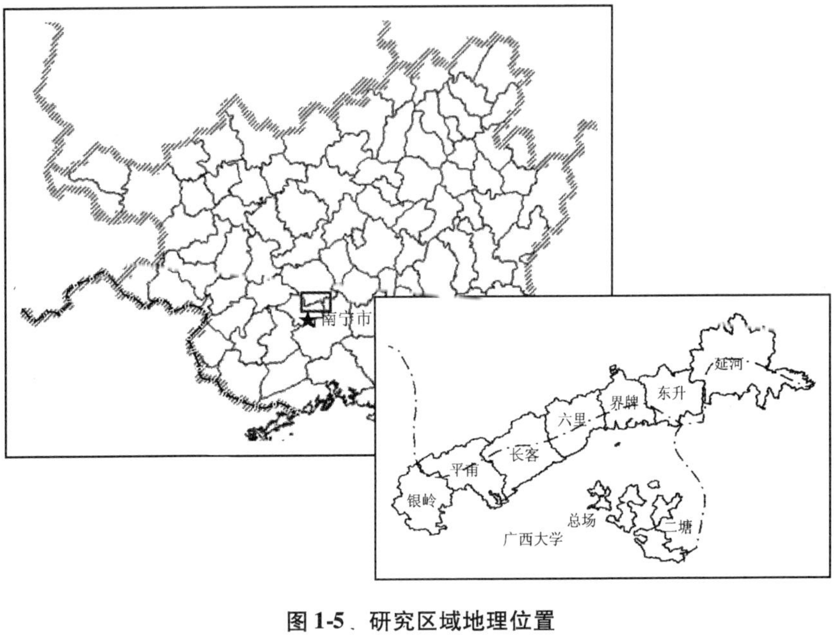

图 1-5 研究区域地理位置

在本研究中，考虑到研究内容、研究对象和工作量等因素，各部分研究的区域有所不同。林区 GPS 控制网建立试验包含以上 8 个分场的全部区域，森林遥感分类研究包含二塘分场以外的全部研究区域。

1.4.1.2 地形地貌

区域为大明山余脉，属低山丘陵地貌，地势东北高、西南低，呈东北-西南走向，海拔高度 70 ~ 500 m，坡度 25° ~ 35°，地形比较封闭，如图 1-6。

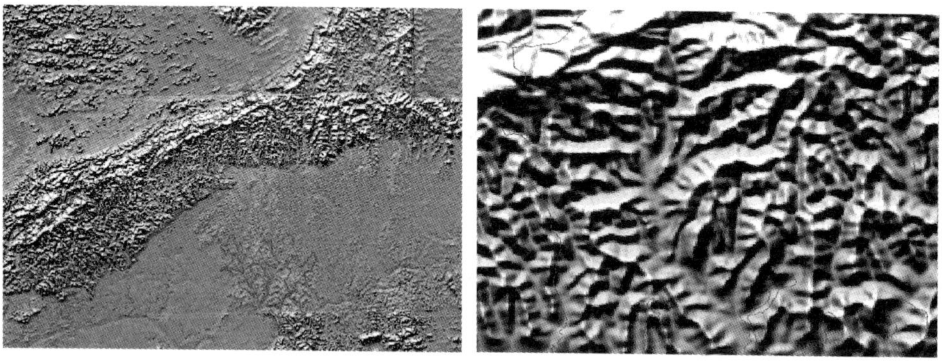

图 1-6 研究区域地形地貌

1.4.1.3 森林资源概况

据 2004 年森林资源规划设计调查，区域内有林地面积 19501.8 hm^2，其中纯林面积 12016.3 hm^2，混交林面积 6436.9 hm^2，竹林面积 1048.6 hm^2。疏林地面积 10.6 hm^2，灌木经济林面积 83.8 hm^2，一般灌木林面积 1680.5 hm^2，未成林造林地（新造林地）面积 39.9 hm^2，采伐迹地面积 759.7 hm^2，宜林荒山荒地面积 68.7 hm^2。

研究区域内绝大部分为人工林，主要树种为杉木 *Cunninghamia lanceolata*；马尾松 *Pinus massoniana*、湿地松 *P. elliottii* 等松类；马占相思 *Acacia mangium*、厚荚相思 *A. crassicarpa*、杂交相思 *A. mangium* × *A. auriculiformis*、卷荚相思 *A. cincinnata*、纹荚相思 *A. aulacocarpa*、黑木相思 *A. melanoxylon*、直杆相思 *A. auriculi*、大叶相思 *A. auriculiformis* 等相思类树种；尾叶桉 *Eucalyptus urophylla*、巨尾桉 *E. grandis* × *E. urophylla*、尾巨桉 *E. urophylla* × *E. grandis* 等桉树类；木荷 *Schima superba.*、火力楠 *Michelia macclurel*、米老排 *Mytilaria laosensis*、灰木莲 *Manglietia glauca* 等一般阔叶树；八角 *Illecium verum*、肉桂 *Cinnamomum cassia*；龙眼 *Dimocarpus longan*、荔枝 *Litchi chinensis*、杧果 *Mangifera indica*、黄榄 *Canarium album*、柿子 *Diospyros kaki*、柑橘 *Citrus reticulata*、橙 *C. sinensis* 等经济林木；粉单竹 *Lingnania chungii*、撑高竹 *Bambusa pervariabilis*、撑绿杂交竹 *Bambusa pervariabilis* × *Dendrocalamopsis*、吊丝球竹 *D. beecheyana* 和麻竹 *D. latiflorus* 等竹林。山沟有少量灌木。

由于绝大部分为人工林，加上地形破碎，森林分布极为破碎，表现为斑块小，不同树种呈无规律交叉分布，但斑块边界比较规整。

研究区域林业生产经营活动规范，进行过多次森林资源规划设计调查，具有非常丰富的历史调查数据。

1.4.2 数据源

1.4.2.1 遥感数据

研究采用两种数据源：①2002 年 10 月 13 日接收的 SPOT5 HRG 1A 级同时相的 2.5 m 全色和 10 m 多光谱数据；②2002 年 10 月 11 日接收的 Landsat 7 ETM + 数据，轨道号为 125/44。数据特性见表 1-1。

表 1-1 SPOT5 和 Landsat7 ETM + 图像参数

波段（Band）	SPOT5 HRG		Landsat7 ETM +	
	波长（μm）	空间分辨率（m）	波长（μm）	空间分辨率（m）
PAN	0.49 ~ 0.69	2.5	0.52 ~ 0.90	15
B1	0.49 ~ 0.61	10	0.45 ~ 0.52	30
B2	0.61 ~ 0.68	10	0.52 ~ 0.60	30
B3	0.78 ~ 0.89	10	0.63 ~ 0.69	30
B4	1.58 ~ 1.78	10	0.76 ~ 0.90	30
B5			1.55 ~ 1.75	30
B6			10.50 ~ 12.50	60
B7			2.08 ~ 2.35	30

1.4.2.2 辅助数据

（1）试验区 1∶10000 地形图：大地基准为北京 54 坐标系，高斯 - 克吕格投影，3°分带，1956 黄海高程基准，等高线间距为 5 m。1965 年调绘，1967 年版式。

（2）试验区 1998 年与 2004 年森林资源规划调查调查基本图：两次调查均以前期 1∶1 万基本图（地形图和小班图叠合）为工作手图，采用对坡勾绘方法勾绘小班边界，然后进入小班内部，采用角规典型样地调查方法，调查、记录林分郁闭度、平均直径、平均树高、每公顷断面积、每公顷株数等调查因子。小班界线经扫描矢量化后，在 GIS 平台上编辑、编码、连接属性数据库和计算面积。

1.5 面向对象的遥感图像森林分类总体思路

本研究以改善 SPOT5 图像森林分类精度为目的，从图像增强、图像分割、ETM + 辅助数据的应用、对象的光谱和纹理特征提取与筛选、多分类器分类与结合等整个流程进行了全面的、系统的和综合的探索和研究，初步实现每个步骤和整个流程的优化。

1.5.1 主要研究内容

（1）SPOT5 遥感图像预处理方法：包括用于高精度遥感图像校正和林区测量用的 GPS 控制网建立，图像几何精校正，数据融合、图像增强和彩色合成等。

（2）图像分割和基于规则的图像分类及基于分类的图像分割：包括分割参数的确定，基于光谱、纹理、几何和上下文信息的林地、造林地、水体、道路分类，以及经上述分类后，针对林地和造林地进一步分割的方法和参数。

（3）对象光谱纹理特征提取、分析和筛选：以对象为单元，提取其光谱、纹理信息，研究这些信息的概率分布和简单相关性、多元相关性，筛选用于分类的对象特征。

（4）基于光谱纹理信息的图像分类：采用改进最小距离、马氏距离、最大似然法、模糊分类和支持向量机分类方法技术，分别进行图像分类，分析不同分类器的表现，寻找适宜的森林分类方法。

（5）多分类器融合方法：研究多分类器融合方法，旨在提高分类精度。

1.5.2　技术路线

（1）建立林区 GPS 控制网，采用星基差分 GPS 测量地面控制点，分别对 SPOT5 图像和 Landsat7 ETM+图像进行几何精校正、分辨率融合，并进行光谱、空间增强等预处理。

（2）进行多种图像组合的图像分割，采用光谱、纹理、几何、上下文等信息建立规则，进行图像粗分类，每个方案均分为林地、造林地、水体和主要道路 4 个类型。

（3）采用不同的分割参数，对林地和造林地实施第二次分割。

（4）提取每个对象的光谱和纹理信息，进行对象特征的协方差、简单相关性和多重相关性分析，筛选用于图像分类的对象特征。

（5）对于每种分割方案，分别采用改进最小距离、马氏距离、Bayes 准则、模糊分类和支持向量机 5 个分类器进行分类。

（6）对上述 5 个分类器的结果进行结合。

研究技术路线如图 1-7。

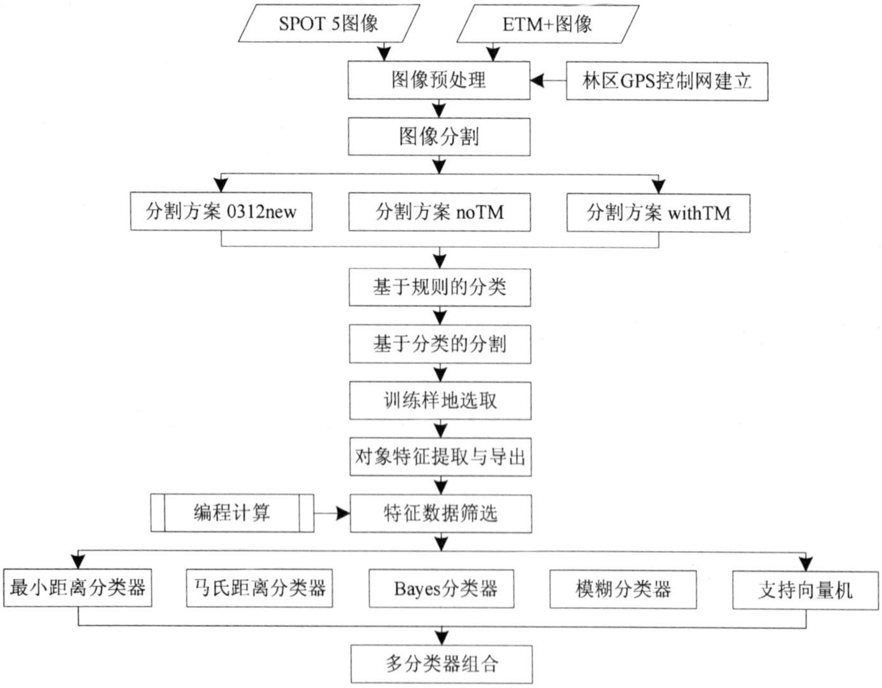

图 1-7　面向对象的 SPOT5 图像森林分类总体技术路线

1.5.3 研究方法

本书主要研究面向对象的 SPOT5 图像分类技术方法，包括图像预处理、图像分割、信息提取与筛选、单分类器分类及多分类器融合。

（1）采用 Trimble GPS5700 接收机建立林区 GPS 控制网，采用星基差分 GPS（SF-2040G GPS 双频 RTG 接收机）测量地面控制点。

（2）在 ERDAS Imagine™ 9.0 平台下进行遥感图像预处理，包括几何精校正、几何和光谱增强等。

（3）借助 Definiens professional™ 5.0 对图像进行分割、基于规则的分类和基于分类的分割，并提取每个对象的光谱和纹理信息。

（4）采用计算机编程语言 VB、VFP、MATLAB 编写相关计算程序，进行对象特征分析和筛选、多分类器分类和融合研究。

1.6 本章小结

准确、可靠、快速地摸清森林资源现状及其变化趋势是森林资源调查和监测的目标，也是非常值得研究的课题，遥感等高新技术应用是当前的研究热点和重点，也是最有希望解决传统技术存在问题的有效途径。

本章简述了森林资源及其调查和监测的概念、目的、技术现状和发展趋势，指出了遥感技术应用中存在的问题，介绍了试验区域概况和采用的研究数据，阐述了研究目的、内容和技术路线与方法。

参考文献

柏延臣，王劲峰．2005. 结合多分类器的遥感专题数据专题分类方法研究．遥感学报，9（5）：555～563.

包盈智，赵宪文等．1996. 卫星数据用于森林资源二类调查的效益评估和分析．林业资源管理，（5）：67～70.

曹宝，秦其明，马海建，等．2006. 面向对象方法在 SPOT5 遥感图像分类中的应用－以北京市海淀区为例．地理与地理信息科学，22（2）：46～49、54.

杜凤兰，田庆久，夏学齐，等．2004. 面向对象的地物分类法分析与评价．遥感技术与应用，19（1）：20～23.

冯仲科，游先祥，任谊群．2001a. 基于 3S 的森林资源与环境监测系统构想．北京林业大学学报，23（4）：90～92.

冯仲科，游先祥．2001b. 普通手持式 GPS 用于林区近实时差分定位的研究．林业科学，36（6）：116～118.

甘淑，袁希平，何大明．2003. 遥感专家分类系统在滇西北植被信息提取中的应用试验研究. 云南大学学报（自然科学版），25（6）：553～557.

郭峰，舒宁．2007. 基于灰度－基元共生矩阵的多光谱遥感影像分类．测绘信息与工程，32（6）：20～22.

瞿继双，徐德坤，王超．2004. 基于结构上下文的模糊神经网络自动目标检测方法．中国图象图形学报（A 辑），19（10）：1169～1174.

寇文正，肖燕，张瑞玺．1990. 应遥感技术进行森林资源监测方法的研究．环境遥感，5（2）：102～109.

李朝峰，王佳梁．2001. 模糊控制 BP 网络的遥感图像分类方法研究．中国矿业大学学报（自然科学版），30

(3)：311～314.
李春干，谭必增．2004. 基于GIS的森林资源遥感调查方法研究．林业科学，40（4）：40～45.
李春干，代华兵，李崇贵．2006. 基于高分辨率卫星图像的小班勾绘精度检验．福建林学院学报，26（2）：127～130.
李后强，王宜主，刘政凯．1997. 一种适用于多类别遥感图像分类的新方法－复合神经网络分类方法．遥感学报，1（4）：257～261.
李留瑜．1999. 林业调查技术的回顾与思考．林业资源管理，(6)：50～57.
李小文．2005. 定量遥感的发展与创新．河南大学学报（自然科学版），35（4）：49～56.
刘旭升，张晓丽．2005. 基于BP神经网络的森林植被遥感分类研究．林业资源管理，(1)：51～54.
骆剑承，周成虎，杨艳．2000a. 基于径向基函数（RBF）映射理论的遥感影像分类模型研究．中国图象图形学报，5（A版）(2)：94～99.
骆剑承，王钦敏，周成虎，等．2000b. 基于自适应共振模型的遥感影像分类方法研究．测绘学报，31（2）：145～150.
明冬萍，骆剑承，周成虎，等．2005. 高分辨率遥感影像信息提取及块状基元特征提取．数据采集与处理，20（1）：34～39.
施益强，陈崇成，陈玲．2002. 遥感技术在环境资源中的应用进展与展望，国土资源遥感，(4)：7～13.
孙丹峰，汲长远，林培．1999. 自组织网络在遥感土地覆盖分类中应用研究．遥感学报，3（2）．139～143.
唐守正，陈永富．2006. 关于森林资源监测体系改革的一些思考//森林可持续经营探索与实践．北京：中国林业出版社，27～32.
王任华，霍宏涛，游先祥．2003. 人工神经网络在遥感图像森林植被分类中的应用．北京林业大学学报，25（4）：1～5.
王圆圆，李京．2004. 遥感影像土地利用/覆盖分类方法研究综述．遥感信息，(1)：53～59.
卫建军，李新平，赵东波，等．2006. 混合像元分离的研究进展．水土保持研究，13（5）：103～105.
熊轶群，吴健平．2006. 面向对象的城市绿地信息提取方法研究．华东师范大学学报（自然科学版），(4)：84～90.
徐冠华．1994. 三北防护林地区再生资源遥感的理论及其技术应用．北京：中国林业出版社.
杨长保，丁继红．2006. 面向对象的遥感图像分类方法研究．吉林大学学报（地球科学版），36（4)：642～646.
游先祥，李福林，王化昌，等．1995. 森林资源调查、动态监测、信息管理．北京：中国林业出版社.
张锦水，何春阳，潘耀忠，等．2006. 基于SVM的多源信息复合的高空间分辨率遥感数据分类研究．遥感学报，10（1）：49～57.
张路，廖明生．2006. 一种顾及上下文的遥感影像模糊聚类．遥感学报，10（1）：58～65.
张秀英，冯学智，刘伟．2007. 基于多分类器结合的IKONOS影像城市植被类型识别．东南大学学报（自然科学版），37（3）：399～403.
张永生，巩丹超，刘军，等．2003. 高分辨率遥感卫星应用—成像模型、处理算法及应用技术．北京：科学出版社.
赵宪文，李崇贵，斯林，等．2001a. 森林资源遥感估测的重要进展．中国工程科学，3（8）：15～28.
赵宪文，李崇贵．2001b. 基于“3S”的森林资源定量估测－原理、方法、应用及软件实现．北京：中国科学技术出版社.
赵宪文，李崇贵，斯林，等．2002. 基于信息技术的森林资源调查新体系．北京林业大学学报，24（5/6）：147～155.
赵英时等．2003. 遥感应用分析原理与方法．北京：科学出版社.
朱维凡．1999. TM卫星图象在二类调查应用中的探讨．林业资源管理，(3)：54～56.

ADAMS J B, SMITH M O, GILLESPIE A R. 1993. Imagine spectroscopy: interpretation based on spectral mixture analysis. In C. M. Pieters and P. A ~ J. Englert (Eds), *Remote Geochemical Analysis: Elemental and mineralogical composition*, 145 ~ 166 (New York: Cambridge University Press).

ADAMS J B, SABOL D E, KAPOS V, *et al.* 1995. Classification of multispectral images based on fractions of endmembers: application to land cover change in the Brazilian Amazon. *Remote Sensing of Environment*, 52: 137 ~ 154.

APLIN P, ATKINSON P M, CURRAN P J. 1999a. Per-field classification of land use using the forthcoming very fine spatial resolution satellite sensors: problems and potential solutions. In P. M. Atkinson and N. J. Tate (Eds), *Advances in Remote Sensing and GIS Analysis*, 219 ~ 239 (New York: John Wiley and Sons).

APLIN P, ATKINSON P M, CURRAN P J. 1999b. Fine spatial resolution sedated satellite sensor imagery for land cover mapping in the United Kingdom. *Remote Sensing of Environment*, 68: 206 ~ 216.

APLIN P, ATKINSON P M. 2001. Sub-pixel land cover mapping for per-field classification. *International Journal of Remote Sensing*, 22: 2853 ~ 2858.

ATKINSON P M, CURRAN P J. 1997. Choosing an appropriate spatial resolution for remote sensing investigations. *Photogrammetric Engineering and Remote Sensing*, 63: 1345 ~ 1351.

BENEDIKTSSON J A, KANELLOPOVLOS I. 1999. Classification of multisource and hyperspectral data based on decision fusion. *IEEE Transactions on Geoscience and Remote Sensing*, 37: 1367 ~ 1377.

BENZ U C, HOFMANN P, WILLHAUCK G, *et al.* , 2004, Multi-resolution object-oriented fuzzy analysis of remote sensing data for GIS-ready information. *ISPRS Journal of Photogrammetry & Remote Sensing*, 58: 239 ~ 258.

BINAGHI E, MADELLA P, MONTESANO M G, *et al.* 1997. Fuzzy contextual classification of multisource remote sensing images. *IEEE Transactions on Geoscience and Remote Sensing*, 35: 326 ~ 339.

BINAGHI E, BRIVIO P A, GHEZZI P, *et al.* 1999. A fuzzy set accuracy assessment of soft classification. *Pattern Recognition Letters*, 20: 935 ~ 948.

BLOCH I. 1996. Information combination operators for data fusion: a comparative review with classification. *IEEE Transactions on Systems, Man, and Cybernetics*, 26: 52 ~ 67.

CIHLAR J. 2000. Land cover mapping of large areas from satellites: status and research priorities. *International Journal of Remote Sensing*, 21: 1093 ~ 1114.

CORTIJO F J, DE LA BUNCA N P. 1998. Improving classical contextual classification. *International Journal of Remote Sensing*, 19: 1591 ~ 1613.

CRACKNELL A P. 1998. Synergy in remote sensing—what' s in a pixel? *International Journal of Remote Sensing*, 19: 2025 ~ 2047.

CUSHNIE J L. 1987. The interactive effect of spatial resolution and degree of internal variability within land-cover types on classification accuracies. *International Journal of Remote Sensing*, 8: 15 ~ 29.

DEAN A M, SMITH G M. 2003. An evaluation of per-parcel land cover mapping using maximum likelihood class probabil ities. *International Journal of Remote Sensing*, 24: 2905 ~ 2920.

DEFINENS AG. 2006. *Definens Professional* 5 *reference book.* V5. 0. 6. 1.

DEFRIES R S, CHAN J C. 2000. Multiple criteria for evaluating machine learning algorithms for 1and cover classification from satellite data. *Remote Sensing of Environment*, 74: 503 ~ 515.

FISHER P. 1997. The pixel: a snare and a delusion. *International Journal of Geographical Information System*, 7: 349 ~ 366.

FLYGARE A-M. 1997. A comparison of contextual classification methods using Landsat TM. *International Journal of Remote Sensing*, 18: 3835 ~ 3842.

FOODY G M, COX D P. 1994. Sub-pixel land cover composition estimation using a linear mixture model and fuzzy membership functions. *International Journal of Remote Sensing*, 15: 619 ~ 631.

FOODY G M. 1996. Approaches for the production and evaluation of fuzzy land cover classification from remotely-sensed data. *International Journal of Remote Sensing*, 17: 1317 ~ 1340.

FOODY G M, ARORA M K. 1997. An evaluation of some factors affecting the accuracy of classification by an artificial neural network. *International Journal of Remote Sensing*, 18: 799 ~ 810.

FOODY G M. 1999. Image classification with a neural network: from completely-crisp to fully-fuzzy situation. In P. M. Atkinson and N. J. Tate (Eds), *Advances in Remote Sensing and GIS Analysis*, 17 ~ 37 (New York: John Wiley and Sons).

FOODY G M. 2002. Status of land cover classification accuracy assessment. *Remote Sensing of Environment*, 80: 185 ~ 201.

FRANKLIN J, PHINN S R, WOODCOCK C E, *et al.* 2003. Rationale and conceptual framework for classification approaches to assess forest resources and properties. In M. A. Wulder and S. E. Franklin (Eds), *Remote Sensing of Forest Environments Concepts and case studies*: 279 ~ 300 (Boston: Kluwer Academic Publishers).

FRANKLIN S E, PEDDLE D R, DECHKA J A, *et al.* 2002. Evidential reasoning with Landsat TM, DEM and GIS data for land cover classification in support of grizzly bear habitat mapping. *International Journal of Remote Sensing*, 23: 4633 ~ 4652.

FRIEDL M A, BRODLEY C E, STRAHLER A H. 1999. Maximizing land cover classification accuracies produced by decision trees at continental to global scales. *IEEE Transactions on Geoscience and Remote Sensing*, 37: 969 ~ 977.

GALLEGO F J. 2004. Remote sensing and land cover area estimation. *International Journal of Remote Sensing*, 25: 3019 ~ 3047.

GITAS I Z, MITRI G H, VENTURA G. 2004. Object-based image classification for burned area mapping of Creus Cape Spain, using NOAA-AVHRR imagery. *Remote Sensing of Environment*, 92: 409 ~ 413.

GONG P, MARCEAU D J, HOWARTH P J. 1992. A comparison of spatial feature extraction algorithms for land-use classification with SPOT HRV data. *Remote Sensing of Environment*, 40: 137 ~ 151.

HARRIS P M, VENTURA S J. 1995. The integration of geographic data with remotely sensed imagery to improve classification in an urban area. *Photogrammetric Engineering and Remote Sensing*, 61: 993 ~ 998.

HEROLD M, LIU X, CLARKE K C. 2003. Spatial metrics and image texture for mapping urban land use. *Photogrammetric Engineering and Remote Sensing*, 21: 2163 ~ 2183.

HODGSON M E, JENSEN J R, TULLIS J A, *et al.* 2003. Synergistic use lidar and color aerial photography for mapping urban parcel imperviousness. *Photogrammetric Engineering and Remote Sensing*, 69: 973 ~ 980.

HUANG Z, LEES B G. 2004. Combining non-parametric models for multisource predictive forest mapping. *Photogrammetric Engineering and Remote Sensing*, 70: 415 ~ 425.

HUBERT-MOY L, COTONNEC A, LE DU L, *et al.* 2001. A comparison of parametric classification procedures of remotely sensed data applied on different landscape units. *Remote Sensing of Environment*, 75: 174 ~ 187.

HUGUENIN R L, KARASKA M A, BLARICOM D V, *et al.* 1997. Subpixel classification of Bald Cypress and Tupelo Gum trees in Thematic Mapper imagery. *Photogrammetric Engineering and Remote Sensing*, 63: 717 ~ 725.

IRONS J R, MARKHAM B L, NELSON R F, *et al.* 1985. The effects of spatial resolution on the classification of thematic mapper data. *International Journal of Remote Sensing*, 6: 1385 ~ 1403.

JANSSEN L F, MOLENAAR M. 1995. Terrain objects: their dynamics and their monitoring by integration of GIS and remote sensing. *IEEE Transactions of Geoscience and Remote Sensing*, 33: 749 ~ 758.

JANZ K, 1993. World forest resources assessment 1990: An overview. *Unasylva*, 44 (174): 1 ~ 15.

JENSEN J R. 1996. *Introduction to Digital Image Processing*: *A remote sensing perspective*, 2nd edn (Piscataway, NJ: Prentice Hall).

KARTIKEYAN B, GOPALAKRISHNA B, KALUBARME M H, *et al.* 1994. Contextual techniques for classification of high and low resolution remote sensing data. *International Journal of Remote Sensing*, 15: 1037 ~ 1051.

KEUCHEL J, NAVMANN S, HEILER M, *et al.* 2003. Automatic land cover analysis for Tenerife by supervised classification using remotely sensed data. *Remote Sensing of Environment*, 86: 530 ~ 541.

KIM H, PANG S, JE H, *et al.* 2003. Constructing support vector machine ensemble. *Pattern Recognition*, 36: 2757 ~ 2767.

KOHL M. 2004. Forest Inventory and Monitoring. *Encyclopedia of forest science*, 403 ~ 409.

KONTOES C, WILKINSON G G, BURRILL A, *et al.* 1993. An experimental system for the integration of GIS data in knowledge-based image analysis for remote sensing of agriculture. *International Journal of Geographical Information Systems*, 7: 247 ~ 262.

KOROTKOV A V, PECK T J. 1993. Forest resources of the industrialized countries: An ECE/FAO assessment. Unasylva, 44 (174): 1 ~ 31.

KULKARNI A D, LULLA K. 1999. Fuzzy neural network model s for supervised classification: multispectral image analysis. *Geocarto International*, 14: 42 ~ 50.

LAWRENCE R, BUNN A, POWELL S, *et al.* 2004. Classification of remotely sensed imagery using stochastic gradient boosting as a refinement of classification tree analysis. *Remote Sensing of Environment*, 90: 331 ~ 336.

LIU W, GOPAL S, WOODCOOCK C E. 2004. Uncertainty and confidence in land cover classification using a hybrid classifier approach. *Photogrammetric Engineering and Remote Sensing*, 70: 963 ~ 972.

LLOYD C D, BERBEROGLU S, CURRAN P J, *et al.* 2004. A comparison of texture measures for the per-field classification of Mediterranean land cover. *International Journal of Remote Sensing*, 25: 3943 ~ 3965.

LOBO A, CHIC O, CASTERAD A. 1996. Classification of Mediterranean crops with multisensor data: per-pixel versus per-object statistics and image segmentation. *International Journal of Remote Sensing*, 17: 2385 ~ 2400.

LU D, MORAN E, BATISTELM M. 2003. Linear mixture model applied to Amazonian vegetation classification. *Remote Sensing of Environment*, 87: 456 ~ 469.

LU D, WENG Q. 2004. Spectral mixture analysis of the urban landscapes in Indianapolis with Landsat ETM + imagery. *Photogrammetric Engineering and Remote Sensing*, 70: 1053 ~ 1062.

LU D, WENG Q. 2007. A survey of image classification methods and techniques of improving classification performance. *International Journal of Remote Sensing*, 38 (5 ~ 6): 823 ~ 870.

MAGUSSEN S, BOUDEWYN P, WULDER M. 2004. Contextual classification of Landsat TM images to forest inventory cover types. *International Journal of Remote Sensing*, 25: 2421 ~ 2440.

MANNAN B, RAY A K. 2003. Crisp and fuzzy competitive learning networks for supervised classification of multispectral IRS scenes. *International Journal of Remote Sensing*, 24: 3491 ~ 3502.

MASELLI F. 2001. Definition of spatially variable spectral endmembers by locally calibrated multivariate regression analysis. *Remote Sensing of Environment*, 75: 29 ~ 38.

MICHAEL A W, WERNER A K, MARK G. 2004. National level forest monitoring and modeling in Canada. *Progress in Planning*, 61 (May): 365 ~ 381.

MICHELSON D B, LJLJEBERG B M, PILESJO P. 2000. Comparison of algorithms for classifying Swedish land cover using Landsat TM and ERS-1 SAR data. *Remote Sensing of Environment*, 71: 1 ~ 15.

MYINT S W. 2001. A robust texture analysis and classification approach for urban land-use and land-cover feature discrimination. *Geocarto International*, 16: 27 ~ 38.

NEVILLE R A, LEVESQUE J, SUENE K, *et al.* 2003. Spectral unmixing of hyperspectral imagery for mineral exploration: comparison of results from SFSI and AVIRIS. *Canadian Journal of Remote Sensing*, 29: 99 ~ 110.

OKIN G S, ROBERTS D A, MURRAY B, *et al.* 2001. Practical limits on hyperspectral vegetation discrimination in arid and semiarid environments. *Remote Sensing of Environment*, 77: 212 ~ 225.

OLTHOF I, KING D J, LAUTENSCHLAGER R A. 2004. Mapping deciduous forest ice storm damage using Landsat and environmental data. *Remote Sensing of Environment*, 89: 48 ~ 96.

PAL M, MATHER P M. 2003. An assessment of the effectiveness of decision tree methods for land cover classification. *Remote Sensing of Environment*, 86: 554 ~ 565.

PAOLA J D, SCHOWENGERDT R A. 1995. A review and analysis of back propagation neural networks for classification of remotely sensed multispectral imagery. *International Journal of Remote Sensing*, 16: 3033 ~ 3058.

PEDLEY M I, CURRAN P I. 1991. Per-field classification f an example using SPOT HRV imagery. *International Journal of Remote Sensing*, 12: 2181 ~ 2192.

PENALOZA M I, WELCR R M. 1996. Feature selection for classification of polar regions using a fuzzy expert system. *Remote Sensing of Environment*, 58: 81 ~ 100.

PLATT R V, GOETZ A F H. 2004. A comparison of AVIRIS and Landsat for land use classification at the urban fringe. *Photogrammetric Engineering and Remote Sensing*, 70: 813 ~ 819.

PRICE K P, GUO X, STILES J M. 2002. Optimal Landsat TM band combinations and vegetation indices for discrimination of six grassland types in eastern Kansas. *International Journal of Remote Sensing*, 23: 5031 ~ 5042.

REESE H, NILSSON M, PAHLEN TG, *et al.* 2003. Countrywide estimates of forest variables using satellite data and field data from the national forest inventory. *Ambio*, 32 (8): 542 ~ 548.

ROBERTS D A, BATJSTA G T, PEREIRA J L G, *et al.* 1998a. Change identification using multiemporal spectral mixture analysis: applications in eastern Amazonia. In R. S. Lunetta and C. D. Elvidge (Eds), *Remote Sensing Change Detection: Environment Monitoring Methods and Applications*: 137 ~ 161 (Chelsea, MI: Ann Arbor Press).

ROBERTS D A, GARDNER M, CHURCH R, *et al.* 1998b. Mapping chaparral in the Santa Monica mountains using multiple endmember spectral mixture models. *Remote Sensing of Environment*, 65: 267 ~ 279.

SCHOWENGERDT R A. 1996. On the estimation of spatial-spectral mixing with classifier likelihood functions. *Pattern Recognition Letters*, 17: 1379 ~ 1387.

SHALAN M A, ARORA M K, GHOSH S K. 2003. An evaluation of fuzzy classifications from IRS1C LISS III imagery: a case study. *International Journal of Remote Sensing*, 24: 3179 ~ 3186.

SIEVANEN T. 2004. Inventory, Monitoring and Management. *Encyclopedia of forest science*, 958 ~ 964.

SMALL C. 2004. The Landsat ETM + spectral mixing space. *Remote Sensing of Environment*, 93: 1 ~ 17.

SMITH W B. 2002. Forest inventory and analysis: a national inventory and monitoring program. *Environmental Pollution*. 116 (suppl 1): S233 ~ S242.

SMITH M O, USTIN S L, ADAMS J B, *et al.* 1990. Vegetation in Deserts: I. A regional measure of abundance from multispectral images. *Remote Sensing of Environment*, 31: 1 ~ 26.

SOUTH S, QI J, LUSCH D P. 2004. Optimal classification methods for mapping agricultural tillage practices. *Remote Sensing of Environment*, 91: 90 ~ 97.

STEELE B M. 2000. Combining multiple classifiers: an application using spatial and remotely sensed information for land cover type mapping. *Remote Sensing of Environment*, 74: 545 ~ 556.

STUCKENS J, COPPIN P R, BAUER M E. 2000. Integrating contextual information with per-pixel classification for improved land cover classification. *Remote Sensing of Environment*, 71: 282 ~ 296.

THOMAS N, HENDRIX C, CONGALTON R G. 2003. A comparison of urban mapping methods using high-resolution digital imagery. *Photogrammetric Engineering and Remote Sensing*, 69: 963 ~ 972.

Tomppo E, Czaplewski R L. 2002. Potential for a remote-sensing-aided forest resource survey for the whole globe. *Unasylva*, 2002/3, 53 (210): 16 ~ 18.

TSO B, MATHER P M. 2001. *Classification Methods for Remotely Sensed Data* (New York: Taylor and Francis Inc).

WANG L, SOUSA W P, GONG P, *et al.* 2004. Comparison of IKONOS and QuickBird images for mapping mangrove species on the Caribbean coast of panama. *Remote Sensing of Environment*, 91: 432 ~ 440.

WOODCOCK C E, GOPAL S. 2000. Fuzzy set theory and thematic maps: accuracy assessment and area estimation. *International Journal of Geographical Information Science*, 14: 153 ~ 172.

XU B, GONG P, SETO E, *et al.* 2003. Comparison of gray-level reduction and different texture spectrum encoding methods for land-use classification using a panchromatic IKONOS image. *Photogrammetric Engineering and Remote Sensing*, 69: 529 ~ 536.

ZHANG Y. 1994. Optimisation of building detection in satellite images by combining multispectral classification and texture filtering. *ISPRS Journal of Photogrammetry and Remote Sensing*, 54: 50 ~ 60.

第 2 章

SPOT5 图像预处理

为了得到层次丰富、结构良好、可读性强并满足实际应用需要的图像，必须对遥感图像进行预处理（Coppin *et al.*，2004）。遥感数据预处理的基本内容包括：几何精校正和空间配准、分辨率融合、正射校正、图像增强、真（假）彩色合成。由于林区难以取得大比例尺地图，采用 GPS 精确测量用于 SPOT5 等高空间分辨率遥感图像几何精校正的地面控制点（GCPs）是一条可行的途径，因此，有必要研究建立林区 GPS 控制网。

2.1 数据预处理基本流程

用于森林资源监测中森林分类的遥感数据，一般要求层次分明、结构清晰，即要求信息量丰富。在实际应用中，可采用如下工作流程对 SPOT5 遥感数据进行预处理：

（1）利用星站差分 GPS 采集地面控制点（GCPs），对全色数据采用多项式几何校正，并完成多光谱数据与全色数据的空间配准。

（2）数据融合方法比较分析，选择最优方法进行融合变换，得到 2.5 m 的多光谱数据。

（3）通过星站差分 GPS 采集的 GCPs、林区 1∶10000 DEM 数据和 SPOT5 物理模型完成正射校正。

（4）对正射校正数据进行增强处理，包括光谱拉伸和边缘增强。

（5）对增强后的数据进行真彩色合成。

技术路线如图 2-1。

2.2 林区 GPS 控制网的建立

遥感数据在森林资源监测中的应用，首先遇到的是图像几何精校正问题，而 GCPs 的获取又是其中十分重要的问题。一般认为，遥感图像几何精校正用 GCPs 的测量精度原则上要小于图像的空间分辨率（游先祥，2003）。由于林区大多位于边远山区，难以取得大比例尺地形图用于高空间分辨率遥感图像校正，因此，建立林区 GPS 控制网是解决这一问题的有效途径，并可广泛用于林区测量。

长期以来，我国森林资源遥感调查主要采用空间分辨率为 30 m 的 Landsat5 TM 和 10 m 的 SPOT1-4 图像，图像的几何精校正大多是通过地形图（比例尺为1∶10000或 1∶50000）采集 GCPs 进行（任青山等，2001；游先祥，2003），一些学者采用普通手持 GPS、静态差分 GPS 采集 GCPs（王建武等，2000；赵宪文等，2001a，2001b）。静态差分 GPS 定位精度高，但工作效率低；普通手持 GPS 绝对定位精度不高，一般为 ±15 m，因此均不适用于大范围

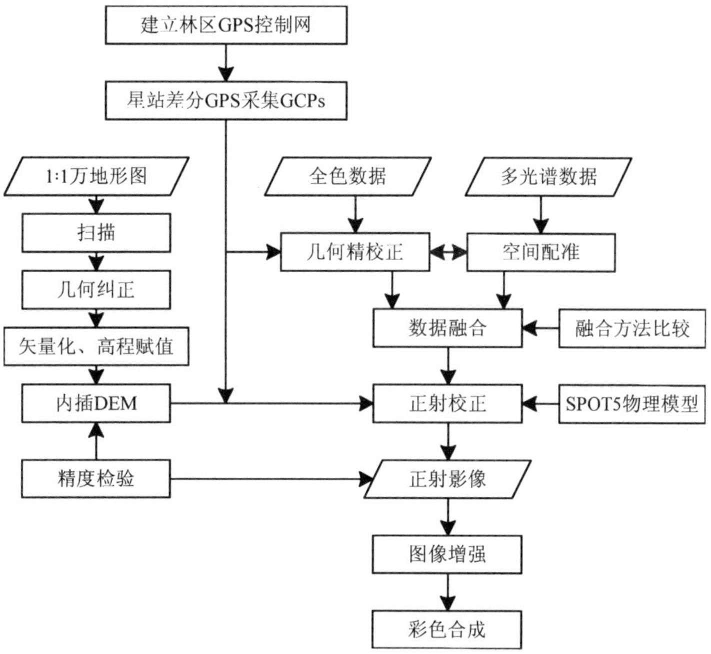

图 2-1 SPOT5 数据预处理流程

高空间分辨率卫星遥感图像的几何精校正。有研究者指出，地形图控制点展绘误差为图上 0.1 mm，一般地物实际测量误差为图上 0.7 mm，重要地物为图上 0.5 mm，比例尺为 1∶10000的地形图实际点位误差为 6.5 ~ 10 m（冯仲科等，1999；李崇贵等，2005a）。从 1∶10000地形图上选择遥感图像校正用的 GCPs，显然不能满足空间分辨率为 2.5 m 的 SPOT5 HRGs pan 图像几何精校正需要（李崇贵等，2005a）。同时，由于林区大多地处山区，缺乏大比例尺地形图。因此，传统借助地形图采集 GCPs 的方法很难满足 SPOT5 图像几何精校正的精度要求。

地面样地与遥感图像配准是卫星遥感数据在森林资源监测中应用的又一个问题。我国目前森林资源监测中，地面样地布设大多采用比例尺为1∶10000和 1∶50000 地形图，通过引线定位的方法进行。即在地形图上找到一处与样地中心（或某一角点）距离不远的明显地物点（道路交叉、合水线交叉和山峰顶点等），量取该点与样地中心的距离和方位角，用森林罗盘仪测量定位。由于林区山高坡陡，加上林下植被茂密、通视不良，需要伐除引线两侧的下木、灌木和杂草，因此工作量大、劳动强度高。试验结果表明，由于地形图刺点、测量误差的存在，目前样地定位误差一般为 15 ~ 30 m。由于森林大多呈连续分布，因此虽然以上误差不至于严重影响森林监测结果，但对于 SPOT5 等高空间分辨率卫星遥感数据而言，要将地面样地与卫星图像精确配准，以上样地定位精度显然难以满足要求（李崇贵，2005b），必须寻求更为精确、经济实用的样地定位方法。

GPS 应用是解决上述问题的有效办法。随着 GPS 在林业中的广泛应用，GPS 已成为现代林业测量的重要工具之一（冯仲科等，1999a，1999b）。由于林区环境条件限制，GPS 的应用尚存在很多问题有待研究。目前，普通手持式 GPS 单机实时定位精度为 ±15 m，还不能达到森林资源监测要求的定位精度（冯仲科等，2001，2002）。为此，有必要研究建立林区 GPS 控制网，通过解算高精度的转换参数，提高手持 GPS 的定位精度。

2.2.1 林区 GPS 定位的常用方法

林区 GPS 定位的传统施测方法包括实时差分定位、静态相对定位及单点定位。单点定位可满足以 Landsat 5TM/7ETM + 图像为信息源的资源调查需要。高空间分辨率遥感图像校正需达到 2.5 m、1 m 及 0.5 m 的精度，单点定位精度无法满足要求。若采用实时差分定位，以国家控制点作为差分基准站，通过电台发射差分信号，受山区地形、地貌影响，实时差分信号覆盖范围有限，常出现 GPS 信号失锁等现象。若通过布设较多控制点，采用差分基站逐点传递的方式进行，测量误差将随基站的不断设置而逐渐积累，工作量也急剧增大。静态相对定位虽然不受林区空间距离的影响，但至少需三台接收机同步观测，因林区交通、通讯条件差，工作困难，考虑林区控制点的精度要求及交通、通信条件，静态相对定位一般不宜采用。

随着 GPS 定位技术的发展，目前可在林区采用的定位方法有虚拟网络参考站定位（VRS，Virtual Reference Station）和双频星站差分定位（WADGPS）两种。

2.2.1.1 虚拟网络参考站定位（VRS）

高精度 GPS 实时差分定位受电离层和对流层的影响，原始数据将产生系统性误差，在实际工作中使移动站和参考站之间的距离大为减小，不利于林区 GPS 定位的开展。

虚拟网络参考站定位（VRS）如图 2-2 所示，由控制中心、参考站和流动站组成。

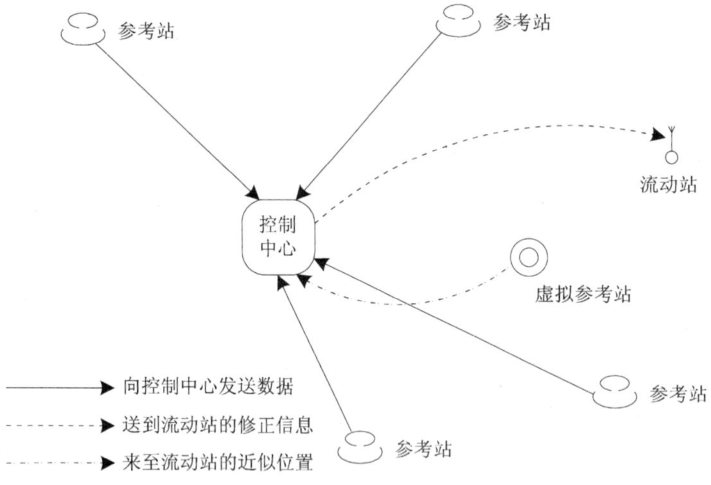

图 2-2 虚拟网络参考站定位

所有参考站和控制中心相连接，控制中心的计算机运行 GPS-Network 软件，它是整个系统的神经中枢。GPS-Network 连接到网络中所有的接收机，其主要任务包括：导入原始数据并进行质量检测；存储 RINEX 和压缩 RINEX 数据；改正天线相位中心；系统误差的模型化及估算；发送 RTK 改正数据到野外流动站。

该系统使参考站数据中的系统误差被减小或消除，这不仅意味着用户可以增加流动站和参考站间的距离，同时也增加了系统的可靠性。当实际参考站间的距离在 50 km 左右时，定位精度可达到厘米（cm）级。近年来，我国 VRS 定位系统建设发展迅速，目前很多城市都建立了 VRS 定位系统。但由于覆盖范围有限，VRS 定位目前只限于城市及周边地区，林区难以应用。

2.2.1.2 双频星站差分定位（WADGPS）

采用双频广域差分，无需基站、无需数据链，单机操作，全球覆盖、全天候工作。该接收机使用 STARFIRETM 网络提供的双频 GPS 差分信号，定位精度可达到 15～25 cm。其定位原理如图 2-3 所示。

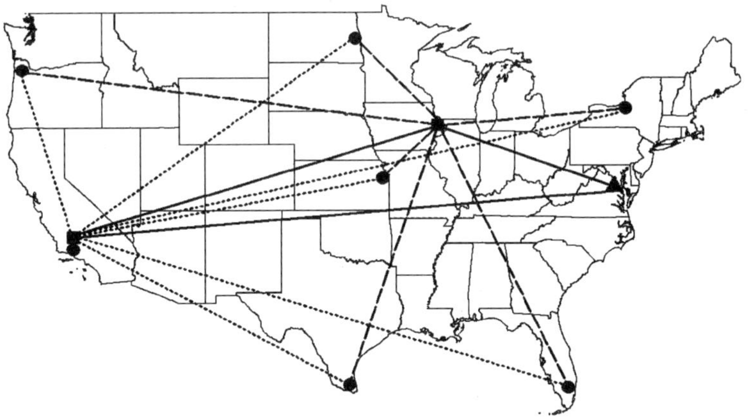

图 2-3 WADGPS 系统组成

该系统由分布在美国的 7 个地面参考站、两个数据处理中心及一个卫星地面站组成。参考站对空中卫星进行观测，将双频观测值及系统组合信息发往数据处理中心。数据处理中心以折射改正观测值为基础，对所有参考站的观测数据进行联合处理，得到一组适合很大范围的双频 GPS 差分信号，通过卫星地面站将此差分信号发往流动站，进行实时动态定位。

根据林区 GPS 控制网的用途，点位精度一般在 0.5 m 就能满足所有要求。因此在上面讨论的施测方式中，双频星站差分定位技术最适合于林区 GPS 定位。

2.2.2 试验方法和仪器设备

试验共采用了实时差分（Real-Time Kinematics，RTK）定位、静态相对定位（Static Relative Positioning）两种方法进行。

实时差分定位采用美国天宝（Trimble）导航公司生产的 Trimble GPS 4800 双频接收机。基准站和流动站各需 1 辆车，2 位测量人员，包括司机在内需要 3 人才能正常作业。因研究区域为低山丘陵地区，地形比较封闭，影响差分信号的接收，基站和流动站之间的距离受到很大限制，一般只能达到 3～7 km。距离稍长，无法接收到基站差分信号，或很难得到固定解，每测定一站往往需较长时间。当林区范围较大时，需设较多基准站。又因林区很难找到已知点，只能将前一通过差分方式测定的待定点再作为差分基准站，对下一个待定点进行定位。若经过多次传递势必使测量误差增大。本次试验用这种方法进行了观测，因定位和通讯困难而中途停止。

静态相对定位试验采用 Trimble GPS 5700 接收机，应用静态相对定位的方法建立各分场的差分基准站。已知两个基准点的精确坐标值，采用 3 台接收机进行同步观测，每台接收机配备 1 辆车、1 ~2 个观测人员，每个测站连续观测 30 min 左右。

2.2.3　基准站测设

布设林区 GPS 控制网需综合考虑很多因素：每个林场甚至每个分场需有控制点分布；控制点在遥感图像上容易识别和定位；控制点要远离诸如林区无线电台发射天线等干扰源和山峰、高大林木、建筑物等障碍物。本研究的 GPS 控制网基准站全部布设在各分场的场部，以便日后测量作业，主要设于楼房天台。测点分布如图 2-4 所示。

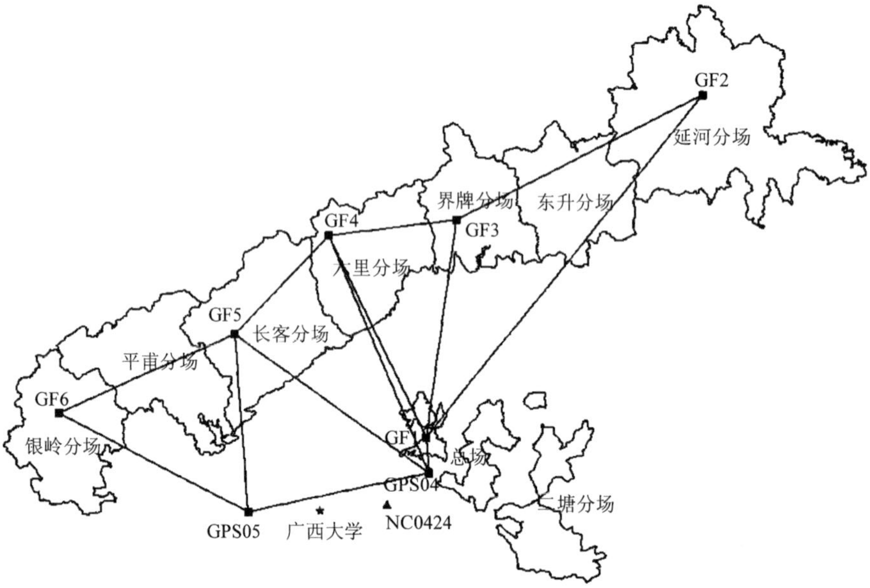

图 2-4　差分基准站分布

2.2.4　定位结果

2003 年 3 ~4 月，广西林业勘测设计院、深圳职业技术学院和广西高峰林场的研究人员在广西高峰林场进行了 GPS 控制网的布网试验。

以已知点 GPS04、GPS05 为基础对其余 6 个待定点的坐标进行解算，结果见表 2-1。

表 2-1　各分场基准站静态相对定位结果

点号	纵坐标 (m)	横坐标 (m)	高程 (m)	纵向误差 (m)	横向误差 (m)	综合误差 (m)	高程误差 (m)
GPS04	2529090.020	534352.702	101.565	0.000	0.000	0.000	0.000
GPS05	2527228.940	525574.266	79.268	0.000	0.000	0.000	0.000
GF1	2530773.447	534227.910	119.842	0.009	0.011	0.014	0.519
GF2	2547057.445	547681.961	171.244	0.014	0.017	0.022	0.520
GF3	2541086.214	535738.934	169.359	0.011	0.013	0.017	0.519
GF4	2540326.110	529592.700	219.660	0.008	0.009	0.012	0.518
GF5	2535670.746	524955.605	168.395	0.008	0.005	0.009	0.518
GF6	2531902.398	516230.523	185.576	0.010	0.012	0.015	0.519

从表 2-1 可以看出，各基准站静态相对定位的最大综合误差为 0.022 m，高程最大误差

为0.520 m，可以认为该GPS控制网具有了较高的精度。

通过布网试验，总结林区GPS控制网布设应遵循以下基本原则：

（1）每个林场和分场都需布设差分基准站，其点位应选择在交通便利、易于识别、便于设置标志和永久保存、远离干扰源和障碍物的地方。一般宜布设于林场和分场场部，以便于日后差分定位测量应用。

（2）建立林区GPS控制网的目的主要是满足林业生产经营应用需要，因此不必套用国家控制网的布设等级，但点位精度需满足≤0.5 m的要求，以满足林区定位和Quickbird、IKONOS、SPOT5等高空间分辨遥感数据几何精校正需要。

（3）建立林区GPS控制网的过程中，要求选择2个已知点参与观测和解算，并且最好是国家测设的GPS控制网点，以确保定位精度。

2.2.5 基于林区GPS控制网的空间定位试验

为检验林区GPS控制网的布网效果，进行了单点定位和小班边界空间定位试验。

2.2.5.1 试验用仪器设备

单点定位采用SF-2040G GPS双频RTG接收机和深圳普泰科技有限公司出品的星源通掌上森林调查仪（简称掌上调查仪，李崇贵等，2005c）两种仪器进行。SF-2040G GPS双频RTG接收机的厂家标称StarFire定位精度（RMS）为：水平<15 cm，高程<30 cm；伪距测量精度：C/A码20 cm@42db-Hz，该设备又称星基（站）差分GPS。掌上调查仪集成了RS、移动GIS和GPS技术，具有图形图像显示、导航、定位、实地面积测量、坐标转换及普通GPS手持机功能，就GPS性能而言，该设备属普通手持式GPS。

小班边界空间定位试验采用掌上调查仪进行。

2.2.5.2 坐标转换参数的求解

GPS采用的是WGS84坐标系，而实际林业生产应用中一般采用BJ 54坐标系，因此必须进行坐标系转换。坐标转换参数精度的高低，对于GPS单点定位和小班空间定位精度有直接的影响。坐标转换公式为（Ekstrand *et al.*，1996）：

$$\begin{pmatrix} x_{54} \\ y_{54} \end{pmatrix} = \begin{pmatrix} \Delta x \\ \Delta y \end{pmatrix} + (1+m)\begin{pmatrix} \cos\theta\sin\theta \\ -\sin\theta\cos\theta \end{pmatrix}\begin{pmatrix} x_{84} \\ y_{84} \end{pmatrix} \tag{2-1}$$

式中，（x_{84}、y_{84}）为已知点的WGS-84坐标，（x_{54}、y_{54}）为已知点的BJ 54坐标，Δx、Δy为平移参数，m为尺度因子，θ为旋转角度。

按照坐标转换的次序，先求解出旋转参数，再进行尺度因子的改正，最后进行平移使两坐标系的原点重合。一般选用2个已知点即可求解出4参数，为了提高精度，最好选择3个以上的已知点，利用最小二乘法求解转换参数（周忠谟等，1992；高成发，1999；刘基余等，2003）。

掌上调查仪带有坐标转换参数求解程序，可直接输入差分基准站的实测WGS84坐标和已知的BJ 54坐标，自动求解Δx、Δy、θ和m，并予以保存。试验采用了图2-4中的GPS04、GF2、GF3、GF4、GF5共5个点来求解转换参数。

为提高普通手持GPS的定位（掌上调查仪）精度，对实测的坐标值进行平移处理。其纵向和横向平均误差$\overline{\Delta x}$、$\overline{\Delta y}$分别为：

$$\begin{cases} \overline{\Delta x} = \dfrac{1}{n}\sum_{i=1}^{n}(x'_i - x_i) \\ \overline{\Delta y} = \dfrac{1}{n}\sum_{i=1}^{n}(y'_i - y_i) \end{cases} \tag{2-2}$$

式中，n 为求解转换参数差分基准站的个数；x'_i、y'_i 为第 i 个差分基准站的纵、横坐标实测值；x_i、y_i 为第 i 个差分基准站的纵、横坐标已知值。

以 $\overline{\Delta x}$、$\overline{\Delta y}$ 作为坐标平移处理的参数，则平移后第 i 个点的纵、横坐标值分别为：

$$\begin{cases} x''_i = x_i - \overline{\Delta x} \\ y''_i = y_i - \overline{\Delta y} \end{cases} \tag{2-3}$$

2.2.5.3 试验方法

星站差分 GPS 单点定位共测定了 5 个测点，其中 2 个用于坐标解算，3 个用于精度检验，每个测点记录数据的时间为 15 ~ 20 min。

普通手持 GPS（掌上调查仪）单点定位试验共定位了 7 个测点，除了包括求解转换参数的 5 个测点以外，还定位了 GPS05 和南宁市区内一个城市工程网三角点 NC0424（图 2-4），用于检验定位精度。要求必须锁定 4 颗以上卫星，且数据显示比较稳定后才能开始记录，每个测点记录数据的时间为 3 min。

小班边界空间定位试验在控制网控制范围内的广西大学（图 2-4）校园内进行，选择 3 个面积不等的矩形试验地（篮球场，图 2-5），分别编号为 1、2、3，附近有楼房和高大树木，可模拟林区实际测量情况。小班边界空间定位应用连续点法，待掌上调查仪锁定 4 颗以上卫星且信号比较稳定后沿试验地边缘以一般步行速度进行实地绕测，每个地块重复测量 10 次。结束后可自动计算小班面积，并可导出小班空间位置图。

2.2.5.4 定位结果

（1）星基差分 GPS 定位结果：

对 1 个城市工程控制网三角点、2 个静态差分 GPS 点的定位精度进行检验，结果见表 2-2。

尽管单点绝对定位精度没有达到厂家标称的精度，但各点的 RMS 均小于 0.5m，因此基于 GPS 控制网采用星基差分 GPS 测定的 GCP 完全满足 SPOT5、IKONOS 及 QiuckBird 等高分辨率图像几何精校正的精度要求。

（2）普通手持 GPS 定位结果：

掌上调查仪定位结果及经平移处理后的结果见表 2-3。

由表 2-3 可以看出，单点定位的最大综合误差为 4.071 m，已能够满足林业生产的需要（<5 m）；经平移处理后最大综合误差为 3.867 m，定位精度得到进一步提高。

（3）小班边界空间定位结果：

通过星基差分 GPS 精确测量 3 个地块每个角点的坐标（水平定位精度 <20 cm），在 GIS 的支持下作其空间位置图，作为评价 GPS 实测小班边界空间定位的基准图。采用边界平均位移和中心位置绝对位移两个指标对小班空间定位进行定量评价（李春干等，2002）。

设有基准图 S 和实测小班图 S'，在 GIS 平台支持下，将两者进行叠合（图 2-6），以前者为基准，沿小班边界每隔 5 m 分别量测两个小班界线的位移距离 d_i，每个小班从任意点起沿着其边界每隔 5 m 测量一个位移距离，则 S' 的边界平均位移 $\bar{d}$ 为 $\bar{d} = \frac{1}{n} \times \sum_{i=1}^{n} d_i$，其中 d_i 为第 i 个测点的位移距离，n 为测点数。

设 S 和 S' 的中心位置坐标分别为 $(x_1、y_1)$ 和 (x_2, y_2)。则可定义 S' 的中心位置绝对位移距离为 $d = \sqrt{(x_2 - x_1)^2 + (y_2 - y_1)^2}$（李春干，2002）。

一般情况下，除非 S 和 S' 界线完全重合，否则总存在着 $d \geqslant 0$。

表 2-2 星站差分 GPS 单点绝对定位精度

点号	项目	纵坐标（m）	横坐标（m）	基准坐标来源与 RMS
GPS2	星基差分	2547057.020	547682.169	
	基　　准	2547057.445	547681.961	静态差分
	相　　差	-0.425	0.208	RMS = 0.473
NC0274	星基差分	2527286.960	524766.259	
	基　　准	2527287.124	524766.474	城市工程控制三角点
	相　　差	-0.164	-0.215	RMS = 0.270
GF4	星基差分	2540326.467	529592.385	
	基　　准	2540326.110	529592.700	静态差分
	相　　差	0.357	-0.315	RMS = 0.476

表 2-3 手持式 GPS 单点定位结果

点名	纵坐标（m）	横坐标（m）	纵向误差（m）	横向误差（m）	综合误差（m）	平移 X'（m）	平移 Y'（m）	纵向误差（m）	横向误差（m）	综合误差（m）
GPS04	2529089.050	534353.654	-0.97	0.952	1.359	2529089.273	534353.666	-0.747	0.964	1.219
GF2	2547059.220	547680.729	1.775	-1.232	2.161	2547059.443	547680.741	1.998	-1.220	2.341
GF3	2541082.390	535740.331	-3.824	1.397	4.071	2541082.613	535740.343	-3.601	1.409	3.867
GF4	2540325.390	529592.807	-0.72	0.107	0.728	2540325.613	529592.819	-0.497	0.119	0.511
GF5	2535673.370	524953.423	2.624	-1.282	2.920	2535673.593	524953.435	2.847	-1.270	3.118
GPS05	2527229.980	525571.876	1.04	-2.39	2.606	2527230.203	525571.888	1.263	-2.378	2.693
NC0424	2527598.680	532354.861	-0.006	-1.077	1.077	2527598.903	532354.873	0.217	-1.065	1.087

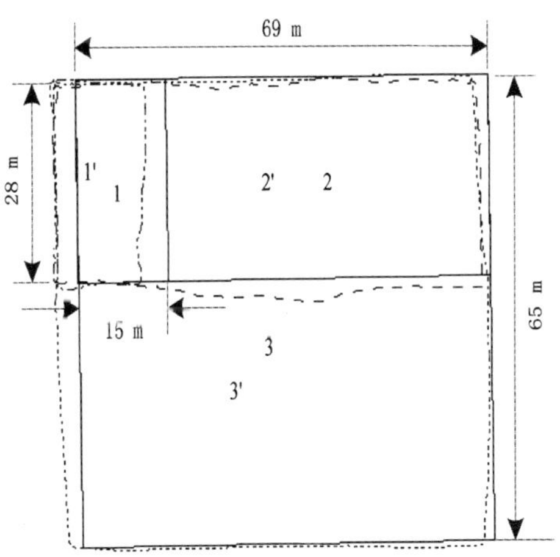

图 2-5 小班边界空间定位结果

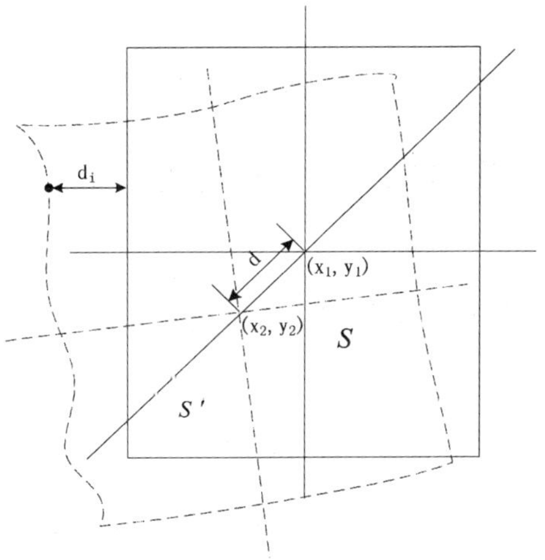

图 2-6 小班位移图分析

(4) 小班边界空间定位精度：

GPS 实测导出的小班空间位置图如图 2-5 所示。1、2、3 为星站差分 GPS 测量的 3 个小班基准图（实线图），1′、2′、3′分别为 GPS 实测导出的 3 个小班测量图（虚线图）。

对 3 个小班（地块）进行 10 次边界空间定位测量，计算其边界平均位移和中心位置绝对位移，结果见表 2-4。3 个小班的边界平均位移分别为 3.48 m、3.44 m、2.77 m，中心位置绝对位移分别为 3.44 m、3.94 m、3.90 m，可以认为，在 GPS 控制网的支持下，采用普通手持 GPS 进行小班边界空间定位，能够得到比较精确的结果。

表 2-4 小班边界平均位移和中心位置绝对位移

地块	小班边界平均位移（m）											小班中心绝对位移（m）										
	1	2	3	4	5	6	7	8	9	10	均值	1	2	3	4	5	6	7	8	9	10	均值
1	3.00	2.71	3.36	3.13	4.20	3.32	3.51	3.94	4.40	3.23	3.48	2.73	3.89	4.73	3.73	4.85	2.61	2.32	1.88	4.82	2.83	3.44
2	2.87	1.56	3.26	3.55	2.93	3.91	3.49	4.05	4.14	3.48	3.44	2.99	3.59	2.56	3.24	3.96	3.84	3.41	5.90	5.82	3.24	3.94
3	2.57	1.32	2.97	2.19	2.73	3.57	3.31	2.60	3.45	3.00	2.77	2.56	3.99	3.86	4.19	3.13	4.99	6.12	5.23	2.91	2.03	3.90

由表 2-4 还可以看出，小班边界平均位移和中心位置绝对位移与面积大小关系不大，仅仅受 GPS 单点定位精度的影响。

由图 2-5 可以看出，小班边界空间定位误差主要为横向误差，纵向误差很小。同时，分析各小班中心位置位移，80% 以上的测量结果均是横向误差明显大于纵向误差。即该区域内小班边界误差主要表现为横向平移。

（5）面积测量精度：

对 3 块矩形试验地进行 10 次面积测量试验，结果见表 2-5。

由表 2-5 可以看出，3 个地块的面积测量精度都达到了 98% 以上，完全满足了林业生产的需要；随着测量地块面积的逐渐变大，中误差逐渐变小，说明地块面积越大，测量的面积值越接近真实值。

表 2-5 小班面积模拟量测结果及误差

地块编号	测量结果(m^2)											统计量			
	1	2	3	4	5	6	7	8	9	10	均值	真值(m^2)	标准差	中误差(%)	精度(%)
1	393	416	388	387	432	393	441	441	463	388	414	420	28.4	6.85	98.6
2	1991	1927	2121	1975	2061	1922	1998	1931	1896	1850	1967	1932	80.1	4.07	98.18
3	4600	4513	4563	4565	4566	4318	4362	4446	4526	4306	4476	4485	110.8	2.48	99.81

2.3 几何精校正和空间配准

图像几何精校正针对 HRG 2.5 m 全色波段数据，为全景图像，涉及所建立的 GPS 控制网周边地区，如图 2-7。采用 Gauss-Kruger 投影，Krasovsky 参考椭球体，基准面为 Krasovsky，BJ 54 坐标系。

2.3.1 地面控制点（GCPs）采集

（1）将原始的全色图像和多光谱图像融合（WGS84 坐标），然后输出 A0 图幅大小的假彩色合成图像，作为野外 GCPs 测量工作用导航图。根据道路网络和易识别地物的分布状况，按均匀分布原则在图像上粗略地布设 GCPs。

（2）在计算机上以导航图上各 GCP 为中心，分别裁取 900 行 × 1400 列的图像，并以 A4 纸张规格输出比例尺约为 1∶15000 的假彩色合成图像，装订成册供野外测定和记录

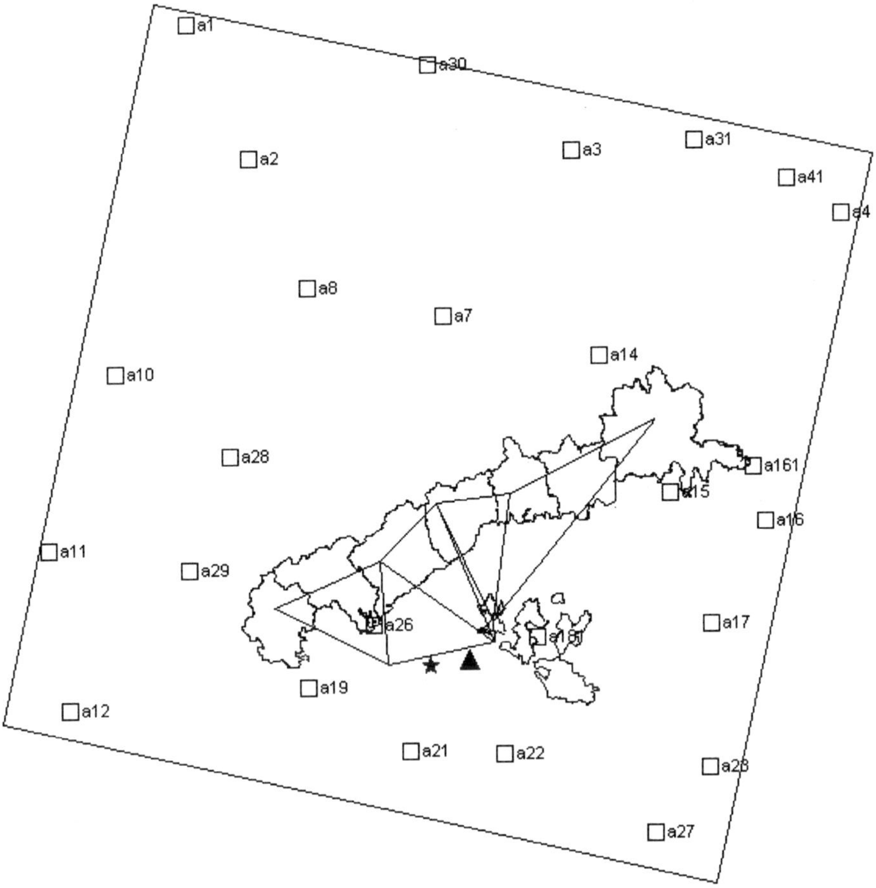

图 2-7 地面控制点平面位置分布

GCPs 用。

(3) 为进行坐标系转换和检验测量精度，在研究区域内选取 5 个已知 BJ 54 坐标的控制点，其中 3 个用于进行坐标系转换解算，2 个用于绝对定位精度检验。

(4) 在记录图册的每一图像范围内选取容易识别和精确定位的道路交叉点、桥梁端点、水坝端点、田埂角点、形状规则的裸露土地（如旱地等）的角点等作为 GCPs，用星站差分 GPS 精确测定其坐标，并在记录图册上作详细的、准确的标记。记录内容包括测点准确位置和地物特征详细描述、编号、测量日期和时间等。

试验共测定了 37 个 GCPs，除去难以准确识别或测量有误的外，可用于图像校正的 GCPs 为 25 个，其分布如图 2-7。GCPs 为 BJ 54 坐标系。

2.3.2 几何精校正

2.3.2.1 几何位置变换

几何位置变换包括多项式变换、相似变换及三角形变换。三角形变换对 GCPs 分布要求严格，否则校正后的图像将发生严重变形，本书仅探讨多项式及相似变换。

设原始图像空间中像元的行列号为 (x, y)，x 为纵坐标（卫星前进方向），y 为横坐标

（卫星扫描行方向），校正后图像的坐标为（u，v），u 为纵坐标，v 为横坐标。

多项式变换的数学模型可表示为（Ford *et al.*，1985；Hill *et al.*，1991）：

$$x = F_x(u,v) = \sum_{i=0}^{n}\sum_{j=0}^{n-i} a_{ij}u^i v^j$$
$$y = F_y(u,v) = \sum_{i=0}^{n}\sum_{j=0}^{n-i} b_{ij}u^i v^j \tag{2-4}$$

式中，a_{ij}，b_{ij}为待定参数；n 为多项式阶数。（2-4）式中若取 2 阶多项式，校正模型可表示为：

$$x = F_x(u, v) = a_{00} + a_{10}u + a_{01}v + a_{11}u^2 + a_{20}uv + a_{02}v^2$$
$$y = F_y(u, v) = b_{00} + b_{10}u + b_{01}v + b_{11}u^2 + b_{20}uv + b_{02}v^2 \tag{2-5}$$

多项式（2-4）中的待定系数可利用 m 个 GCP 的坐标及其在 SPOT5 图像上对应的行列号求解。根据（2-4）式求解待定系数时，应先列出误差方程，其矩阵表达式为：

$$\varepsilon_x = AX - L_1$$
$$\varepsilon_y = AY - L_2 \tag{2-6}$$

式中：$A = \begin{bmatrix} 1 & u_1 & v_1 & u_1^2 & u_1v_1 & v_1^2 \\ 1 & u_2 & v_2 & u_2^2 & u_2v_2 & v_2^2 \\ \cdots & \cdots & \cdots & \cdots & \cdots & \cdots \\ 1 & u_m & v_m & u_m^2 & u_mv_m & v_m^2 \end{bmatrix}$，$L_1 = \begin{bmatrix} x_1 \\ x_2 \\ \cdots \\ x_m \end{bmatrix}$，$L_2 = \begin{bmatrix} y_1 \\ y_2 \\ \cdots \\ y_m \end{bmatrix}$，$X = \begin{bmatrix} a_0 \\ a_1 \\ \cdots \\ a_5 \end{bmatrix}$，$Y = \begin{bmatrix} b_0 \\ b_1 \\ \cdots \\ b_5 \end{bmatrix}$

由误差方程（2-6），根据最小二乘原理，可得多项式变换中待定参数的估值为：

$$X = (A^TA)^{-1}A^TL_1$$
$$Y = (A^TA)^{-1}A^TL_2 \tag{2-7}$$

根据 GCP 利用（2-7）式解算待定参数时，GCP 的数量不得少于（$n+1$）（$n+2$）/2。多项式阶数越高，需要的 GCP 数就越多，且点位的分布要求越需均匀。

对图像进行校正后，可由下式计算每个 GCP 的均方误差（$\mathrm{RMS}_{\mathrm{error}}$）：

$$\mathrm{RMS}_{\mathrm{error}} = \sqrt{(x'-x)^2 + (y'-y)^2} \tag{2-8}$$

2.3.2.2 灰度重采样

灰度重采样包括最近邻点法（Nearest neighbor）、双线性内插法（Bilinear interpolation）及三次卷积插值法（Cubic convolution），3 种方法的特点如下：

最近邻点法算法简单，可保持原光谱信息不变，但几何位置精度差，校正后的图像灰度出现不连续性，原来光滑的边界会出现锯齿状。

双线性内插法计算简单，具有一定的灰度采样精度，几何上比较精确，可保证图像校正后灰度值的连续性。但因灰度值内插，使原来的光谱信息发生变化，该方法还具有低通虑波的性质，易使线条、边缘的高频信息损失，使图像产生模糊。

三次卷积插值法不仅可使遥感图像的灰度值连续，几何位置比较精确，同时也可较好保留高频成分（李崇贵等，2004a）。

2.3.2.3 多项式校正

根据以上分析，考虑实际所采集的 GCPs 数量，在本研究中，选择五次多项式变换，双线性插值法进行全景图像的几何纠正和空间配准。

2.3.2.4 校正结果分析

由于 SPOT5 图像的空间分辨率极高，地物表现能力强，各 GCPs 均容易在图像上准确标定。剔除部分 RMS_{error} 较大的 GCPs，采用 25 个 GCPs 进行图像几何精校正。

经校正，结果为：总的点位误差 0.629。所有 GCPs 的 RMS_{error} 误差均满足小于 1 个像元的图像几何精校正的一般要求（朱述龙等，2000）。详细结果见表 2-6。

表 2-6 校正误差表

点号	图像坐标（像元）		大地坐标（m）		误差（像元）		
	x	y	X	Y	x	y	RMS_{error}
a1	1239.056	23570.167	509331.108	2579242.781	0.075	0.436	0.443
a4	23382.331	21921.383	563169.969	2563615.071	-0.064	0.157	0.169
a27	21670.114	1165.747	547655.429	2513529.992	-0.505	-0.156	0.529
a12	2086.625	923.875	499318.787	2523757.611	0.020	0.170	0.172
a2	4050.764	19682.755	514259.977	2568295.968	0.510	-0.816	0.963
a3	14320.655	22124.095	540933.552	2568859.529	0.638	0.096	0.645
a41	21401.125	22655.375	558677.479	2566458.168	0.421	0.073	0.427
a7	11300.355	16005.900	530233.309	2555481.402	-0.514	0.045	0.516
a8	6800.375	16000.125	519113.632	2557865.112	-0.146	0.466	0.468
a10	1244.765	11949.762	503214.609	2550970.899	-0.646	-0.285	0.706
a11	295.875	5842.875	497582.652	2536666.132	0.254	-0.009	0.254
a14	16551.626	15809.896	543083.005	2552206.989	0.267	0.680	0.730
a16	23030.575	11753.212	556834.653	2538780.939	-0.422	-0.425	0.599
a161	22232.694	13377.384	555755.743	2543201.771	-0.114	-0.155	0.193
a181	16492.533	6501.945	537887.170	2529436.986	-0.873	-0.099	0.878
a19	9532.234	3293.700	518989.251	2525415.239	-0.271	0.395	0.479
a21	13246.512	2004.680	527427.094	2520223.921	0.042	-0.971	0.972
a22	16272.242	2609.451	535203.430	2520037.698	0.258	0.554	0.611
a23	22955.026	3611.981	552174.160	2518824.783	0.782	0.434	0.894
a24	15069.617	9970.501	536281.833	2538695.613	0.695	-0.506	0.860
a26	11177.310	5761.782	524398.171	2530529.245	0.314	0.267	0.412
a28	5468.070	10092.427	512660.473	2544186.424	0.544	0.696	0.884
a29	4960.505	6231.607	509313.913	2535066.389	-0.239	-0.553	0.603
a30	9147.836	23848.933	529049.391	2575785.228	-0.510	0.236	0.563
a31	18137.206	23244.622	550938.311	2569611.775	-0.517	-0.256	0.577
总的					0.453	0.437	0.629

2.3.3 空间配准

完成 HRG 2.5 m 全色图像几何精校正后，即可以此为基准对 XS 10 m 多光谱图像进行空间配准。

空间配准亦采用多项式变换，双线性插值法进行，配准后多光谱图像按2.5 m像元输出。

由于SPOT5 图像具有较高的空间分辨率，在 HRG 2. 5 m 全色图像和XS 10 m多光谱图像上很容易找到相匹配的同名像元，XS 10 m 多光谱图像的配准也很容易满足小于1 个像元的要求。

2.4 图像融合

遥感图像融合（Image fusion）也称分辨率融合。遥感图像全色波段的空间分辨率都高于多光谱波段，空间信息最丰富，地物表现最为详细，而多光谱数据则具有丰富的地物层次信息。通过图像融合，可以得到兼具两种图像特点的新图像，利于图像分析应用。

2.4.1 融合方法

2.4.1.1 IHS 变换融合

IHS 变换是色度空间变换，从三个波段的多光谱合成影像上分离出代表空间信息的亮度（Intensity，I）和代表波谱信息的色调（Hue，H）、饱和度（Saturation，S）三个分量，用高分辨率全色波段或其他波段数据代替亮度分量（I），最后经过 IHS 反变换，即替代后的 IHS 数据再返回到 RGB 图像空间生成融合图像（朱述龙等，2000）。其计算式为公式（2-9）和（2-10）：

$$\begin{bmatrix} I \\ \nu_1 \\ \nu_2 \end{bmatrix} = \begin{bmatrix} \frac{1}{\sqrt{3}} & \frac{1}{\sqrt{3}} & \frac{1}{\sqrt{3}} \\ \frac{1}{\sqrt{6}} & \frac{1}{\sqrt{6}} & \frac{-2}{\sqrt{6}} \\ \frac{1}{\sqrt{2}} & \frac{1}{\sqrt{2}} & \frac{-2}{\sqrt{6}} \end{bmatrix} \times \begin{bmatrix} R \\ G \\ B \end{bmatrix} \tag{2-9}$$

$$\begin{bmatrix} R \\ G \\ B \end{bmatrix} = \begin{bmatrix} \frac{1}{\sqrt{3}} & \frac{1}{\sqrt{6}} & \frac{1}{\sqrt{2}} \\ \frac{1}{\sqrt{3}} & \frac{1}{\sqrt{6}} & \frac{-1}{\sqrt{2}} \\ \frac{1}{\sqrt{3}} & \frac{-2}{\sqrt{6}} & 0 \end{bmatrix} \times \begin{bmatrix} I \\ \nu_1 \\ \nu_2 \end{bmatrix} \tag{2-10}$$

$$H = \tan^{-1}(\nu_1/\nu_2),\ S = \sqrt{(\nu_1^2 + \nu_2^2)}$$

其中，I 表示亮度，对应于图像的地面分辨率；H 表示色调；S 表示饱和度，H 与 S 代表图像的光谱分辨率；ν_1、ν_2是为计算 H、S 所用的中间变量。

利用 SPOT5 多光谱数据的 3、4、2 波段进行 RGB 合成，再对其作 IHS 变换，利用 SPOT5 全色波段替代 I 分量，进行 IHS 逆变换，完成影像的融合。

2.4.1.2 主成分变换融合

主成分变换融合是建立在图像统计特征基础上的多维线性变换，具有方差信息浓缩、数据量压缩的作用，是以高分辨率数据替代多波段数据变换以后的第一主成分来达到融合的目的。

主成分变换是对多光谱图像 X，利用 K－L 变换矩阵进行线性组合，产生一组新的多光

谱图像 Y，Y 的各个分量 y_i 之间具有最小的相关性。其计算公式为：

$$Y = AX \tag{2-11}$$

其中，X 为变换前多光谱空间的象元矢量；Y 为变换后主分量空间的象元矢量；A 为变换矩阵，是 X 空间协方差矩阵 $\sum X$ 的特征向量矩阵的转置矩阵。

首先对 SPOT5 多光谱数据的四个波段进行主成分变换，得到四个独立的主成分分量，再用 SPOT5 的全色波段替代第一主成分分量进行主成分逆变换，得到融合图像。

2.4.1.3 乘积变换融合

乘积变换融合是应用最基本的乘积组合算法直接对两种空间分辨率的遥感数据进行合成。SPOT5 图像的融合采用以下计算公式：

$$\begin{cases} band_1' = band_1 \times pan \\ band_2' = band_2 \times pan \\ band_3' = band_3 \times pan \\ band_4' = band_3 \times pan \end{cases} \tag{2-12}$$

式中，$band_i'(i=1, 2, 3, 4)$ 为融合后 SPOT5 图像的 1、2、3、4 波段数值；$band_i$（$i=1, 2, 3, 4$）为 SPOT5 源图像的 1、2、3、4 波段数值；pan 为全色波段数值。

2.4.1.4 Brovey 变换融合

Brovey 变换是较为简单的融合方法，它是为 RGB 影像显示进行多光谱波段颜色归一化，将高分辨率全色与各自相乘完成融合。SPOT5 图像 Brovey 融合采用公式（2-13）进行计算：

$$\begin{cases} R = [band_3/(band_3 + band_4 + band_2)] \times pan \\ G = [band_4/(band_3 + band_4 + band_2)] \times pan \\ B = [band_2/(band_3 + band_4 + band_2)] \times pan \end{cases} \tag{2-13}$$

式中符号含义同公式（2-12）。

2.4.2 数据融合

在数据融合前不做任何光谱和空间增强处理。对 SPOT5 数据应用 IHS 变换、主成分变换、乘积变换和 Brovey 变换进行图像融合（翁永玲等，2003；周前祥等，2003），IHS 变换和 Brovey 变换融合只选择 3、4、2 波段进行，主成分变换融合和乘积变换融合则对所有四个波段进行。同时对主成分变换、乘积变换和 Brovey 变换融合分别采用最邻近法、双线性内插法和三次卷积内插法进行重采样。

2.4.3 结果评价方法

2.4.3.1 目视评估方法

对各种融合方法得到的融合图像进行初步的目视评估，通过对图像上的地物边界、道路、居民地的轮廓等边缘的比较，判断是否出现蒙雾或马赛克等现象，以及融合图像是否清晰、图像边缘是否清晰；判断融合图像纹理及色彩信息是否一致，融合图像整体色彩是否与天然色彩保持一致。

2.4.3.2 客观定量评价方法

在初步目视评估的基础上，对人眼不能很好判断比较的图像采用信息熵、标准差、清晰度和光谱扭曲4个统计参数从空间细节信息和光谱信息两个方面对图像融合效果进行评价。

（1）信息熵：

根据仙农（Shannon）信息论的原理，一幅8bit表示的图像 x 的熵为：

$$H(x) = -\sum_{i=0}^{255} P_i \log_2 P_i \tag{2-14}$$

式中，x 为输入的图像变量；P_i 为图像象元灰度值为 i 的概率。

熵是衡量信息丰富程度的一个重要指标，熵的大小，反映了图像携带信息的多少，融合图像的熵值越大，说明融合图像携带的信息量越大，图像质量越好。

（2）标准差：

在统计理论中，标准差 $\hat{\sigma}$ 定义为：

$$\hat{\sigma} = \sqrt{\frac{1}{n-1}\sum_{i=1}^{n}(x_i - \hat{\mu})^2} \tag{2-15}$$

式中，n 为象元总数，x_i 为第 i 个像元的灰度值，$\hat{\mu}$ 为像元的灰度均值。

标准差反映了灰度相对于灰度均值的离散情况，标准差越大，则灰度级分布越分散。此时，图像中所有灰度级出现概率越趋于相等，从而包含的信息量越趋于最大。

（3）清晰度：

图像的清晰度用平均梯度来表示。其计算式为：

$$\bar{g} = \frac{1}{(M-1)(N-2)}\sum_{i=1}^{M-1}\sum_{j=1}^{N-1}\sqrt{\frac{(D_{(i,j)} - D_{(i+1,j)})^2 + (D_{(i,j)} - D_{(i,j+1)})^2}{2}} \tag{2-16}$$

式中，$D(i, j)$ 为图像的第 i 行、j 列像元的灰度值；M、N 分别为图像的总行、列数。

平均梯度反映图像微小细节反差变化的速率，即图像多维方向上密度变化的速率，表征图像的相对清晰度。一般来说，$\bar{g}$ 越大，图像越清晰。

（4）光谱扭曲：

图像光谱扭曲程度直接反映了多光谱图像的光谱失真程度。其计算公式为：

$$D_{(k)} = \frac{1}{MN}\sum_{i=1}^{M}\sum_{j=1}^{N}|D'_{kij} - D_{kij}| \tag{2-17}$$

式中，M、N 分别为图像的总行、列数；D'_{kij}、D_{kij} 分别为融合图像和源图像第 k 波段对应的第 i 行、j 列像元的灰度值。

该差值反映了融合前后对应像元的光谱差异，$D_{(k)}$ 越小，表示其第 k 波段光谱退化越小，图像质量越好（李弼程等，2004；王海晖等，2003）。

2.4.4　结果分析评价

高空间分辨率数据应用于森林资源监测，主要是提取遥感图像的空间结构和纹理信息，并以此为主结合光谱信息，进行林地分类和小班区划，以纹理、结构信息进行调查因子定量估计。因此，在进行图像融合时，首先应确保具有良好的目视效果，同时应充分突出空间结构和纹理信息，并较好地保持源图像的光谱信息。为满足森林资源监测中图像融合的上述要求，同时避免传统单一目视评估方法的不足，必须采用主观目视评估和客观定量评价结合的方法对融合图像进行综合评价，以选择最优的融合方法。

2.4.4.1 目视评估结果

通过目视评估，发现主成分变换、乘积变换和 Brovey 变换融合采用最邻近法重采样得到的融合图像有轻微蒙雾现象，而且局部有非常明显的马赛克现象，地物边缘不够清晰，部分地物显得不连贯。据此认为，最邻近法重采样不适用于森林资源监测中 SPOT5 数据的融合处理。

而对于其他方法得到的融合图像，没有出现上述现象，而且在纹理和色彩信息上看不出有太大的差异，因此目视评估不能很好地比较各种图像的细微差别，需要进行定量化的客观评价。

2.4.4.2 客观评价结果分析

表 2-7 是不能通过目视评估的不同融合与重采样方法所得图像的信息熵、标准差、清晰度和光谱扭曲比较。

表 2-7 不同融合与重采样方法的信息熵、标准差、清晰度和光谱扭曲比较表

融合与重采样方法		信息熵				标准差				清晰度				光谱扭曲			
		B1	B2	B3	B4	B1	B2	B3	B4	B1	B2	B3	B4	B1	B2	B3	B4
原始多光谱图像		6.80	5.62	5.63	6.72	32.48	17.50	13.40	27.62	3.85	1.71	1.69	2.34				
IHS 变换			5.44	5.91	6.25		16.15	20.18	24.46		2.82	4.28	4.66		18.05	29.00	30.27
主成分变换	双线性内插	5.64	6.26	6.01	6.12	12.95	26.15	20.88	19.34	3.52	2.20	1.92	3.10	36.72	36.54	86.66	51.17
	三次卷积法	5.48	6.08	5.92	5.99	11.77	23.63	19.90	17.82	3.46	2.31	2.15	3.01	37.91	40.70	90.96	48.36
乘积变换	双线性内插	6.18	5.16	5.26	6.00	19.37	14.62	13.33	18.11	3.68	1.79	2.08	2.56	76.87	40.63	78.73	73.48
	三次卷积法	6.02	4.97	5.17	5.97	17.31	13.10	12.75	17.84	3.36	1.65	2.01	2.55	86.62	44.97	81.67	75.19
Brovey 变换	双线性内插		5.57	5.47	5.82		17.54	14.76	15.69		2.58	2.97	2.92		22.05	56.52	62.20
	三次卷积法		5.58	5.45	5.56		17.74	14.57	13.05		2.66	2.94	2.46		22.55	58.34	73.31

从表 2-7 可以看出，对于 IHS 变换融合，除波段 2 的信息熵和标准差较差外，其他各项指标都比较突出；对于主成分变换融合，波段 2、3、4 的信息熵和标准差都不错，但波段 1 的信息熵和标准差及各波段的清晰度都不是很好；对于乘积变换融合，除波段 1 的信息熵、标准差和清晰度及波段 4 的信息熵较好外，其他各项指标都较差；对 Brovey 变换融合，各波段信息熵、标准差、清晰度都不太突出。在突出空间结构和纹理信息上，IHS 变换是几种融合方法中的最好方法，主成分变换、乘积变换融合也较好地突出了空间结构和纹理信息，而 Brovey 变换则效果不佳。

对于双线性内插法和三次卷积内插法两种重采样方法，双线性内插法在信息熵、标准差和清晰度方面均要优于三次卷积内插法。

从表 2-7 还可以看出，IHS 变换融合各波段的光谱扭曲均最小；主成分变换融合波段 1、4 的光谱扭曲也较小，但其波段 3 的光谱扭曲却最大；乘积变换融合各个波段的光谱扭曲均较大；Brovey 变换融合在波段 2、3 光谱扭曲均较小，波段 4 较大。在光谱信息的保持上，IHS 变换融合最好，Brovey 变换融合也不错，也较好地保持了光谱信息，而主成分变换融合和乘积变换融合则光谱扭曲较大。

在光谱扭曲上，对于双线性内插法和三次卷积内插法两种重采样方法，双线性内插法优于三次卷积内插法。

2.5 正射校正

除了2.4节所讨论的传统校正方法的局限性以外，卫星成像时因倾斜扫描、地形起伏及传感器姿态角的变化，使遥感图像产生像点位移，造成图像变形（刘晓龙，2002；李志林等，2003；乔伟峰等，2003；王家耀等，2004；Vagen，2006）。森林资源监测区多位于山区，海拔高度将造成山顶和山底像元水平位置发生较大的偏差，传统的二维平面几何精校正方法已不能满足高分辨率遥感数据几何精校正的要求，需要进行三维正射校正（李崇贵等，2004b，2005a）。

因缺乏现成的DEM数据，而DEM制作工作量较大，故正射校正试验只限于11.6 km × 5.7 km小区域，面积约66.8 km^2。

2.5.1 GPS采集GCPs

利用美国NAVCOM公司的SF-2040G GPS双频RTG接收机在研究区域内采集地面控制点，在图像范围内均匀选取容易识别的道路交叉点、桥梁、田埂、水坝、规则裸露土地角点等作为GCP，测定其精确坐标，并在打印的工作手图上作标注，其平面分布如图2-8所示。

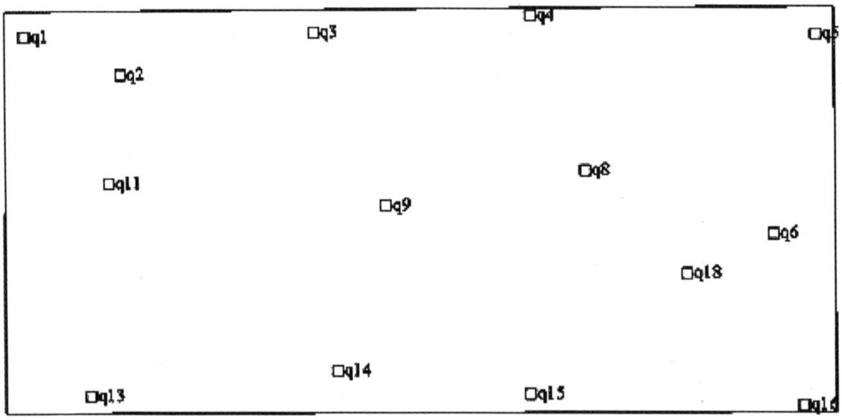

图2-8 试验区域GCPs平面分布图

2.5.2 林区1∶1万DEM制作

2.5.2.1 原始地形图检查、扫描及校正

对于纸质地形图，应先对其表面进行检查，观察其是否平整和完好无损，点、线、符号是否清晰，线条是否浓黑、均匀和连续，特别是图廓点及公里格网是否完整、清晰，表面是否被涂画，检查与相邻图幅的接边情况，并记录每幅图的坐标系情况等。

对纸质图采用300 dpi分辨率扫描，对扫描图像进行亮度、对比、锐化等处理，力求图像清晰、完整，便于矢量化操作。由于原图本身及扫描过程中的变形，需要对扫描图像进行校正处理，以公里格网交叉点作为GCPs对扫描图像进行二次多项式几何校正，同时设置其投影方式，转换到BJ 54坐标系。

2.5.2.2 地形图矢量化及高程赋值

地形图矢量化是 DEM 生产的主要步骤，它的质量直接影响 DEM 后期生产的质量及精度。对校正过的地形图进行半自动中心线矢量化，在矢量化过程中，要求各点、线要素位置准确、无遗漏，矢量化后的等高线应连续，等高线不应有打折、重叠、自相交等情况出现，对于原图上等高线不连续的地方，应根据实际情况进行处理，能够连接的地方要尽可能连上。对矢量化过的等高线赋值，要求做到赋值准确，保证同一根曲线不会被赋与多个值。完成矢量化并赋值后，要进行质量检查，对位置偏移和赋值错误的地方进行修改。

2.5.2.3 DEM 生成

用已赋高程值的等高线数据构造 TIN，再对 TIN 内插即可得到格网 DEM（唐新明等，1999；李志林等，2003；乔伟峰等，2003；王家耀等，2004），并转换到 GRID 格式，得到正射校正用的 DEM 数据，如图 2-9 所示。

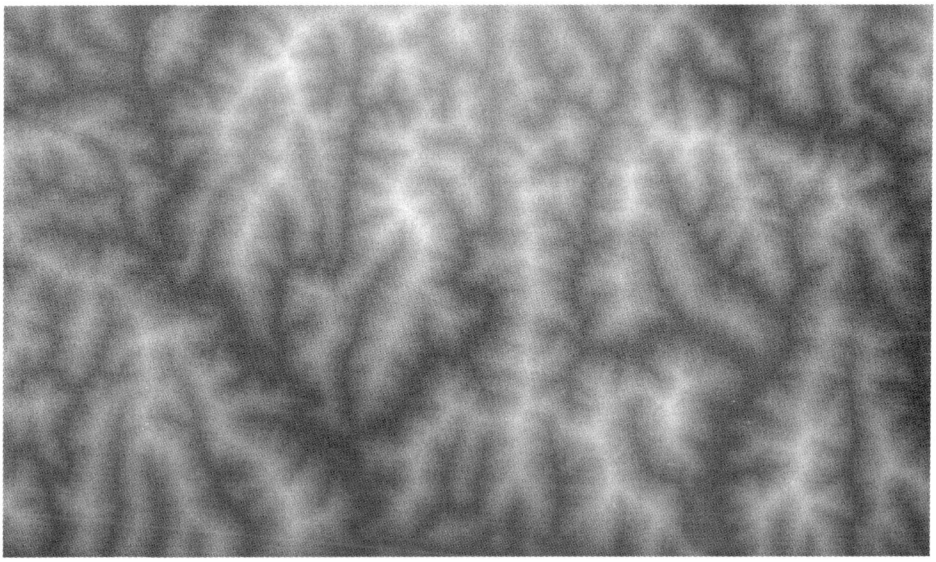

图 2-9 试验林区 1∶10000DEM（局部）

2.5.3 遥感数据正射校正

利用前面经过几何纠正和空间配准并采用 IHS 变换融合所得到的高分辨率多光谱数据，将星站差分 GPS 采集的 GCPs 和林区 1∶1 万 DEM 数据输入到 SPOT5 物理模型中进行校正，采用双线性内插法进行图像重采样。在本次试验中采用了 14 个地面控制点进行正射校正。

2.5.4 结果与分析

2.5.4.1 DEM 数据精度

（1）任意点法精度检验。任意点法即事先将检查点按格网或任意形式进行分布，对生成的 DEM 在这些点处进行检查。将这些点处的内插高程和实际高程逐一比较得到各个点的误差，然后算出中误差。该方法主要是评价 DEM 的高程误差（唐新明等，1999）。在一幅地形图范围内任意选取16个检查点对生成的DEM内插高程进行检验，结果见表2-8。

表2-8 DEM高程误差

点号	实际高程(m)	内插高程(m)	高程差(m)	点号	实际高程(m)	内插高程(m)	高程差(m)
1	230.0	234.11	4.11	9	197.5	196.62	-0.88
2	307.5	310.35	2.85	10	180.0	177.99	-2.01
3	297.5	292.44	-5.06	11	197.5	189.61	-7.89
4	304.0	303.04	-0.96	12	190.0	190.41	0.41
5	348.0	352.76	4.76	13	125.0	135.59	10.59
6	336.0	335.07	-0.93	14	175.0	172.9	-2.1
7	277.5	283.56	6.06	15	160.0	152.28	-7.72
8	350.0	346.64	-3.36	16	212.5	208.78	-3.72
中误差	4.88						

通过表2-8数据可以看出，DEM内插高程中误差为4.88 m，能够满足森林资源监测要求。

(2) 等高线回放法精度检验。在实际应用中，为评价DEM精度的总体状况以及DEM是否和实际地形吻合的情况，一般采用DEM内插回放等高线的方法，用DEM回放等高线，将回放后的等高线和原有等高线相比较，检查等高线误差的实际状况，比较内插处的高程值，这种方法可以得到其他内插点处的高程连续分布（唐新明等，1999）。将DEM回放等高线与原始等高线数据叠加，检验其误差，如图2-10所示。

图2-10 内插等高线与原等高线叠合

通过图2-10可以看出，回放等高线与原始等高线能较好地叠合，说明生成的DEM精度较高。

2.5.4.2 正射校正误差

对SPOT5数据进行正射校正，结果为：全部GCPs总的点位误差1.337个像元（3.34m），GCP最大RMS误差为2.046个像元（5.11 m）。能够满足森林资源调查规划设计的要求。详细结果见表2-9。

表 2-9 各地面控制点的点位误差

点号	大地坐标（m）		高程（m）	误差（像元）		
	x	y	z	x	y	RMS
1	539493.261	2541171.065	182.270	-0.484	0.829	0.960
2	539388.311	2535708.643	98.087	0.593	-1.093	1.243
3	533830.824	2538596.146	136.912	-1.002	-0.464	1.104
4	534195.865	2541073.840	252.892	1.183	-0.443	1.263
5	538993.182	2538051.187	108.666	0.067	-0.006	0.067
6	528528.268	2541178.742	317.813	-1.499	-0.078	1.501
7	528560.663	2538501.245	152.920	0.245	-0.719	0.760
8	539450.775	2538581.191	117.568	-0.320	0.077	0.329
9	530098.168	2540348.684	192.172	1.678	1.019	1.963
10	537575.621	2540381.150	200.000	2.010	-0.385	2.046
11	533168.407	2540063.645	176.077	1.447	-1.063	1.796
12	537128.276	2538903.651	143.815	0.208	-0.079	0.223
13	532095.670	2536788.660	102.277	-0.087	-0.512	0.519
14	535046.031	2538788.664	123.339	-1.264	-0.883	1.542
总的				1.198	0.702	1.337

2.6 图像增强

遥感图像增强处理的主要目的在于改进图像显示、提高图像的视觉效果和可解译性，使遥感应用者易于从经过增强处理的遥感图像上获取所感兴趣的有用信息，快速实现从遥感数据向有用信息的转化（戴昌达等，2004）。森林资源监测中遥感数据增强就要求能尽量突出森林相关信息，压缩其他无关信息。

2.6.1 分段线性拉伸

分段线性拉伸是针对一定灰度范围内的目标地物进行不同的线性拉伸，而对非目标地物进行压缩处理，达到增强目标地物的目的（游先祥，2003）。其一般表达式为：

$$y = \sum_{i=1} \frac{|L_{i+1} - L_i|}{a_{i+1} + a_i} \times (x - a_i) + L_i \tag{2-18}$$

式中，x 和 y 分别为图像拉伸变换前后的图像亮度值，x，$y \in$ （0－255）；a_i 和 a_{i+1}、L_i 和 L_{i+1} 是由用户确定的原图像需要拉伸的范围和拉伸后相应的亮度值区间；N 为分段的区间数。

结合正射校正的遥感图像和地面样地资料，分析森林资源监测涉及的各类地物的光谱值范围，结果见表 2-10。

表 2-10 森林地物光谱分布范围

波段	$Band_1$	$Band_2$	$Band_3$	$Band_4$
光谱范围	50～187	48～200	60～200	70～160

通过表 2-10 可以看出，对遥感图像进行分段线性拉伸即将上述范围内的波段值进行拉伸，以突出森林相关信息。在本研究中，将上述范围的波段值均拉伸到 20～230 的范围内。

拉伸后的图像层次更为丰富，如彩图2-1。

2.6.2 边缘增强

为使图像地物的边界更加清晰，便于分类处理，需要对遥感图像进行边缘增强处理。边缘增强一般采用滤波增强技术处理，其实质就是应用滤波技术来增强图像的某些空间频率特征，以改变地物目标与领域或背景之间的灰度差异（游先祥，2003）。

本研究采用空间卷积滤波进行边缘增强，其函数表达式为：

$$V = \frac{\sum_{i=1}^{q} \sum_{j=1}^{q} f_{ij} d_{ij}}{F} \tag{2-19}$$

式中，f_{ij}为卷积算子中的第 i 行 j 列的系数；d_{ij}为卷积算子第 i 行 j 列的图像像元值；q 为卷积算子的大小；F 为卷积算子中所有系数的和，当 $F=0$ 时，值为1；V 为输出像元值；卷积算子的行列必须均为奇数。

分别采用3×3、5×5和7×7的卷积算子进行边缘增强，比较发现，采用7×7的卷积算子所得效果较好。

2.7 彩色合成

彩色合成技术是将三个不同的波段分别赋予红、绿、蓝三色，叠加在一起产生一幅彩色图像。其将黑白图像的灰度差异转变为色彩差异，可大大提高图像目视解译的效果。如果将原始图像的红、绿、蓝波段分别赋予红、绿、蓝三色，即可得到真彩色合成图像。

研究中使用的SPOT5数据由视宝公司提供，其四个波段设置与表1-1中介绍的波段顺序并不完全一致，而是将第一和第三波段进行了对换，其四个波段分别为：近红外波段 $Band_1$（xs1：0.79～0.89um）、红波段 $Band_2$（xs2：0.61～0.68um）、绿波段 $Band_3$（xs3：0.50～0.59um）、短波红外 $Band_4$（xs4：1.59～1.75um）。SPOT5数据没有蓝色波段，因此不能实现真彩色合成。据视宝公司网站提供的资料*，目前SPOT5图像模拟真彩色的方法一般有如下三种：

（1）将 $band_3$ 作为蓝色波段，$(band_1 + band_2 + band_3)/3$ 作为绿色波段，红色用 $band_2$，合成彩色图像。

（2）将 $band_3$ 作为蓝色波段，$(band_1 + band_3 \times 3)/4$ 波段作为绿色，红色用 $band_2$，合成彩色图像。该方法为遥感图像处理软件 ERDAS IMAGE™ 专门为SPOT多光谱数据提供的方法。

（3）$2pan \times band_3/(band_2 + band_3)$ 作为蓝色波段，用 $2pan \times band_2/(band_2 + band_3)$ 作为绿色波段，红波段用 $apan + (1-a)\ band_1$，其中：pan 为全色波段；a 为系数，为防止出现饱和现象，根据影响灰度情况取值为0.1～0.5。这种方法的最大特点是引入了全色波段，由于全色波段的空间分辨率较高，所以在应用此算法前需要进行影像空间配准处理。

上面的三个方法中第一和第二种方法，由于算法比较接近，所以生成的色彩效果区别不

* http：//www.esrichina-bj.cn/library/arcnews15/new15-spot.htm SPOT多光谱数据模拟真彩色的三种方法

大，稳定性高，工作效率也高。第三种方法要求自己确定参数，不同遥感影像的景观地物不同，参数也应做出相应的调整，一般通过多次反复试验才能确定参数。

经过比较以上三种方法，发现第一和第二种方法的效果较好，第三种方法的参数难以确定，效果不是很好。由于第二种方法可以直接在遥感数据处理平台 ERDAS IMAGE™中完成，因此实际应用中宜选择第二种方法。

2.8 本章小结

（1）在林区采用静态相对定位方法布设 GPS 控制网，所测设的差分基准站最大综合误差为0.022 m，效果良好。基于该控制网的星站差分 GPS 单点定位精度 RMS 均小于0.5m，完全能够满足高空间分辨率的 SPOT5、IKONOS 和 QuickBird 等图像几何精校正中 GCPs 采集的需要，解决了传统基于1:10000 地形图选点或普通手持式 GPS 定位精度低，无法满足高分辨率遥感图像几何精校正精度要求的问题。通过在林区布设 GPS 控制网，求解高精度的坐标转换参数，普通手持式 GPS 单点绝对定位最大误差为3.86 m，基本上满足 SPOT5 图像在森林资源调查和监测应用中地面样地空间配准的需要。在 GPS 控制网的支持下，普通手持 GPS 定位的小班边界平均位移为3.23 m，小班中心绝对位移平均为3.76 m，小班面积测量精度达到98%以上，完全能够满足林业生产的实际需要，且操作简便，适用于大范围的森林资源调查，有利于提高工作效率。

（2）通过融合结果比较分析，IHS 变换融合具有较好的目视评估效果，并且在信息熵、标准差、清晰度方面均表现较好，突出了空间结构和纹理信息，在光谱信息保持上，IHS 变换融合也是最好。运用 IHS 变换融合是森林资源监测中 SPOT5 数据融合的最优方法。

（3）三种不同的重采样方法中，最邻近法的目视效果差，不适合森林资源监测用；而对于双线性内插法和三次卷积内插法两种重采样方法，双线性内插法在信息熵、标准差、清晰度和光谱扭曲上均优于三次卷积内插法。因此在森林资源监测中宜采用双线性内插法重采样进行 SPOT5 数据重采样。

（4）在地形复杂的林区，需要在数字高程模型（DEM）和 SPOT5 物理模型的支持下对 SPOT5 遥感图像进行正射校正，以消除倾斜扫描、地形起伏及传感器姿态角的变化等造成的图像变形。利用星站差分 GPS 采集高精度的地面控制点，结合较高精度的 DEM 和 SPOT5 物理模型进行正射校正，本试验区总的点位误差为1.337 个像元（3.34m），完全能满足林业调查规划设计的要求。数字高程模型的精度对正射校正的精度有很大影响，其主要受原始地形图精度、等高距和数字化精度等的影响。在实际工作中宜向测绘机构购买标准数据，便于操作，同时提高精度。

（5）实际应用中，对 SPOT5 遥感数据进行分段线性拉伸和边缘增强处理，有利于突出森林信息，有助于提高图像分类的精度。分段线性拉伸时，应该先根据地面样地的统计知识确定需要拉伸的光谱值范围和拉伸的范围；边缘增强宜采用 7×7 的卷积算子进行卷积运算。

（6）对于 SPOT5 数据，应该采用 $band_3$ 作为蓝色波段，$(band_1 + band_3 \times 3)/4$ 波段作为绿色，红色用 $band_2$，进行彩色合成，其合成图像模拟真彩色的效果较好，同时可以在 ERDAS IMAGE™平台上直接完成，效率高。

参考文献

戴昌达，姜小光，唐伶俐．2004. 遥感图像应用处理与分析．北京：清华大学出版社.
冯仲科，余新晓．1999a.“3S”技术及其应用．北京：中国林业出版社.
冯仲科．1999b. 现代林业测绘技术系统研究．北京测绘，(2)：28～30.
冯仲科，游先祥．2001. 普通手持式GPS用于林区近实时差分定位的研究．林业科学，36（6）：116～118.
冯仲科，邓融．2002. 基于手持式GPS接收机的林区坐标差分研究．森林工程，(2)：13～14.
高成发．1999. GPS测量．北京：人民交通出版社.
李弼程，魏俊，彭天强．2004. 遥感影像融合效果的客观分析与评价．计算机工程与科学，26（1）：42～46.
李崇贵，李春干．2004a. 森林资源监测Spot5遥感图像几何精校正方法研究．北京林业大学学报，(2)：22～25.
李崇贵，赵宪文．2004b. 林区地形起伏对SPOT5遥感图像几何精校正的影响．北京林业大学学报，26（2）：6～10.
李崇贵，李春干．2005a. 森林资源调查林区GPS控制网的试验研究．林业科学，41（1）：19～24.
李崇贵，赵宪文，李春干．2005b. 森林蓄积量遥感估测理论与实现．北京：科学出版社.
李崇贵，陈华安，李春干．2005c. 星源通掌上森林调查仪面积测量精度研究．林业科学，41（3）：174～178.
李春干．2002. 小班定位误差评价方法探讨．林业调查规划，27（4）：16～17.
李志林，朱庆．2003. 数字高程模型．武汉：武汉大学出版社.
刘基余，李征航，王跃虎，等．2003. 全球卫星定位及其应用．北京：科学出版.
刘晓龙．2002. 基于影像匹配接边纠正的数字正射影像的镶嵌技术．遥感学报，6（2）：104～109.
乔伟峰，孙在宏，后斌．2003. 利用SPOT5数据制作正射影像图并辅助更新土地利用现状图的方法．南京师范大学学报（自然科学版），26（3）：112～116.
任青山，杨小林，范文义．2001. 3S技术在拉萨市森林植被调查中的应用．东北林业大学学报，29（4）：18～21.
唐新明，林宗坚，吴岚．1999. 基于等高线和高程点建立DEM的精度评价方法探讨．遥感信息，(3)：7～10.
王海晖，彭嘉雄，吴巍，等．2003. 多源遥感图像融合效果评价方法研究．计算机工程与应用，25（2）：33～37.
王家耀，崔铁军，苗国强．2004. 数字高程模型及其数据结构．海洋测绘，24（3）：1～4.
王建武，肖红生，张利民．2000. GPS在沿海围垦动态监测中的应用．华南农业大学学报，21（2）：1～4.
翁永玲，田庆久．2003. 遥感数据融合方法分析与评价综述．遥感信息，(3)：49～54.
游先祥．2003. 遥感原理及其在资源环境中的应用．北京：中国林业出版社.
赵宪文，李崇贵，斯林，等．2001a. 森林资源遥感估测的重要进展．中国工程科学，3（8）：15～28.
赵宪文，李崇贵．2001b. 基于“3S”的森林资源定量估测—原理、方法、应用及软件实现．北京：中国科学技术出版社.
周前祥，敬忠良，姜世忠 2003. 不同光谱与空间分辨率遥感图像融合方法的理论研究．遥感技术与应用，18（1）：41～46.
周忠谟，易杰军，周琪．1992. GPS卫星测量原理与应用．北京：测绘出版社.
朱述龙，张占睦．2000. 遥感图像获取与分析．北京：科学出版社.
COPPIN P, JONCKHEERE I, NACKAERTS K, *et al.* 2004. Digital change detection methods in ecosystem monitoring: a review. *International Journal of Remote Sensing*, 25 (9): 1565～1596.

EKSTRAND S. 1996. Landsat TM-based forest damage assessment, correction for topographic effects. *Photogrammetric Engineering and Remote Sensing*, 62 (2): 151 ~ 161.

FORD G E, ZANELLI C I. 1985. Analysis and quantification of errors in the geometric correction of satellite images. *Photogrammetric Engineering and Remote Sensing*, 51: 1725 ~ 1734.

HILL J, STURM B. 1991. Radiometric correction of multitemporal thematic mapper data for use in agricultural land-cover classification and vegetation monitoring. *International Journal of Remote Sensing*, 12 (7): 1471 ~ 1491.

VAGEN T-G. 2006. Remote sensing of complex land use change trajectories—a case study from the highlands of Madagascar. Agriculture, Ecosystems and Environment, 115: 219 ~ 228.

第3章

图像分割与基于规则的分类

图像分割（Image segmentation）是面向对象的图像分析技术的基础（陈云浩等，2006；Michael *et al.*，2006）。它将一幅图像分割为空间上连续的、互不重叠的并具有同质性的区域，称为对象。对象是面向对象的图像分析的基本单元，具有丰富的光谱、纹理、几何、语义等信息，与像元相比，更易于进行信息提取。

3.1 图像分割

3.1.1 分割方法概述

Pal 等（1993）给出了下述正式的图像分割表示。设一幅数字图像以如下形式：

$$F_{P\times Q}=[f(x,y)]_{P\times Q} \tag{3-1}$$

式中，$P\times Q$ 为图像大小（行×列），$f(x,y)\in G_L=\{0,1,\cdots,L-1\}$ 是灰度值集，图像分割是将数据集 F 以下述方法划入同质性区域 S_i：

$$\bigcup_{i=1}^{n}S_i=F_{with}S_i\cap S_j=\varnothing,\ i\neq j \tag{3-2}$$

区域的同质性由一个同质性标准控制，用 $P(S_i)$ 表示。对于每个区域，这个标准为真，而对于相邻区域，该标准为假，以确保每个区域与其他区域有明显差别。正式地，当 S_i 与 S_j 相邻时，$P(S_i\cup S_i)$ 为假。$P(S_i)$ 很容易确定，例如，可以设定一个分割仅包含具有相同灰度值的像元。

但是，在实际应用中，上述标准要复杂得多，例如包含一个光谱和几何规则集合。

根据其包含的层次的详细程度的不同，图像分割技术可分成很多不同的方法。

Fu 等（1981）用三个相对粗糙的类型加以描述：①典型特征阈值（Thresholding）或聚类（Clustering）；②边缘检测；③区域提取。

Haralick 等（1985）采用较为详细的分类，分为：①测度空间指向聚类；②区域生长（Region growing）方案，包括单一、混合和质心联结区域生长方法；③混合联结合并技术；④空间聚类方案；⑤分离（Split）和聚合（Merge）方案。

Pal 等（1993）则采用一个详细的且包含彩色图像分割的分类：①灰度层次阈值法；②重复的像元分类；③基于表层的分割；④彩色图像分割；⑤边缘检测；⑥基于模糊集理论的方法。

常用基于像元的图像分割方法包括图像阈值法、特征空间聚类法和其他依赖于像元信息并在全局特征空间中使用这些信息的方法。在图像阈值法中，通过将感兴对象从背景中分离的方法，一幅灰度图像变为一幅二进制图像，根据对象和背景的先验知识选择阈值。当对象间的对比度不大、光照条件变化并造成伪像（如阴影等）时，阈值的选择就变得十分困难。此外，在很多应用中，需要自动确定阈值。从森林分类的角度而言，阈值法可用于相对简单的类型分割，如水体和裸露土地等。图像聚类可看作为阈值法的多维扩展。典型的图像聚类算法，如ISODATA，是一个根据用户提供的参数，在特征空间内寻找自然类型的重复过程。由于图像阈值法和聚类法得到可能包含多个空间上不连续的、具有相同标记（Label）的单元，因此，若不重新确定空间连续区域或重新标记，其结果将不能满足图像分割的定义。

基于边缘的图像分割方法与基于像元方法完全不同，包括边缘检测和边缘连接两个独立步骤。一般而言，边缘检测包括如下步骤：①滤波；②增强；③检测（Jain *et al.*，1995）。边缘连接是连接检测出来的边，组成具有实际意义的边界。

基于区域的图像分割技术与基于像元或基于边界技术的不同之处在于处理空间关系的方法。基于区域的技术一般称为区域生长技术，或进一步分为区域生长、合并和分裂技术，以及它们的结合。区域分割算法是基于这样一个假设：同一区域（目标）的像素具有某种共性，如灰度、纹理等，而其他区域却不具有这种特性，从而将目标分离出来。区域法有两种基本形式：一种是从单个像素出发，逐渐合并以形成所需的分割区域；另一种是从全图出发，逐渐分裂切割至所需的分割区域。区域分割法可以分为区域生长法和分裂合并法，其缺点是常常容易造成过度分割。在区域生长中，首先要在图像中找出一系列种子点，通过某一合适的准则将其周围邻近像素或子区域归并以使区域逐渐生长扩大，区域生长算法的改进包括合并—分裂以及分裂—合并的算法。陈忠（2005）提出了一种基于区域生长结合多种特征的多尺度遥感图像分割算法，其分割效率较高，效果也比较好。此外，分水岭变换法（Watershed）、马尔科夫场模型也是常用于遥感图像分割的区域分割方法（欧阳鑫玉等，2002）。

选择最合适的图像分割方法和算法，对于特定的以算法描述为基础的任务是困难的。对于每一用于测试的实际图像，各种分割方法均具以前从未体验到的优势和不足。此外，几种不同算法可能得到相近或相异的结果。在实践中，通常在已商业化的算法中做出选择，然而商业化算法太少（Michael *et al.*，2006）。

第一个用于遥感图像分析的商业化分割软件于2000年发布（Schieve *et al.*，2001）。自此以后，开发此类软件的投入增大，当前很多图像处理软件领导厂商均提供分割工具。在林业领域，广泛应用的软件是 *eCognition*®，这是目前最主要的商业图像分割和面向对象分析软件，主要用于遥感数据分析，最近扩充了带有用于自动树冠描述的新工具（Michael *et al.*，2006）。

eCognition®的多元分割基于区域融合技术，始于一个像元大的区域。区域融合算法是重复的，它以光谱和空间特性合并相邻区域。控制算法的主要参数包括“尺度”（Scale）和“同质性标准”（Homogeneity criteria）。尺度在同质标准的帮助下限制了可容忍的分割结果的异质性，同质性标准通过“颜色”（Color）和“形状”（Shape）参数的权重来控制。颜色代表光谱，形状代表图斑的空间特性。此外，形状参数是图斑“平滑度”（Smoothness）和“紧致度”（Compactness）的组合，可由用户确定（Batz *et al.*，2000）。各分割参数的作用和影响详如图3-1所示。

在本研究中，采用 *eCognition*® DEFINIENS Professional™ 5 软件进行图像分割。

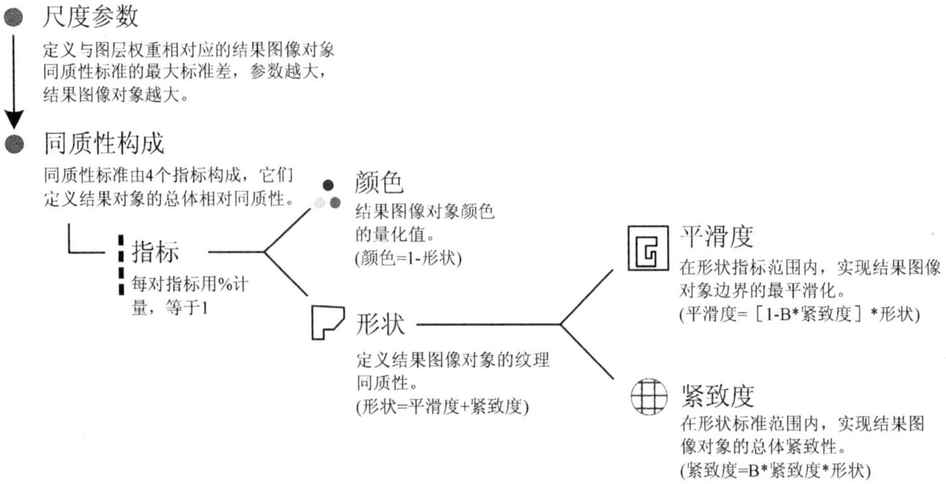

图3-1 分割参数影响示意图（Definiens AG，2006）

3.1.2 分割方案

如第1章所述（1.5和图1-7），在本研究中，图像分割分两次进行。第一次分割以较大的尺度进行，目的是为了通过基于规则的分类方法，在较大的尺度上和较粗的层次上对图像进行初步的分类，对林地、造林地、水体和主要道路进行检测。

与大多数高空间分辨率遥感数据一样，SPOT5图像的光谱分辨率不高，只有4个多光谱波段。Landsat7 ETM+图像空间分辨率虽然只有15 m，但其具有很好的光谱分辨率，有9个波段。两种数据各具优点，显然，将SPOT5和ETM+两种具有不同光谱和空间特性的数据有机地结合，充分发挥它们各自的优点，以提高分类精度，具有重要科学价值和应用价值。因此，在本研究中，采用ETM+图像作为辅助数据。考虑ETM+各波段的光谱特性，在本研究中，只应用PAN和1、2、3、4、5共6个波段的数据，并且将PAN和多光谱波段进行分辨率融合。根据ETM+图像参与分割过程的方式、程度和分割参数的不同，本书研究共实施3个分割方案，各分割方案的参数如下：

（1）方案0312new。Weight：B1 = 2；B2 = B3 = B4 = 1。Scale = 150。Color = 0.9。Shape = 0.1。Compactness = 0.4。Smooth = 0.6。共得到2813个对象。

（2）方案noTM。Weight：B1 = 2；B2 = B3 = B4 = 1；ETM1 = ETM2 = ETM3 = ETM4 = ETM5 = 0。Scale = 150。Color = 0.9。Shape = 0.1。Compactness = 0.3。Smooth = 0.7。共得到2911个对象。

（3）方案withTM。Weight：B1 = 2；B2 = B3 = B4 = 1；ETM1 = ETM2 = ETM3 = ETM4 = ETM5 = 0.5。Scale = 150。Color = 0.9。Shape = 0.1。Compactness = 0.3。Smooth = 0.7。共得到2704个对象。

以上分割参数中，B1、B2、B3和B4分别为SPOT5图像的第1、2、3和4波段（均与PAN波段融合，空间分辨率为2.5m），ETM1、ETM2、ETM3、ETM4和ETM5分别为ETM+图像的第1、2、3、4和5波段（均与PAN波段融合，空间分辨率为15 m）。Weight、Scale、Color、Shape、Compactness、Smooth分别为分割参数——权重、尺度、颜色、形状、紧致度和平滑度。

方案 0312new 中有 4 个图层，为 SPOT5 的 4 个波段，ETM + 图像未出现在图层项目中，后续的信息提取也将不包含 ETM + 图像的信息。方案 noTM 有 9 个图层，包括 SPOT5 的 4 个波段和 ETM + 的 5 个波段，但 ETM +5 个图层（波段）的权重全部为 0，即 ETM + 各图层不直接参与图像分割。方案 withTM 中的 9 个图层全部参与图像分割。

方案 noTM 的分割效果如彩图 3-1 所示。

从彩图 3-1 可以看出，图像分割结果效果良好。黄色的造林地和绿色、蓝色的林地均得到准确的分割。

3.2 基于规则的分类

图像经上述分割后得到的结果图像，其基本单元已不再是单个像元，而是由多个同质像元组成的多边形对象。对于每个多边形对象，由其内部的像元可计算出各种光谱特征，包括灰度均值、标准差、最大差分、指数等。还可以计算多边形的形状特征、纹理特征、位置特征以及多边形间的拓扑关系特征等。利用对象的各种特征，可以构建分类规则，提取地物信息，从而实现图像的分类和信息提取。这种方法称为基于规则的分类（Rule-based classification）。

基于规则的分类是以对象特征值（Object feature）为依据，通过建立一系列的准则，将具有相近属性的对象指派到同一类型中，从而实现对图像的分类。

基于规则的分类需要解决两个关键问题：

（1）分类系统的确定，即分为多少个类型，各类型之间存在何种相关关系。

（2）某一类型与其他类型明显区别的对象特征及其值域范围的确定。

基于规则的分类是一个半自动化的分类过程，规则的建立十分复杂和繁琐，尤其是当所分类型较多时。要通过建立规则进行准确的分类，需要反复测试各种对象特征，工作效率很低，且也很难取得满意的结果。因此，在采用基于规则的分类时，分类方案应尽可能简单、类型间的差异尽可能大，以期通过少量的规则、较高的效率，在较粗的层次上实现图像分类。

在构建分类规则过程中，对象特征选择及其值域范围的确定是一个十分关键的问题，也是一个十分繁琐的过程。首先是根据知识和经验选择对象特征，并测定各类型该对象特征值域的大概范围。如植被指数可用于区分森林、水体和裸露土地，对象的长度和宽度之比可用于将道路与其他地物区分开来，等等。值域的确定需要根据训练样地或对研究区域考察掌握的森林分布情况，经多次测试后确定。

需要注意的是，由于遥感图像的复杂性，不能指望仅仅通过一个规则就可以将某一类型与其他类型完全区分出来。试验研究表明，即使是水体这样一个简单且十分明显，通过目视判读都能准确无误区别的地物，由于深浅不同、水质不同等原因，光谱特征也相差较大，需要通过几个规则才能将其全部对象提取出来。因此，在基于规则的分类中，需要建立一系列的规则，组成规则集。

在前期工作中，对研究区域进行了较为深入的考察，并对 2004 年森林资源规划设计调查材料进行了详细的分析，比较全面地掌握了森林分布状况和特点，以光谱和几何特征为主构建规则，对上述分割后的图像进行基于规则的分类。全部图像对象分为林地、造林地、水体和主要道路4个类型。各方案的分类规则如下。

3.2.1 方案0312new

采用如下规则对方案0312new进行图像分类（表3-1）。

表3-1 方案0312new的分类规则

序号	类型	分类规则	规则描述
1	林地（Forestland）	Mean_ B4：0.01～103.3	第4层（波段）的平均值
		NDVI≥0.09	$NDVI=\frac{B1-B2}{B1+B2}$
		Mean of inner border B4≤104.0	Band4 内边界的灰度平均值
2	水体（Waterbodies）	Mean_ B4≤136.0	Band4 灰度均值
		Std_ B4≤17.2	Band4 的标准差
		Ratio_ B1≤0.27	Band1 灰度值占总亮度的比值
		Ratio_ B3≥0.21	Band3 灰度值占总亮度的比值
		Ratio_ B4≤0.30	Band4 灰度值占总亮度的比值
		NDVI≤0.11	
		RVI≤1.25	RVI = B1/B2
3	主要道路（Mainroad）		
	1）高速公路（建设中）	Brigthness≥130	亮度值
		Area≥4000	面积
	2）二级公路	Length≥2000	长度
		Length/width≥10.0	长度/宽度
	3）林区道路	Brigthness≥100.0	
		Length≥150	
		Perimeter/Area≥0.30	周长/面积
4	造林地（Plantation）	剩余部分即为造林地	

分类后得到各类型的对象数为：林地1366；造林地1269；水体129；主要道路49。

3.2.2 方案noTM

采用如下规则对方案noTM图像进行分类（表3-2）。

表 3-2 方案 noTM 的分类规则

序号	类型	分类规则	规则描述
1	林地（Forestland）	Mean_ B4：0.01～103.3	Band4 内边界的灰度平均值
			NDVI：≥0.09
			Mean of inner border B4：≤104.0
2	水体（Waterbodies）	Std_ B4：≤15.0	
			Ratio_ B3：≥0.12
			NDVI：≤0.11
3	主要道路（Mainroad）		
	1）高速公路（建设中）	Brightness：≥118.0	
		Mean_ B4：≥149	
		Max_ diff：≤0.71	B1～B4 的最大差分
		Area：≥20000	
	2）二级公路	Brightness：≥95.0	
		Length：≥6000	
		Length/width：≥7.0	
4	造林地（Plantation）	剩余部分即为造林地	

分类后得到各类型的对象数为：林地 1420；造林地 1296；水体 187；主要道路 8。分类结果如彩图 3-2 所示。

3.2.3 方案 withTM

采用如下规则对方案 withTM 图像进行分类（表 3-3）。

表 3-3 方案 withTM 的分类规则

序号	类型	分类规则	规则描述
1	林地（Forestland）	Mean_ B4：0.01～103.3	
		NDVI：≥0.09	
		Mean of inner border B4：≤104.0	
2	水体（Waterbodies）	Mean_ B4：≤120.0	Band4 内边界的灰度平均值
		Std_ B4：≤15.0	
		Ratio_ B3：≥0.12	
		NDVI：≤0.16	
3	主要道路（Mainroad）		
	1）高速公路（建设中）	Brightness：≥118	
		Mean_ B4≥149	
		Max_ diff：≤0.70	B1～B4 的最大差分
		Area：≥20000	
	2）二级公路	Brightness：≥95	
		Length：≥6000	
		Length/width：≥7.0	
4	造林地（Plantation）	剩余部分即为造林地	

分类后得到各类型的对象数为：林地 1278；造林地 1146；水体 217；主要道路 8。

3.3 基于分类的分割

通过以上基于规则的分类，完成了图像的大尺度、粗层次分类。水体和主要道路结构单一，这两个类型的分类已经完成，即可提取其信息。由于分割尺度大，林地和造林地的结构较为复杂，斑块面积大，且每个斑块内还包含多个森林类型或土地利用类型，还需要作进一步的详细的分类，因此需作尺度更小的分割。

基于分类的分割（Classification-based segmentation）是指对经过分类后图像中全部或部分类型施行再次分割，得到尺度更小、同质性更大的图像对象，以便进行更详细的分析。

对上述分类后的图像，针对林地和造林地进行第二次分割，各方案的分割参数如下：

3.3.1 方案 0312new

（1）林地。Weight：B1 = 2；B2 = B3 = B4 = 1。Scale = 50。Color = 0.9；Shape = 0.1。Compactness = 0.3；Smooth = 0.7。

（2）造林地。Weight：B1 = 2；B2 = B3 = B4 = 1。Scale = 100。Color = 0.9；Shape = 0.1。Compactness = 0.3；Smooth = 0.7。

二次分割后，林地的对象个数由 1366 个增加至 9431 个，造林地的对象个数由 1269 个增加至 2523 个。

3.3.2 方案 noTM

（1）林地。Weight：B1 = 2；B2 = B3 = B4 = 1；ETM1 = ETM2 = ETM3 = ETM4 = ETM5 = 0.0。Scale = 50。Color = 0.9；Shape = 0.1。Compactness = 0.3；Smooth = 0.7。

（2）造林地。Weight：B1 = 2；B2 = B3 = B4 = 1；ETM1 = ETM2 = ETM3 = ETM4 = ETM5 = 0.0。Scale = 100。Color = 0.9；Shape = 0.1。Compactness = 0.3；Smooth = 0.7。

二次分割后，林地的对象个数由 1420 个增加至 9373 个，造林地的对象个数由 1296 个增加至 2736 个（彩图 3-3）。

3.3.3 方案 withTM

（1）林地。Weight：B1 = 2；B2 = B3 = B4 = 1；ETM1 = ETM2 = ETM3 = ETM4 = ETM5 = 0.5。Scale = 50。Color = 0.9 shape = 0.1。Compactness = 0.3；Smooth = 0.7

（2）造林地。Weight：B1 = 2；B2 = B3 = B4 = 1；ETM1 = ETM2 = ETM3 = ETM4 = ETM5 = 0.5。Scale = 100。Color = 0.9；Shape = 0.1。Compactness = 0.3；Smooth = 0.7。

二次分割后，林地的对象个数由 1146 个增加至 8006 个，造林地的对象个数由 1146 个增加至 2497 个。

3.4 图像分割效果评价方法

3.4.1 图像分割评价概述

不同的分割方案、不同的分割方法和参数，分割效果不同。

对于给定的一个实际应用，要选择合适的分割方案和算法是一件十分复杂的问题，由于缺少通用的理论指导，因此常常需要反复进行试验。我们都希望分割后的图像对象能够准确地反映地面地物的空间特性，但何种分割效果才算是准确地表征地物分布，或者说何种分割效果最好，为此需要进行分割效果评价（Evaluation）。

以彩图3-4为例，分割效果评价就是研究SPOT5图像分割对象与Quickbird参考对象间有否差别，差别程度多大的问题，以通过选择合适的算法，或者调整分割参数，最终使分割对象与参考对象最大限度地接近。显然，若分割对象和参考对象的边界完全重合，则分割效果最好。

图像分割评价可分成两种情况（章毓晋，2001）：

（1）性能刻画（Characterization）：掌握某种算法在不同分割情况中的表现，以通过选择参数来适应分割具有不同内容的图像和分割在不同条件下采集到的图像的需要。

（2）性能比较（Comparison）：比较不同算法在分割给定图像时的性能，以帮助在具体分割中选取合适的算法或改进已有的算法。

上述两种评价方法的内容是互相关联的，性能刻画能使对算法的性能比较更加全面，性能比较能使对性能的刻画更有目的性。为达到分割评价目的，对评价方法提出如下基本要求：

（1）应具有广泛的通用性，评价方法要适用于评价不同类型的分割算法，并适用于各种应用领域情况。

（2）应采用定量和客观的性能评价准则，精确地描述算法的性能，避免人为因素影响。

（3）应选取通用的图像分割算法进行测试，以使评价结果具有可比性和可移植性，同时这些图像应尽可能反映客观世界的真实情况和实际应用领域的共同特点。

3.4.2 图像分割评价准则

对图像分割算法评价要基于一定的准则，也称评价指标或测度。已经提出了几十个评价准则，包括计算费用（Computation cost）、检测概率比（Detection probability ratio）、分辨率（Resolution）、区域间对比度（Contrast across region）、区域内部均匀性（Uniformity within region）、形状测度（Shape measure）、算法收敛鲁棒性（Robustness of convergence），等等。这些准则中，有些是分析指标，用于直接分析分割算法的性能；有些是实验指标，用于评价分割算法的实验结果，即用实验结果来评价分割算法的性能。可以把这些评价准则分成分析的（Analytical）准则和实验（Experimental）的准则两大类。根据这些准则的本身特性，不同准则又可分为定性的（Qualitative）和定量的（Quantitative）准则两类。根据评价准则的特性，可将它们作如下分类（章毓晋，2001），见表3-4。

表3-4 分割评价准则分类

分类	分析算法的	实验结果的
定性的	Q_lA	Q_lE
定量的	Q_tA	Q_tE

这些评价准则原理不同，切入点不同，各有特点，也各有不足，每个评价准则常只能反映分割算法性能的一个方面，在很多情况下它们具有互补性，而非排斥性。由于影响图像分割效果的因素很多，只用一个准则通常难以准确评价算法的各方面特性，一般需要使用不同的准则来综合评判。

3.4.2.1　最终测量精度评价准则

章毓晋（1994）提出了一个既可分别应用不同准则，又把它们的结果综合考虑，也可先将若干准则组合起来构成一个联合测试的评价准则——最终测量精度评价（Ultimate measurement accuracy，UMA）准则。UMA 是围绕图像分析的最终目标——获得对象中目标特征值的精确测量而提出的，它通过对目标特征值的测量和计算，根据其所反映的分割质量而对分割算法的性能作出评判。

为描述目标的不同性质，可以在最终测量精度的计算中选用不同的目标特征（Feature），将 UMA 写成 UMA_f，用 R_f表示作为参考图像中获得的原始特征值度量，用 S_f表示分割后图像中获得的实际特征值度量，则它们的绝对误差和相对误差可分别由下面两式得到：

$$AUMA_f = |R_f - S_f| \tag{3-3}$$

$$RUMA_f = \frac{|R_f - S_f|}{R_f} \times 100\% \tag{3-4}$$

显然，上述 $AUMA_f$和 $RUMA_f$ 的值越小，说明分割质量越高或分割效果越好。

在实际应用中，常使用不同的特征，以从不同的角度全面评价分割效果。常用的特征包括圆度（Roundness，RO）、紧致度（Compactness，CO）、形状指数（Shape index，SI）、最小包络椭圆短半径（Radius of smallest enclosing ellipse，RE）、椭圆度（Elliptic fit，EF）（Definens AG，2006）、形状因子（Form factor，P2A）（章毓晋，2001）、面积相对误差（Relative error of area，RA）、周长相对误差（Relative error of perimeter，RP）、中心位置绝对位移（Displacement of center of polygon，DC）（李春干，2002）。各评价指标的定义和计算方法见表 3-5。

表 3-5　评价指标及其计算方法

指标	定　义	计算公式
圆度(RO)	最大内接椭圆短半径(ε_v^{mix})与最小外接椭圆短半径(ε_v^{max})之差	$RO = \varepsilon_v^{max} - \varepsilon_v^{mix}$
紧致度(CO)	长度(l_v)和宽度(w_v)之积(矩形面积)与多边形面积(S)之比	$CO = l_v \cdot w_v / S$
形状指数(SI)	多边形周长(P)与 4 倍面积(S)平方根之比	$SI = P/4\sqrt{S}$
最小包络椭圆半径(RE)	最小包络椭圆短半径	$RE = \varepsilon_v(x_0, y_0)$，其中 $(x_0, y_0) = \min \varepsilon_v(x, y), (x, y) \notin S$
椭圆度(EF)	多边形面积与考虑斑块长度、宽度的内接椭圆面积之比	$EF = 2\#\{(x, y) \in P_v : \varepsilon_v(x, y) \leqslant 1\}/S - 1$
状因子(P2A)	多边形周长(P)与面积(S)之比	$P2a = P^2/(4 \cdot \pi \cdot S)$
面积相对误差(RA)	多边形面积(S)与参考对象面积(S_0)之比	$RA = (S_0 - S)/S_0$
周长相对误差(RP)	多边形周长(P)与参照对象周长(P_0)之比	$RP = (P_0 - P)/P_0$
中心位置绝对位移(DC)	多边形重心位置(x, y)与参照对象重心位置(x_0，y_0)之差	$DC = \sqrt{(x - x_0)^2 + (y - y_0)^2}$

3.4.2.2 相似度

UMA准则采用多个特征从多个角度对图像分割效果进行评价。在实际应用中，人们更注重整体分割效果，即所有特征的综合表现。亦即分割后的对象与参照对象之间高度相似。为此可作相似度评价。

用欧氏距离作相似度的度量。对于某一对象，设考虑 n 个目标特征，分割后各个目标特征值的度量值分别为 S_f（i）（$i=1$，2，…，n），由参考图像中获得的对应的对象原始特征值度量值分别为 R_f（i）（$i=1$，2，…，n），则其欧氏距离为：

$$ED = \sqrt{\sum_{i=1}^{n} [R_f(i) - S_f(i)]^2} \tag{3-5}$$

显然，ED越小，表明分割对象与参考对象越相似，分割效果越好。

在实际应用中，我们总希望分割对象和参考对象的边界尽可能地重合，即两者的形状最大限度地接近，因此，用于评价的特征一般是形状特征，包括面积（A）、周长（P）、圆度（RO），紧致度（CO）、形状指数（SI）、最小包络椭圆短半径（RE）、椭圆度（EF）、形状因子（P2A）等。

3.4.3 参考对象

参考对象是评价分割效果的标准，要对分割效果进行准确的评价，必须根据实际情况，分析确定用作对照的参考对象。

在森林资源监测实际应用中，用作对照的参考对象主要有以下两种：

（1）以用于分割的遥感图像为工作手图，通过实地勾绘得到的地物（小班）分布图。

（2）以比用于分割的遥感图像具有更高空间分辨率的另一种遥感图像作为工作图像，采用屏幕矢量化方法得到的地物分布图。

以上两种方法中，地物分布应以地物覆盖特征为准，具体地以土地类型、优势树种、郁闭度、龄组等为主确定土地覆盖类型。由于同一土地覆盖类型，其土地利用类型不尽相同，因此不能以土地利用类型作为参考对象。如同为马尾松林，一些为用材林，另一些可能为防护林，无论是图像分割，或者是图像分类，都难以将它们有效分离。

在实地勾绘过程中，需要输出纸质图像作为工作手图，由于纸质图像的比例尺有限，加上笔尖的大小、勾绘过程中的边界定位等都可能产生误差，因此用作参考对象的图形边界不可避免地存在一定的误差，由此导致评价结果不够准确。在可获取同一区域更高空间分辨率图像的情况下，采用第二种方法得到的图形作为参考图，评价结果更准确、可靠。在实际应用中，可用航空遥感图像、Quickbird图像等屏幕矢量化作为SPOT5图像分割效果评价的参考对象。

由于地物结构的复杂性和遥感图像的复杂性，在分割效果评价中，要对所有分割对象进行评价不但工作量大，而且十分困难，甚至无法进行，因此，在实际应用中，往往是选择一些地面分布边界明显、在图像上易于准确描绘其边界的斑块进行评价，一般选择30～50个斑块进行评价即可。

3.5 结果分析与讨论

3.5.1 总体分割策略

图像分割是为了得到同质的图像对象。在面向对象的遥感图像半自动分析中，一般采用多尺度分割。多尺度分割是根据用户设定的参数，将图像分割成同质的由多个像元组成的区域。用户通过指定输入数据、给定输入数据的权重、定义影响输出结果图像对象大小、光谱同质性、空间同质性、形状参数，控制分割过程的输出。底层技术采用区域生长等技术，像元合并为小的对象，通过连续的重复过程，小的对象逐渐地合并成大的对象，并保持结果图像对象异质性的最小化，直至满足用户定义的目标为止（Baatz *et al.*，2000）。

在本研究中，图像分割分两次进行。第一次分割的目的是通过较大尺度的分割，在较粗层次上，对研究区域进行分类，提取信息，为后面进一步的、精细的分割和分类奠定基础。因此第一次分割的尺度较大，主要是根据土地利用/覆盖的宏观特征，将研究区域分割为林地、造林地、水体和主要道路四个较粗的类型。此处的“林地”，是指林木郁闭度较大的林地；而“造林地”除包含宜林地外，还包含林木稀疏、郁闭度较小、土壤裸露的经济林木和新造林地、灌木林，也包含少部分农用地，即不是严格意义上的造林地或荒地。

对第一次分割得到的图像采用基于规则的分类后，水体和主要道路信息已经全部提取完毕，因此，第二次分割只针对林地和造林地，由于林地和造林地的内部构成不同，结构不一致，如林地内包含的类型较多、空间分布交错、结构复杂，造林地内包含的类型相对较少、同质斑块较大、结构相对简单，因此，在第二次分割中，林地和造林地采用不同的分割参数，林地的分割尺度较小，造林地的分割尺度较大。如在方案 noTM 的第二次分割中，林地分割的尺度参数为50，而造林地分割的尺度参数为100。

3.5.2 多尺度分割参数的确定

图像分割参数包括输入层的权重、尺度、颜色/形状、平滑度/紧致度，分割参数不同，得到的结果不同。

3.5.2.1 输入层权重

分割过程中，各输入数据层权重的确定取决于各个波段的光谱和空间特性、多光谱数据的相关性。就一般的光谱特性而言，尽管所有波段的数据在某种程度上都有其一定的作用，如近红外反射系数与区分植被变化的能力密切相关（Michael *et al.*，2006）。但就空间特性而言，全色波段比多光谱波段详细得多。

Michael 等（2006）在研究 IkONOS-2 图像分割中，考虑各个波段的光谱和空间特性，经过反复试验，采用目视检测方法评估分割结果，提出了以下各波段权重设置的经验公式：

$$W_{bnd1} + W_{bnd2} + W_{bnd3} = W_{bnd4} = W_{pnd} \tag{3-6}$$

在本研究中，SPOT5 图像的4个波段均为融合后的数据，空间特性相同。根据数据供应商提供的信息，Band1 为近红外波段。分析4个波段的光谱变异情况，其标准差分别为：B1 =52.92；B2 =29.42；B3 =29.08；B4 =35.20。Band1 的光谱变异最大，说明其所载的信息量也最大，其余3个波段的光谱变异程度基本相同，因此设置各层的权重为：B1 =2；B2 =

B3 = B4 = 1。ETM + 图像的 5 个波段的光谱变动情况十分接近，其标准差分别为：ETM1 = 38.06；ETM2 = 29.51；ETM3 = 25.84；ETM4 = 35.67；ETM5 = 36.16。在 ETM + 图像参与分割和信息提取的两个试验方案—方案 noTM 和方案 withTM 中，权重的设置不同，前者的权重为 ETM1 = ETM2 = ETM3 = ETM4 = ETM5 = 0.0，即 ETM + 图像并未实质性地参与分割过程，对分割结果不产生影响，只用于信息提取；后者的权重为 ETM1 = ETM2 = ETM3 = ETM4 = ETM5 = 0.5，ETM + 图像真正地参与分割过程，但其对分割结果的影响只有 SPOT5 图像的一半。

3.5.2.2 其他参数

影响分割结果的参数还包括尺度参数和一致性标准。尺度参数允许用户规定结果对象中容许的最大异质性。异质性标准由颜色、形状、对象紧致度和对象平滑度确定。颜色标准指对象的光谱特征差异。形状标准指对象几何特征的差异，由对象紧致度和平滑度确定。平滑度参数越大，对象的边界越平滑；紧致度参数越大，对象的边界越呈不规则多边形。

分割参数不同，得到的效果不同。分割参数一般通过小区域试验（Michael *et al.*，2006）或反复试验确定（Argialas *et al.*，2006）。

虽然每个参数对图像分割效果都产生一定的影响，但尺度参数的影响最大。尺度参数越大，对象内像元间的光谱变动程度越大，即异质性越大；对象个数越少，不同对象间的光谱差异程度也越小。当尺度参数足够大时，一幅图像只有一个或少数几个对象。

在本研究中，第一次分割的主要目的是在较大的尺度和较粗的层次上提取林地、造林地和水体、主要道路信息，故分割尺度较大，取 Scale = 150。第二次分割时，考虑到林地结构较为复杂，空间分布较为破碎，而造林地结构相对简单，空间分布基本连续，故取林地的分割尺度为 Scale = 50，造林地的分割尺度为 Scale = 100。彩图 3-4 结果显示，分割效果较好地反映了研究区域的森林分布状况。

本研究的主要目的是面向对象的森林分类，希望分割结果中各个对象具有较高的同质性，因此设置的颜色参数都较高，均为 Color = 0.9，即在分割过程中，注重对象的同质性，而相对忽略形状特征。考虑到研究区域的森林大部分是人工林，其形状由于受人为影响较大，相对比较规整，边界也较圆滑，所以形状参数设置中，平滑度比重较小。

3.5.3 不同分割方案的效果差异

不同的分割方案，得到的效果不同。在方案 noTM 中，虽然 ETM + 图像加入了分割过程，但由于其权重值被设置为 0，因此其图像信息并未对分割结果造成影响，其分割效果与未加入 ETM + 图像的方案 0312new 极为接近。在方案 withTM 中，ETM + 图像 5 个波段的权重均设置为 0.5，ETM + 图像信息实质性地参与了分割过程，因此当然地影响了分割结果。

彩图 3-5 显示方案 noTM 和方案 withTM 第一次分割效果的差别。其中 a1、a2 和 b1、b2 显示林地分割效果，a3 和 b3 显示造林地分割效果，a4 和 b4 显示水体分割效果。

由彩图 3-5 不难看出，尽管方案 noTM 和方案 withTM 除了 ETM + 权重不同外，其余分割参数完全相同，但效果却相差很大。方案 noTM 所得到的对象边界更符合地面地物覆盖特点，对象同质性更高，“杂质”更少。而在方案 withTM 所得的对象中，边界走向与地面实体相差较大，对象内“杂质”过多，同质性差。

分析上述现象产生的原因，主要是 ETM + 图像的空间分辨率低（pan 15 m/XS 30 m），而研究区域森林分布较为破碎、类型多样、结构复杂，一般斑块面积为0.5～4.7 hm^2，按正方形计算，ETM+图像的像元数只有4.71×4.71～14.45×14.45，显然ETM+图像难以准确地表现实际的森林分布状况。SPOT5图像由于空间分辨率较高（pan 2.5 m/XS 10 m），图像的像元数有28.28×28.28～86.72×86.72，因此能够准确地表征研究区域的森林分布状况。彩图3-6直观地显示了两种图像的表现能力。

当ETM+图层的权重不为0时，分割过程不但受到SPOT5图像信息的影响，也受到ETM+图像信息的影响，在两种信息的共同作用下，所得到对象的边界自然地会“照顾”ETM+图像信息的影响，而不能很好地反映尺度较小的地物空间情况，造成边界走向不准确，对象同质性差。

上述情况也说明了ETM+图像不宜单独用于研究区域的森林分类和分析。

3.5.4 分割后图像对象的后处理

一些地物，由于在空间上与光谱特征十分相近的其他地物相邻，因此在分割过程中，无论采用何种尺度、何种参数进行分割，由于难以将它们分离，都无法取得满意的效果。如由于岔道较多，不论在何种尺度上分割，干线公路都呈排骨状或树枝状，与实际地物明显不符，因此必须在适当尺度分割得到的图层上进行适当的编辑，采用手工裁剪的方法，将干线与岔道截断，尽量使其呈圆滑的窄长多边形，确保分类结果呈窄带状。公路穿过森林的路段，由于林木阴影的影响，在图像上呈若隐若现、断断续续的特征，也需进行适当的编辑，包括分割和合并，使其连续、贯通。此外，由于水体深度不同，辐射特性不尽一致，因此，不论采用何种尺度和分割参数，同一水体都会得到多个对象。由于水体可通过目视解译明显地加以辨识，因此可进行适当的编辑，将其进行合并，以便于信息提取。

3.6 本章小结

（1）通过较大尺度的图像分割，采用基于规则的分类，可以全部提取水体和主要道路信息，在此基础上对林地和造林地施行进一步的、尺度较小的分割，得到异质性较小的对象，为林地和造林地的信息提取奠定基础。这种分割—基于规则的分类—基于分类的分割策略，可以根据不同土地类型的覆盖特性，有针对性地采用不同的信息提取方法，提高工作效率和信息提取的可靠性。

（2）在分割过程中，必须根据不同图层（波段）的信息量，设置不同的权重，以确保结果对象的同质性。

（3）ETM+图像由于空间分辨率太低，不宜实质性地参与图像分割过程，否则，分割得到的对象因异质性太大，其边界不能准确地反映复杂研究区域的森林分布实际状况，影响信息的进一步提取。

（4）分割参数的确定是一个十分复杂的过程，且没有一个成熟的、定量的评价标准，必须根据对研究区域森林分布的先验知识，通过反复试验、采用目视判别方法进行分析确定，才能取得满意的分割效果。

（5）由于“同物异谱”和“异物同谱”现象的存在，图像分割后采用目视解译方法，对能够明显确认的对象进行适当的编辑，有利于提高信息提取的精度和效率。

参考文献

陈云浩，冯通，史培军，等. 2006. 基于面向和规则的遥感影像分类研究. 武汉大学学报（信息科学版），31（4）：216 ~ 320.

陈忠，赵忠明. 2005. 基于区域生长的多尺度遥感图像分割算法. 计算机工程与应用，35：7 ~ 9.

李春干. 2002. 小班定位误差评价方法探讨. 林业调查规划，27（4）：16 ~ 17.

欧阳鑫玉，赵楠楠. 2002. 图像分割技术的发展. 鞍山钢铁学院学报，25（5）：363 ~ 368.

章毓晋. 2001. 图像分割. 北京：科学出版社，14.

ARGIALAS D, TZOTSOS A. 2006. Automatic extraction of physiographic features and alluvial fans in Nevada, USA from digial elevation models and sattlite imagery through multiresolution segmentation and object-oriented classification. ASPRS 2006 Annual Conference, *Prospecting for Geospatial Information Integration.* 1 ~ 10.

BAATZ M, SCHAPE A. 2000. Multiresolution Segmentation-an optimization approach for high quality multi-scale image segmentation; Proceedings: *Angewandte Geographische Informations verarbeitung* (AGIT) XII, Salzburg, Austria, Wichmann Verlag, 12 ~ 23.

DEFINIENS AG. 2006. Definiens professional 5 reference book. Ver. 5. 0. 6. 1.

FU K S, MUI J K. 1981. A survey of image segmentation. *Pattern Recognition* 13 (1): 3 ~ 16.

HARALICK R M, SHAPIRO L G. 1985. Survey: Image segmentation techniques. *Computer Vision, Graphics, and Image Processing*, 29 (1): 100 ~ 132.

JAIN R, KASTURI R, SCHUNCK B G. 1995. Machine vision. McGraw-Hill International Edition.

MICHAEL S C, FRANKLIN S E, MICHAEL A W. 2006. Object-based Analysis of Ikonos-2 Imagery for Extraction of Forest Inventory Parameters. Photogrammetric Engineering & Remote Sensing, 72 (4): 383 ~ 394.

PAL M, MATHER P M. 2003. An assessment of the effectiveness of decision tree methods for land cover classification. *Remote Sensing of Environment*, 86: 554 ~ 565.

SCHIEVE J, TUFTE L, Ehlers M. 2001. Potential and problems of multi-scale segmentation methods in remote sensing. *GeoBIT/GIS* 6: 34 ~ 39.

ZHANG Y. 1994. Optimisation of building detection in satellite images by combining multispectral classification and texture filtering. *ISPRS Journal of Photogrammetry and Remote Sensing*, 54: 50 ~ 60.

第4章 对象特征提取与筛选

特征是指某一物质自身所具备的特殊性质，是区别于其他物质的基本征象和标志。遥感图像分析是从遥感影像特征入手的。影像特征包括颜色和形状特征。前者指图像的色调、颜色、阴影等，其中色调与颜色反映了图像的物理性质，是地物电磁波能量的记录，而阴影则是地物三维空间特征在色调上的反映；后者是指图像的图形结构特征，如大小、形状、纹理结构、图形格式、位置、组合等。它是色调、颜色的空间排列，反映了影像的几何性质和空间关系（赵英时等，2003）。

对象与像元的本质区别是对象是相邻同质像元的组合。若将像元比作一个点，则对象就是一个区域。在基于像元的图像分析方法中，分析基础主要是像元的灰度值。在面向对象的图像分析方法中，由于每个对象包含多个像元，根据对象内各个像元的灰度值可以计算各种各样的度量值，用于表征对象，即可通过各种各样的度量值来描述对象，这些度量称为对象特征。对象特征包括对象的光谱特征（均值、标准差、指数等）、纹理特征、形状特征、空间特征等。

4.1 对象特征提取

对第3章中第二次分割3种方案得到的3幅图像，分别计算每个对象的光谱和纹理特征。对象特征信息包括植被指数、光谱信息（灰度平均值和标准差）、纹理［灰度共生矩阵（GLCM）同质性、反差、异质性、熵、角二阶矩、均值、标准差、相关性；灰度差向量（GLDV）角二阶矩、熵、均值、对比度］。在得到的结果中，方案0312new共有58个对象特征，方案noTM和方案withTM各有130个对象特征，见表4-1。各种特征含义和计算方法如下（Definiens AG，2006）：

（1）指数：

①植被指数：$\text{NDVI} = \dfrac{b1 - b2}{b1 + b2}$ (4-1)

②比值指数：$\text{RVI} = \dfrac{b1}{b2}$ (4-2)

（2）灰度值：

①亮度（Brightness）：包含光谱信息的图像各层灰度值均值总和除以层数。

$$\bar{c}(v) = \frac{1}{w^B}\sum_{k=1}^{K} w_k^B \bar{c}_k(v) \tag{4-3}$$

值域范围［$c_k^{\min}$，$c_k^{\max}$］。

式中，$\bar{c}$（v）为亮度值；w_k^B为第k层的亮度权重；$\bar{c}_k$（v）为对象v中第k层的平均密度；w^B

$= \sum_{k=1}^{K} w_k^B \ [\ w_k^B \in (0,1)\ ]$；$c_k^{\min}$、$c_k^{\max}$分别为第 k 层最黑、最亮概率密度值。

表 4-1 提取的对象特征

试验方案和图像			0312new		noTM		withTM	
			SPOT5	ETM +	SPOT5	ETM +	SPOT5	ETM +
光谱特征	指数(NDVI,RVI)			2		2		
	灰度值(Mean, Brightness, Max. diff)		6		6	5	6	5
	标准差		4		4	5	4	5
纹理特征	灰度共生矩阵(GLCM)	同质性	4		4	5	4	5
		反差	4		4	5	4	5
		异质性	4		4	5	4	5
		熵	4		4	5	4	5
		角二阶矩	4		4	5	4	5
		均值	4		4	5	4	5
		标准差	4		4	5	4	5
		相关性	4		4	5	4	5
	灰度差向量(GLDV)	角二阶矩	4		4	5	4	5
		熵	4		4	5	4	5
		均值	4		4	5	4	5
		对比度	4		4	5	4	5
特征个数			58		130		130	

②最大差分（Max diff）：图像对象中各像元的最大值与最小值之差。

$$\text{Max. diff.} = \max_{i,j \in K_B} \left| \bar{c}_i(\nu) - \bar{c}_j(\nu) \right| / \bar{c}(\nu) \tag{4-4}$$

值域范围$\left[0,\ \frac{1}{K_B} c_k^{\max}\right]$。

式中，$\bar{c}_i(v)$、$\bar{c}_j(v)$ 为第 i、j 层的平均密度；K_B为具有正值亮度权重的层数，$K_B = \{k \in K:\ w_k = 1\}$，$w_k$为层权重。

③标准差（Standard deviation）：通过对象中全部各层所有像元灰度值计算。

$$\sigma_k(v) = \sigma_k(P_v) = \sqrt{\frac{1}{\#P_v}\left[\sum_{(x,y)\in P_v} c_k^2(x,y) - \frac{1}{\#P_v}\sum_{(x,y)\in P_v} c_k(x,y) \sum_{(x,y)\in P_v} c_k(x,y)\right]} \tag{4-5}$$

值域范围$\left[0,\ \frac{1}{2} c_k^{range}\right]$。

式中，$\sigma_k(v)$ 为对象 v 中第 k 层的标准差；P_v为对象 v 的像元集；$\#P_v$为 P_v中的像元数；$c_k(x,\ y)$为像元 $p(x,\ y)$ 的灰度值；c_k^{range}为第 k 层的数据范围，$c_k^{range} = c_k^{\max} - c_k^{\min}$。

（3）基于灰度共生矩阵（The gray level co-occurrence matrix，GLCM）的纹理：

灰度共生矩阵用两个位置的像素的联合概率密度来定义，它不仅反映亮度的分布特性，也反映具有同样亮度或接近亮度的像素之间的位置分布特性，是有关图像亮度变化的二阶统计特征。它是定义一组纹理特征的基础。

一幅图像的灰度共生矩阵能反映出图像灰度关于方向、相邻间隔、变化幅度的综合信息，它是分析图像的局部模式和它们排列规则的基础。

设 $f\ (x,\ y)$ 为一幅二维数字图像，其大小为 $M\times N$，灰度级别为 N_g，则满足一定空间关系的灰度共生矩阵为

$$P\ (i,\ j)\ =\#\{(x_1,\ y_1),\ (x_2,\ y_2)\ \in M\times N\mid f\ (x_1,\ y_1)\ =i,\ f\ (x_2,\ y_2)\ =j\} \tag{4-6}$$

其中，# (x) 表示集合 x 中的元素个数，显然 P 为 $Ng\times Ng$ 的矩阵，若 $(x_1,\ y_1)$ 与 $(x_2,\ y_2)$ 间距离为 d，两者与坐标横轴的夹角为 θ，则可以得到各种间距及角度的灰度共生矩阵 $P\ (i,\ j,\ d,\ \theta)$。

纹理特征提取的一种有效方法是以灰度级的空间相关矩阵即共生矩阵为基础的，因为图像中相距 $(\Delta x,\ \Delta y)$ 的两个灰度像素同时出现的联合频率分布可以用灰度共生矩阵来表示。若将图像的灰度级定为 N 级，那么共生矩阵为 $M\times N$ 矩阵，可表示为 $M\ (\Delta x,\ \Delta y)\ (h,\ k)$，其中位于 $(h,\ k)$ 的元素 mhk 的值表示一个灰度为 h 而另一个灰度为 k 的两个相距为 $(\Delta x,\ \Delta y)$ 的像素对出现的次数。

在基于像元的分析方法中，图像纹理的计算都是针对一定大小窗口（如 5×5，7×7 等）内的全部像元进行的，而在 Definiens™ 中，图像对象纹理的计算采用该对象内所有像元进行计算（Definens AG，2006b）。

①GLCM 同质性（Homogeneity）：若图像是局部同质的，且灰度其生矩阵集中于对角线，同质性大。同质性通过反差值的相反数增加，根据它们与对角线的距离指数倍减少。

$$\text{hom} = \sum_{i,j=0}^{N-1} \frac{P_{i,j}}{1+(i-j)^2} \tag{4-7}$$

式中，i 为行数；j 为列数；$P_{i,j}$ 为第 i，j 元素的标准化值；N 为行或列数。

②GLCM 反差（Contrast）：反差与同质性相反，是图像中局部变动数量的度量。

$$\text{con} = \sum_{i,j=0}^{N-1} P_{i,j}\ (i-j)^2 \tag{4-8}$$

③GLCM 异质性（Dissimilarity）：与反差相似，线性增加。若局部的反差大，则异质性大。

$$\text{dis} = \sum_{i,j=0}^{N-1} P_{i,j}\ |i-j| \tag{4-9}$$

④GLCM 熵（Entropy）：若灰度共生矩阵的元素分布均匀，熵值大，若元素接近 0 或接近 1，则熵小。

$$\text{ent} = \sum_{i,j=0}^{N-1} P_{i,j}(-\ln P_{i,j}) \tag{4-10}$$

⑤GLCM 角二阶矩（Ang. 2nd monent）：

$$\text{ang} = \sum_{i,j=0}^{N-1} P_{i,j}^2 \tag{4-11}$$

⑥GLCM 均值（Mean）：均值是从灰度共生矩阵角度的平均表达，像元值不是根据其出现的频率确定，而是通过其出现于与某一相邻像元值结合的频率确定。

$$\text{mean} = \sum_{i,j=0}^{N-1} P_{i,j}/N^2 \tag{4-12}$$

⑦GLCM 标准差（Stddev.）：主要处理参考对象和相邻像元的结合，与原始图像灰度值的标准差不同。

$$\text{std} = \sqrt{\sum_{i,j=0}^{N-1} P_{i,j}(i,j - \mu_{i,j})} \tag{4-13}$$

式中，$\mu_{\mathrm{i,j}} = \sum_{i,j=0}^{N-1} P_{i,j}/ N^2$ 为灰度共生矩阵均值。

⑧GLCM 相关性（Correlation）：相邻像元灰度值线性独立的度量。

$$\text{cor} = \sum_{i,j=0}^{N-1} P_{i,j} \left[\frac{(i - \mu_i)(j - \mu_{j)}}{\sqrt{(\sigma_i^2)(\sigma_j^2)}} \right] \tag{4-14}$$

式中，$\sigma_{i,j}$为 GLCM 标准差。

（4）基于灰度差向量（The gray-level difference vector，GLDV）的纹理

GLDV 是 GLCM 对角线之和。

①GLDV 角二阶矩（Angular 2nd moment）：

$$\text{Vang} = \sum_{k=0}^{N-1} V_k^2 \tag{4-15}$$

式中，V_k为图像对象灰度值，$k=1$，2，…，n 。

②GLDV 熵（Entropy）：

$$\text{Vent} = \sum_{k=0}^{N-1} V_k(-\ln V_k) \tag{4-16}$$

③GLDV 均值（GLDV mean）：

$$\text{Vmean} = \sum_{k=0}^{N-1} k(V_k) \tag{4-17}$$

④GLDV 反差（GLDV contrast）：

$$\text{Vcon} = \sum_{k=0}^{N-1} V_k k^2 \tag{4-18}$$

在 DEFINENS Professional™ 5.0 平台上定义和选择对象特征，并将全部对象导出，分别得到 3 个分割方案的、含有全部对象特征属性的 Shapefile 文件，其中格式为 dbf 的属性文件记录了每个图像对象的全部特征，可用于各种统计分析和图像分类。

4.2 对象特征分析和正态性分布检验

4.2.1 对象特征分析

一般情况下，可用方差作为某个对象包含的信息量的近似度量。通常情况下，总体方差越大，其信息量就越大；总体方差越小，其信息量就越小（游先祥等，1995，2003；贾世楼，2001）。

对方案 noTM 和 withTM 各个对象特征分析，结果表明：①SPOT5 各图层光谱和纹理特征的标准差差大多数大于 ETM + 各图层，说明在以 SPOT5 图像的纹理信息比 ETM + 丰富；②相当一部分对象特征的标准差≤0. 10，表明这些特征包含的信息量很小，这些特征包括 SPOT5 和 ETM + 各图层的 GLCM 同质性、GLCM 角二阶矩等、GLCM 相关性、GLDV 角二阶矩。方案 noTM 和 withTM 中 SPOT5 和 ETM + 各图层光谱和纹理

特征值标准差的平均值见表4-2。

表4-2 SPOT5和ETM+各图层光谱和纹理特征值标准差的平均值

方案	图像	SP	STD	HOM	CON	DIS	ENT	ANG	MEAN	STD	COR	VANG	VENT	VMEAN	VCON
noTM	SPOT5	12.43	2.06	0.06	7.39	0.53	0.62	0.01	12.41	2.10	0.04	0.05	0.24	0.53	7.39
	ETM+	10.68	1.95	0.02	8.87	0.32	0.51	0.05	10.67	1.99	0.04	0.03	0.32	0.32	8.87
withTM	SPOT5	13.32	2.57	0.06	21.88	0.82	0.67	0.01	13.29	2.67	0.07	0.05	0.28	0.82	21.88
	ETM+	16.73	2.25	0.02	21.49	0.47	0.51	0.05	8.47	2.40	0.10	0.03	0.47	0.47	21.49

注：SP为灰度均值，STD为标准差，HOM为GLCM同质性，CON为GLCM反差，DIS为GLCM异质性，ENT为GLCM熵，ANG为GLCM角二阶矩，MEAN为GLCM均值，STD为GLCM标准差，COR为GLCM相关性，VANG为GLDV角二阶矩，VENT为GLDV熵，VMEAN为GLDV均值，VCON为GLDV反差

对方案noTM中130个对象特征的均值、标准差和变异系数进行分析，得到图4-1的结果。

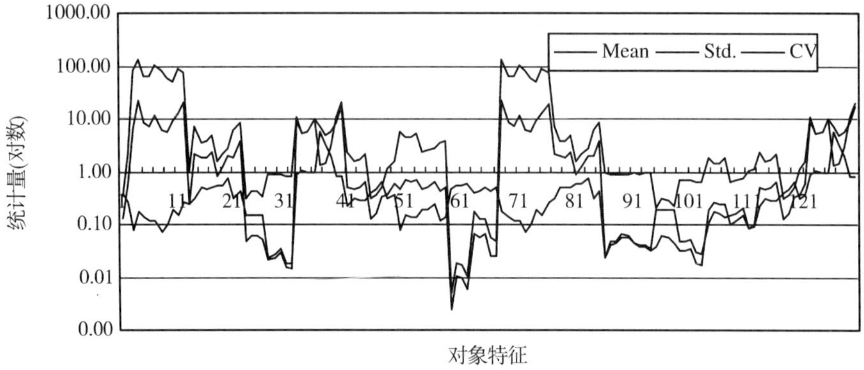

图4-1 方案noTM中各对象特征的均值、标准差和变动系数

从图4-1可以看出，相当一部分对象特征的变异系数≤0.10，说明一些对象特征所包含的信息量很小，包括ETM+图层的GLCM同质性、SPOT5和ETM+各图层的GLCM相关性、ETM+各图层的GLDV角二阶矩等。

4.2.2 对象特征直方图

直方图常用于直观地表征图像中每个亮度（灰度值）的像元数量的统计分布（赵英时等，2002）。在本研究中，图像分析方法是面向对象的分析方法，所提取的对象特征多达58~130个，且各对象特征的量纲不同，为便于分析，将全部对象特征值进行标准化，其方法是：

（1）以对象为单元，对于第 i 个对象特征，确定其最小值 $\min OF_i$ 和最大值 $\max OF_i$；

（2）该对象特征中第 j 个对象的值 $OF(i, j)$，经标准化后的值 $OF'(i, j)$ 为 $OF'(i, j) = [OF(i, j) - \min OF_i]/(\max OF_i - \min OF_i)$。

显然，各对象特征值分布的区间均为（0.00，1.00），按0.01为分划值进行频数统计，可得各对象特征值分布的直方图。方案noTM中部分对象特征的直方图如图4-2所示。

从图4-2可以看出，很多对象特征不呈正态分布。对象特征的分布影响分类器的选择。

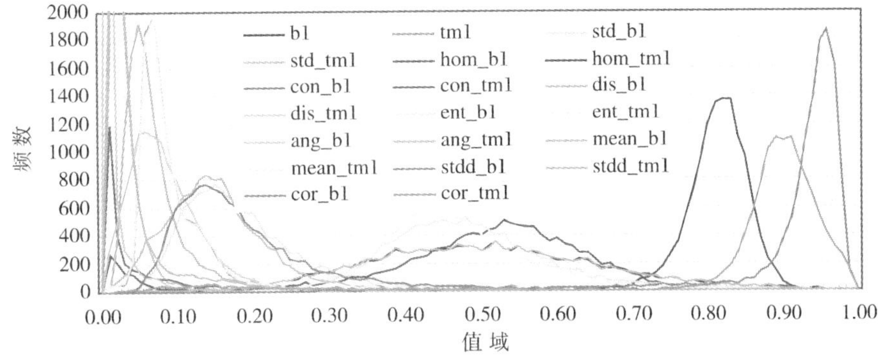

图 4-2 方案 noTM 部分对象特征直方图

参数分类器要求训练样本服从正态分布，且具有良好的统计特性（林辉，2005），因此，有必要进行对象特征分布正态性检验。

4.2.3 正态性分布检验

正态性检验的方法有两类，一类对偏度、峰度只用一个指标综合检验，另一类是对两者各用一个指标检验，前者有 W 法、D 法、正态概率纸法等，后者有动差法，亦称矩法。

动差法既能用于小样本资料，亦可用于大样本资料的正态性检验。本法运用数学上三级动差和四级动差分别组成偏度系数与峰度系数，然后检验资料是否服从正态分布。当频数分布为正态时，偏度系数与峰度系数分别等于 0，但从正态分布总体中抽出的随机样本，由于存在抽样误差，其样本偏度系数 g_1 与样本峰度系数 g_2 不一定为 0，为此，需检验 g_1、g_2 与 0 的相差是否有显著性。其检验假设为：①偏度系数等于 0，即频数分布对称；②峰度系数等于 0，即为正态峰。

偏度系数 g_1、峰度系数 g_2 的计算公式见式（4-19）与（4-21）。当用频数表资料计算时可用式（4-20）与式（4-22），式中 n 为例数，f 为频数。

$$g_1 = \frac{n\sum(x-\bar{x})^3}{(n-1)(n-2)\left[\sum(x-\bar{x})^2/(n-1)\right]^{3/2}} \tag{4-19}$$

$$g_1 = \frac{n\sum fx^3 - 3\sum fx\sum fx^2 + 2(\sum fx)^{3/2}}{(n-1)(n-2)\{[\sum fx^2 - (\sum fx)^2/n]/(n-1)\}^{3/2}} \tag{4-20}$$

$$g_2 = \frac{n(n+1)\sum(x-\bar{x})^4}{(n-1)(n-2)(n-3)\left[\sum(x-\bar{x})^2/(n-1)\right]^2} - \frac{3(n-1)^2}{(n-2)(n-3)} \tag{4-21}$$

$$g_2 = \frac{n(n+1)\left[n\sum fx^4 - 4\sum fx\sum fx^3 + 6(\sum fx)^2\sum fx^2/n - 3(\sum fx)^4/n^2\right]}{(n-1)(n-2)(n-3)\{[\sum fx^2 - (\sum fx)^2/n]/(n-1)\}^2} - \frac{3(n-1)^2}{(n-2)(n-3)} \tag{4-22}$$

g_1、g_2 的抽样误差分别为 S_{g_1} 与 S_{g_2}，见式（4-23）与式（4-24）

$$S_{g_1} = \sqrt{\frac{6n(n-1)}{(n-2)(n+1)(n+3)}} \tag{4-23}$$

$$S_{g_2} = \sqrt{\frac{24n(n-1)^2}{(n-3)(n-2)(n+3)(n+5)}} \tag{4-24}$$

假设检验用 u 检验，其公式为

$$u_1 = g_1/S_{g_1} \tag{4-25}$$

$$u_2 = g_2/S_{g_2} \tag{4-26}$$

u 的显著性界限为：

（1）$|U| < 1.96$，$P > 0.05$ 在 $\alpha = 0.05$ 的水平上接受 H_0。

（2）$1.96 \leqslant |U| < 2.58$，$0.05 \geqslant P > 0.10$ 在 $\alpha = 0.05$ 的水平上拒绝 H_0，在 $\alpha = 0.10$ 的水平上接受 H_0。

（3）$|U| \geqslant 2.58$，$P \leqslant 0.10$ 在 $\alpha = 0.10$ 的水平上拒绝 H_0。

对全部对象特征进行了正态分布性检验，结果表明，三种方案中，相当一部分对象特征均不遵从正态分布，包括反差、异质性、标准差、对比度、GLDV 均值和 GLDV 反差等，如图 4-3 所示。

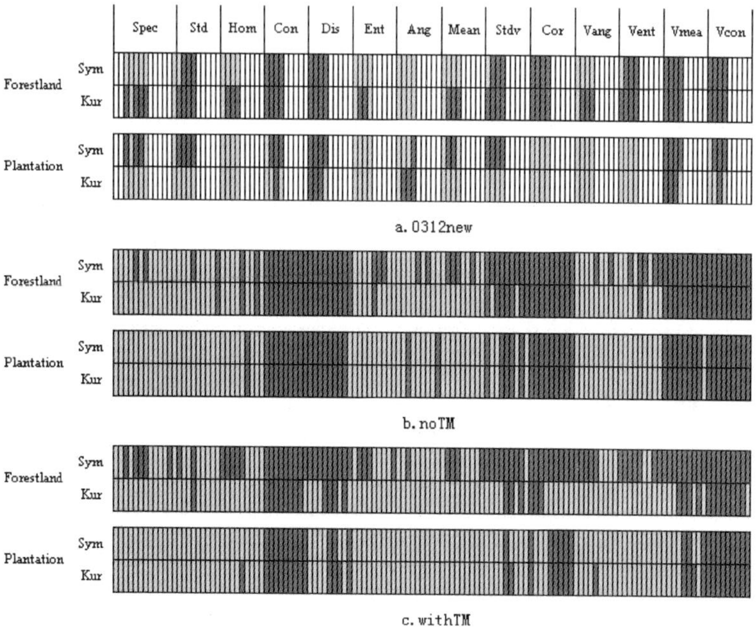

图 4-3 对象特征正态性检验结果

注：浅灰色/深灰色表示偏度或峰度服从/不服从正太分布

Spec：光谱；Std：方差；Hom：同质性；Con：反差；Dis：异质性；Ent：熵；Ang：角二阶矩；Mean：均值；Stdv：方差；Cor：相关性；Vang：GLDV 角二阶矩；Vent：GLDV 熵；Vmean：GLDV 均值；Vcon：GLDV 反差；Sym：偏度；Kur：：峰度

4.3 对象特征筛选

提取对象各种特征信息的最终目的是为了从尽可能多的不同角度综合地描述某一类型对象区别于其他类别的本质特征。一般来说少量特征很难全面地表述出一个类别的本质特征，但试验证明，并不是特征越多结果越好。随着特征维数的增加，会带来较多的问题（Price *et al.*，2002；Yu *et al.*，2006）：

（1）当对象特征间存在着多重相关性时，某一因子成为其他某些因子的线性组合，该特征的存在不但不会增加信息量，而且还容易使其协方差矩阵成为病态矩阵，导致马氏距离（Mahalanobis distance）等无法计算，因此应予以剔除。

（2）一些特定的地物或者类型不需要较多的维数就可以彻底地和其他类型地物区分开，太多的特征不但会使规则的建立、信息的处理复杂化，而且可能会降低这些地物的分类精度。

（3）受分类器本身的限制，使得分类的特征维数并不能无限高，太高的特征维数将影响分类器运行和稳定性，也会降低分类精度。

（4）维数增高时，数据的计算量增大，运算速度变慢，由此造成实际应用中时间效率不高。

特征选择（Feature selection）是遥感图像识别和分类的重要环节之一，没有正确的特征选择作保障，不可能进行有效的、准确的分类。与基于像元的图像分析方法相比，面向对象的图像分析方法能够提取大量的对象特征，可以从更多的角度或侧面来辨识地物目标。但由于对象特征之间可能存在相关性，且一些对象特征所包含的信息量有限，对图像分类的作用有限，甚至会使分类器无法运行，因此需要对其进行筛选。

特征选择的原则有两点：

（1）所选择的对象特征或特征组合的信息量最大。

（2）所选择的对象特征之间相关性最小。

一般而言，所选择的对象特征的方差尽可能大，各对象特征之间的相关系数最小。

对象特征选择的实质是将高维特征空间压缩到低维特征空间，以便进行有效的分类（苏红军等，2008）。对象特征选择的方法很多，大致上可分为两类：一是从众多对象特征（波段）中选择感兴趣的若干对象特征，或选择信息量大、相关性小的若干对象特征；二是利用所有对象特征，通过数学变换进行压缩，如主成分分析法（PCA）、典型分析（CA）等。第二类方法改变了对象特征原有的物理意义，信息保真差，从而使图像的识别变得复杂（杨诸胜等，2006；安琼等，2008）。第一类方法又可分成两类：①基于信息量的最佳对象特征选择，如前向选择法（SFS）和后向排除法（SBS）、最佳指数因子法（Optimum index factor，OIF）、联合熵、遗传算法（GA）等；②基于类间可分性的对象特征选择，如均值的标准距离、离散度、B 距离、类间平均可分性等。

4.3.1 最佳指数因子（Optimal index factor，OIF）

对象特征（波段）选择的依据，主要是信息量大而独立性高，相对应的统计量为标准差较大而相关性较小，Chavez 等提出的 OIF 概念可以对此做出很好的评价，即

$$\mathrm{OIF} = \sum_{i=1}^{n} \sigma_i / \sum_{i=1}^{n} \sum_{j=i+1}^{n} |R_{i,j}| \tag{4-27}$$

式中，σ_i为第 i 波段的标准差；$R_{i,j}$为两对象特征（波段）之间的相关系数。

在研究不同波段组合，以得到色彩丰富、层次分明的真/假彩色合成图像，提高图像可读性时，n 一般取 3，即将所有可能的三个波段组合在一起。OIF 越大，则相应的波段组合图像的信息量越大。在实际应用中，这种方法存在如下问题：①它选择出来的最优波段组合

并非都是最优的；②该算法对于高光谱图像的波段选择而言，计算量很大。

对于面向对象的图像分析中的对象特征选择，由于：①对象特征个数很多，本研究中为58~130个；②选择后的最终特征个数不确定，因此，对象特征的组合个数巨大，如当最终特征个数为10个时，则有特征组合个数：130×129×128×…×121=9.67E+20个，计算量巨大。显然该方法不适宜于本研究的对象特征选择。

4.3.2 J-M距离

遥感图像的特征选择的目的是找出一组对图像识别最有效的特征，而对于特征的有效性需要评判的准则，常用到的类别可分离性准则有离散度、Bhattacharyya距离、Chemoff距离、Jefries-Matusita（J-M）距离、散度以及熵等，其中，J-M距离由于既考虑到了各类的概率分布，可以确切表示各类交叠的情况，又考虑到了各类之间的影响，可以合理处理类别间距离差异很大的情况，与其他准则相比较，具有更可靠的可分性判别能力，利用特征组所得出的J-M距离越大，用这组特征所进行的识别效果越好（Mausel *et al.*，1990；Richards *et al.*，1995）。J-M距离的一般公式为：

$$\mathrm{JM}_{ij}=\sqrt{2\left(1-e^{-B_{ij}}\right)} \tag{4-28}$$

式中，JM_{ij}为类别i和类别j之间的J-M距离；B_{ij}为Bhattacharyya距离（王长耀等，2006），i、j为类别。

$$B_{ij}=\frac{1}{2}(M_i-M_j)^T\left[\frac{(V_i+V_j)}{2}\right]^{-1}(M_i-M_j)+\frac{1}{2}\ln\frac{|(V_i+V_j)/2|}{\sqrt{|V_i||V_j|}} \tag{4-29}$$

其中，V_i和V_j分别是类别i和类别j的矩阵样本协方差，M_i和M_j是其相应的样本均值向量。

对于多类型识别，采用平均J-M距离，公式为：

$$\mathrm{JM}=\frac{1}{n^2}\sum_{i=1}^{n}\sum_{j=1}^{n}(p_i\cdot p_j\cdot \mathrm{JM}_{ij}) \tag{4-30}$$

式中，n为类别数；p_i、p_j分别为类别i、j样本的先验概率。

由于J-M距离矩阵为一对称的三角矩阵，因此式（4-30）又可以写为：

$$\mathrm{JM}=\frac{2}{n(n+1)}\sum_{i=1}^{n-1}\sum_{j=i+1}^{n}(p_i\cdot p_j\cdot \mathrm{JM}_{ij}) \tag{4-31}$$

一般情况下，所选取的各类样本数量是相同的，这样，概率密度必然也相同。但是在实践中，区分不同类别的地物难易程度不同，若采用相同的概率密度计算平均距离，用它作为特征的可分性判据，得出的结果并不客观，但若想采用不同的概率密度，各类样本的数量如何确定，并没有一个适宜的标准，因此，在模型中，引入了最大最小距离思路，即关键考虑c类中最难分离的一对类别，即对每两类的J-M距离分别赋予不同的权重，分离程度越难，权重越大，计算得出加权J-M距离，公式为：

$$\mathrm{JM}=\sum_{i=1}^{n-1}\sum_{j=i+1}^{n}\omega_{ij}\mathrm{JM}_{ij} \tag{4-32}$$

式中，ω_{ij}为权重。

4.3.3 自适应波段选择

刘春红（2005）提出自适应波段选择的方法，该方法充分考虑了各波段的空间相关性和谱间相关性，并构造了相应的数学模型，对求出的各个波段指数进行由大到小的排列，系统根据设定的阈值自适应地选择需要的波段。其数学模型如下：

$$I_j = \frac{\sigma_i}{(R_{i-1,i} + R_{i,i+1})/2} \tag{4-33}$$

$$\sigma_i = \left[\frac{1}{M \times N}\sum_{x=1}^{M}\sum_{y=1}^{N}[f_i(x,y) - \bar{f}_i]^2\right]^{\frac{1}{2}} \tag{4-34}$$

$$R_{ij}(x,y) = \frac{E\{[f_i(x,y) - \bar{f}_i][f_j(x,y) - \bar{f}_j]\}}{\sqrt{E\{[f_i(x,y) - \bar{f}_i]\}^2}\sqrt{E\{[f_j(x,y) - \bar{f}_j]\}^2}} \tag{4-35}$$

式中，σ_i为第 i 波段的标准差，$E\{\}$ 为数学期望，$R_{i-1,i}$和 $R_{i,i+1}$是第 i 波段与其前后两个波段的相关系数，相关系数越小，两个波段数据之间的独立性越高；I_i为第 i 幅图像的指数大小；M 、N 分别是图像的行列像素数；f_i （x，y） 是第 i 幅图像；$\bar{f}_i$为第 i 幅图像的像素平均值。

上述方法获得的指数充分考虑了每幅图像的信息富集程度与相邻波段的相似性，I_i越大，相应图像的信息量就越大，越具有代表性。最终波段选择的方法有两种：一种是系统根据设定的阈值选择波段数目，阈值的设定可以根据后续的处理需要自适应地选择适合的指数值，确定了阈值之后，指数大于该阈值的波段就被选择出来；另一种方法就是选择波段指数排在前面的 n 个波段。

4.3.4 基于 GA 算法的优选模型

遗传算法是一类借鉴生物界自然选择和自然遗传机制的随机化搜索算法。它具有快捷、简便、容错性强的特点，是一种有效的解决最优化问题的算法。利用遗传算法求解，首先应对可行域中的点进行编码，转换为染色体，并设计适应度函数，尽量使较优的特征适应度函数值较大。然后根据选择机制挑选个体，并进行交叉和变异，逐步产生更优的种群。最终将末代的最优个体作为问题的近似最优解。

GA 算法基于以下假设：上一群体中具有较强适应性的个体在其新一代群体中具有较强的生存和繁殖能力。在 GA 算法中，每个可能的解均采用独立的个体单元即染色体单元来表示，染色体又由若干个基因组成。各基因可采用专门的编码方法表示。简单的 GA 算法通过复制、杂交、变异算子等三种不同的算子来产生新一代种群个体。复制操作拷贝上一代个体中的基因到新一代个体中，拷贝次数受个体适应性及群体的选择算法决定；杂交操作通过对父代中不同个体的基因进行组合重新形成新的种群个体。这样，新的个体中就可能是包含了各父代个体中的特征的结合。变异操作作用于杂交操作后形成的个体上，通过以一定的概率（通常取值较小，如 0.1）改变其中的某个或若干个基因的取值。譬如，对二进制编码 GA 算法，可以将基因值为 1 变异为 0；或者将基因值为 0 变异为 1。设计良好的变异算法可以避免 GA 算法收敛于局部极大极小值，从而得到全局最优解或次最优解。

在应用 GA 算法进行分类特征选择时，需要确定评价函数，以评判不同染色体所代表的波段组合对于所给定的训练样本是否具有更加优良的可分性能。这里将评价函数用平均类别可分离性指数来表示。常用的类别可分离性指数有分离性（Divergence）、变换可分离性、Bhattacharyya 距离、J-M 距离等。其中 J-M 距离被认为相对其他分离性指标具有更适合于表达类别间可分离性的特点。

基于 GA 的对象特征（波段）选优流程图，如图 4-4 所示。

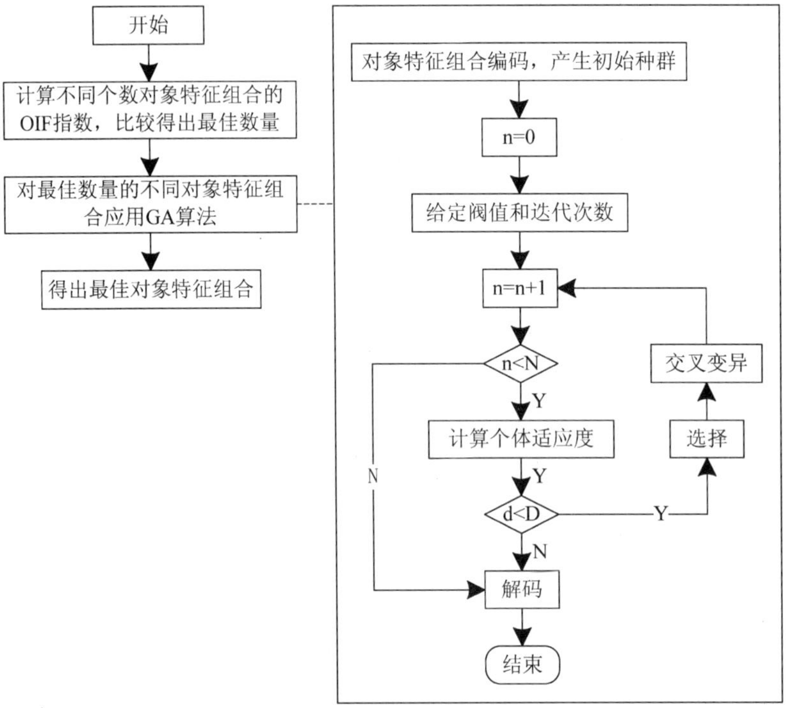

图 4-4 基于 GA 的对象特征选择流程

算法如下：

（1）计算不同数量下各种对象特征（波段）组合的 OIF 指数，通过比较，得出最佳的对象特征（波段）数量。

（2）产生最佳对象特征（波段）数量下的任何组合，并采用直接编码的方式形成染色体，即用对象特征（波段）号来表示基因，如果编码的位数大于 10，则用分组的方法进行转换。重复此过程，满足初始种群个体数量为止。

（3）利用公式 4-30 中的加权 J-M 距离设计适应度函数计算每个染色体的适应函数值，并对其进行评估，即

$$f(t) = \mathrm{JM}(t) = \sum_{i=1}^{n} \sum_{j=i+1}^{n} \omega_{ij} \mathrm{JM}_{ij}(t) \tag{4-36}$$

式中，t 为个体；$t=1, 2, \cdots, T$；T 为种群中个体的总和。若适应度值超过给定阈值，则跳到步骤（6），反之，则继续。

（4）采用按比例的适应度分配对个体概率进行选择，即根据个体适应度的概率比例来对个体进行选取，适应度较高的个体，选择概率会较大，可以被多次选中。选择概率为：

$$p(t) = f(t) / \sum_{t=1}^{T} f(t) \tag{4-37}$$

在选择过程中，使用轮盘赌选择法。

$$S = \begin{cases} \text{argmax}\{\tau\ (i,\ j)\}，若\ q < q_0，按先验知识标记特态 \\ S，若\ q \geqslant q_0，按下式赌轮法标状态 \end{cases} \tag{4-38}$$

$$p_{ij} = \frac{\tau_{ij}}{\sum_{j}^{k} \tau_{ij}}, j = 0,1 \tag{4-39}$$

式中，τ_{ij}表示特征 i 的状态 j 为 0 和 1 的信息素浓度，p_{ij}是特征 i 的状态为 j 的信息素归一化概率，k 表示状态 j 可能的取值，q 是在［0，1］区间均匀分布的随机数，q_0是一个参数（$0 \leqslant q_0 \leqslant 1$），$S$ 是按概率选择的一个标记。

（5）对选择出的个体进行交叉变异操作，先根据概率，在个体的每组内分别选择交叉点进行单点交叉，然后，随机对个体的某一位进行翻转，从而产生下一代种群个体。若迭代次数未超过给定次数，则回到步骤（3），对后代个体重新计算其适应度，反之，则循环结束。

（6）对最优个体进行解码，得出最佳的特征组合。

4.3.4 基于相关系数的选择方法

由于对象特征数量很多，在进行 OIF 指数、J-M 距离等时，需要进行各种特征组合计算，计算量巨大。为此，在本书研究中，提出了基于相关系数的对象特征选择方法，其基本思路是：①根据标准差和简单相关系数对对象特征进行初步选择；②对通过初步选择的对象特征，采用方差扩大因子进行最终选择。其方法如下：

根据 4.1 提取的各对象特征的顺序，将它们用 n 维变量 x 表示，$x = (x_1, x_2, \cdots, x_n)^T$，此时，对于方案 0312new，$n$ =58；对于方案 noTM 和 withTM，n =130。设经分割后，得到 m 个对象，则 n 个对象特征的输出数据可表示为：

$$X = \begin{pmatrix} x_{11} & x_{12} & \cdots & x_{1n} \\ x_{21} & x_{22} & \cdots & x_{2n} \\ \cdots & \cdots & \cdots & \cdots \\ x_{m1} & x_{m2} & \cdots & x_{mn} \end{pmatrix} \tag{4-40}$$

其中心化矩阵为 $\bar{X}$，n 个对象特征的总体协方差矩阵可表示为：

$$S = \frac{1}{n}\bar{X}'\bar{X} = \begin{pmatrix} \sigma_{1,1}^2 \sigma_{1,2}^2 \cdots \sigma_{1,n}^2 \\ \sigma_{2,1}^2 \sigma_{2,2}^2 \cdots \sigma_{2,n}^2 \\ \cdots \\ \sigma_{n,1}^2 \sigma_{n,2}^2 \cdots \sigma_{n,n}^2 \end{pmatrix} \quad \sigma_{ij}^2 \approx S_{ij}^2 = \frac{1}{n}\sum_{k=1}^{n} (x_{ik} - m_i)(x_{ik} - m_j) \tag{4-41}$$

式中，$\sigma_{i,j}$为第 i 对象特征与第 j 对象特征的协方差，当 $i=j$ 时，$\sigma_{i,j}$为第 i 对象特征的方差，即协方差矩阵对角线上的各元素是对应对象特征的总体方差。

各对象特征的信息量可用观测阵 X 计算其总体方差的大小来近似度量，一般情况下，总体方差越大，其信息量就越大；总体方差越小，其信息量就越小（游先祥等，1995，2003；贾世楼，2001）。

为了消除量纲对协方差的影响，对各因子进行标准化

$$x_i' = \frac{x_i - \bar{x}}{\sigma_x} \tag{4-42}$$

于是得到中心标准化矩阵 $\tilde{X}$，各对象特征间的相关矩阵可表示为

$$R=\frac{1}{n}\tilde{X}'\tilde{X}=\begin{pmatrix} r_{1,1} & r_{1,2} & \cdots & r_{1,n} \\ r_{2,1} & r_{2,2} & \cdots & r_{2,n} \\ & & \cdots & \\ r_{n,1} & r_{n,2} & \cdots & r_{n,n} \end{pmatrix} \tag{4-43}$$

第 i 个和第 j 指标的相关系数为 $r_{ij}=\sigma_{ij}^2/\sqrt{\sigma_{ii}^2\sigma_{jj}^2}$，其中 $r_{i,j}=1$，$i=j$。当 $r_{ij}\geqslant 0.90$ 时，可以认定第 i 个对象特征和第 j 个对象特征之间具有高度相关性，在分析中可以略掉其中任一因子，对分析结果影响不大。由于各因子的方差（S_i）在某种程度上代表其承载的信息量，因此总希望保留方差大的因子，故有如下对象特征筛选原则：

若 $r_{ij}\geqslant 0.9$，且 $S_i>S_j$，则保留第 i 因子，剔除第 j 因子

式中，S_i，S_j 分别为第 i，j 对象特征的方差。

根据相关矩阵 R 提供各对象特征间的简单相关系数，可初步分析各光谱和纹理间是否存在严重的简单相关性。但仅凭简单相关系数的大小尚不能完全诊断多重相关性（李世玲等，2006；徐天蜀等，2007）。为有效探测各光谱和纹理信息间可能存在的多重相关性，可利用方差扩大因子。对象特征 x_i 的方差扩大因子记为 VIF_i，其计算方法为（王松桂等，1999；王惠文，1999；李崇贵等，2001）：

$$\mathrm{VIF}_i=(1-R_i^2)^{-1} \tag{4-44}$$

式中，R_i^2 是以第 i 个对象 x_i 为因变量，以其他对象特征为自变量回归时的复相关系数。

所有 x_i 变量中最大的 VIF_i 通常被用来作为衡量多重相关性的指标。如果最大的 VIF_i 超过 10，就表明多重相关性将严重影响最小二乘回归估计值。事实上，如果有

$$\mathrm{VIF}_i=(1-R_i^2)^{-1}>10 \Rightarrow (1-R_i^2)<0.1 \Rightarrow R_i^2>0.9 \tag{4-45}$$

分析（4-45）式，若发现有光谱和纹理特征的方差扩大因子大于 10，说明对应的对象特征与其他对象特征进行线性回归时，$R_i^2>0.9$。则可认为该对象特征是其他对象特征的近似线性组合，即在各对象特征间存在高度相关的现象。

4.3.5　对象特征筛选结果

在本研究中，采用基于相关系数的选择方法进行对象特征筛选。

由于对象分类是分为林地、造林地两个层进行的，因此，对象特征的筛选也分为林地、造林地进行。经协方差、简单相关性和多重相关性筛选后，各方案保留的用于分类的对象特征见表 4-2。

经筛选后，用于分类的对象特征个数大为减少。方案 0312new 的对象特征由 58 个减少至林地 12 个、造林地 8 个。方案 noTM 和方案 withTM 原各有 130 个对象特征，筛选后只剩余 13～16 个特征，详见表 4-2。在保留的对象特征中，光谱特征（灰度值、标准差）的个数比重较大，但纹理特征也不少，说明在面向对象的图像分析中，光谱信息仍是重要的信息，纹理信息也具有重要作用。在众多纹理特征中，主要保留 GLCM 反差和标准差特征，其余大部分纹理特征，由于方差较小，或者存在相关性，在筛选过程中被剔除。

表 4-2 筛选后用于分类的对象特征*

试验方案	0312new		noTM		withTM	
	林地	造林地	林地	造林地	林地	造林地
灰度值	Brightness B1,B2,B4	Brightness B1,B2,B4 B1,B2,B4,	TM1,TM4, TM5	B1,B2,B4, TM1,TM4, TM5	B1,B3,B4, TM4	B1,B2,B4, TM1,TM4, TM5
标准差	B1,B3		B1,TM1,TM2	B1,TM4	TM2	
GLCM 反差	B1,B4	B4	B1,B4,TM1, TM5	B1,B4,TM5	B4,TM5	B4,TM1,TM4, TM5
GLCM 异质性	B1					
GLCM 熵	B4	B4				
GLCM 标准差	B1,B4	B1,B3	B4,TM5	B4,TM5	B1,B3,B4, TM1,TM3, TM4,TM5	B1,B2,B4, TM3,TM4, TM5
GLDV 对比度					TM3	
特征个数	12	8	15	13	15	16

*注：Brightness 为亮度；B1、B2、B3 和 B4 表示为 SPOT5 图像的第 1、2、3 和 4 波段；TM1、TM2、TM3、TM4 和 TM5 表示为 ETM+图像的第 1、2、3、4 和 5 波段；表中各图层（波段）的特征，如标准差行、林地列中，B1、B3 分别表示 SPOT5 图像第 1、3 波段的标准差。

4.4 结果分析与讨论

4.4.1 对象特征类型

在面向对象的图像分析中，对象特征通常包括光谱特征、形状特征、纹理特征、层次特征、专题特征和全局特征等（Definiens AG, 2006），部分常用特征详见表 4-3。

由于研究区域绝大部分为人工林，森林分布受人为影响极大，斑块面积小，且交错分布，加上地形较为破碎，森林分布缺乏规律性，且林木树冠普遍窄小，又由于 SPOT5 图像的空间分辨率不算太高，因此对象的形状特征不明显，位置特征也无甚意义。本研究虽采用多尺度分割，但用于后续研究的图层只有一层，因此，其层次特征作用有限。在图像分割过程中，未加入专题图层，故也无法考虑专题特征。至于全局特征，同样是意义不大。总之，在本研究中，形状特征、层次特征、专题特征和全局特征等对研究过程和目标作用不大，故在提取对象特征时，只考虑对象的光谱特征和纹理特征。

表 4-3 图像分析常用对象特征

类别	部分常用特征	中文含义
光谱特征	Mean, Brightness, Max. diff, StdDev, Ration	均值，亮度，最大差值，标准差，比值
形状特征	Area, Length/width, Length, Width, Border length, Shape index, Density, Main direction, Asymmetry, Compactness, Elliptic fit, Rectangular fit	面积，长度/宽度，长度，宽度， 边界长度，形状指数，密度， 主要方向，不对称性，紧致度， 椭圆率，矩形率
位置特征	X-center, Y-center	中心横坐标，纵坐标
纹理特征	GLCM Homogeneity, GLCM Contrast, GLCM Dissimilarity, GLCM Entropy, GLCM Angular Second Moment, GLCM Mean, GLCM Standard Deviation GLCM Correlation GLDV Angular Second Moment, GLDV Entropy, GLDV Mean, GLDV Contrast	灰度共生矩阵：同质性，对比度， 异质性，熵， 角二阶矩， 均值，标准差， 相关性 灰度差异向量：角二阶矩， 熵，均值， 对比度
层次特征	Level, Num higher levels, Num sublevels, Num neighbors, Num subobjects	层数，上层个数，下层个数， 邻接对象数，亚对象数
专题特征	Rel. border to class, Border to class, Rel. area of class, Existence of class	指定类型的共有边界率，指定类型共有边界长度， 指定类型面积覆盖率，类型出现度
全局特征	Number of pixels, Number of objects, Number of layers	像元数，对象数， 层数

4.4.2 样本分布

在基于像元的图像分析中，训练样本的光谱分布大多呈正态分布（赵英时，2003），但在面向对象的图像分析中，对象特征并不完全服从正态分布。

在方案 0312new 中，林地、造林地全部 58 个对象特征中，完全服从正态分布、偏度或峰度之一服从正态分布、偏度和峰度均不服从正态分布的特征个数分别为 11，18，29 和 25，21，12。在方案 noTM 中，林地、造林地全部 130 个对象特征中，完全服从正态分布、偏度或峰度之一服从正态分布、偏度和峰度均不服从正态分布的特征个数分别为 48，19，63 和 77，0，53。在方案 withTM 中，林地、造林地全部 130 个对象特征中，完全服从正态分布、偏度或峰度之一服从正态分布、偏度和峰度均不服从正态分布的特征个数分别为 44，55，31 和 94，5，31。方案 noTM 的全部林地和造林地的正态性分布检验结果详见表 4-4。

由表 4-4 可以看出，22 个光谱特征中，林地有 18 个服从正态分布，造林地有 21 个服从正态分布。但 GLCM 反差、GLCM 异质性、GLCM 标准差、GLCM 相关性，以及 GLDV 熵、GLDV 均值、GLDV 反差均不服从正态分布。

对方案 noTM 各样本类型的正态性检验，得到两种十分有趣的情况，一是各样本数据的分布情况与林地、造林地不甚相同；二是各样本类型间的正态性分布也不尽一致，详见图 4-5 和表 4-5。

表 4-4 方案 noTM 正态性分布检验结果

对象特征		特征个数	林地			造林地		
			服从	单一服从	不服从	服从	单一服从	不服从
光谱特征	指数	2	2			2		
	灰度值	11	9	2		11		
	标准差	9	7	1	1	8		1
纹理特征	GLCM 同质性	9	7		2	7		2
	GLCM 反差	9			9			9
	GLCM 异质性	9			9	1		9
	GLCM 熵	9	6	2	1	9		
	GLCM 角二阶矩	9	7	2		7		2
	GLCM 均值	9	5	4		9		
	GLCM 标准差	9		2	7	4		5
	GLCM 相关性	9			9			9
	GLDV 角二阶矩	9	4	2	3	9		
	GLDV 熵	9	1	4	4	9		
	GLDV 均值	9			9	1		8
	GLDV 对比度	9			9			9
特征个数		130	48	19	63	77		54

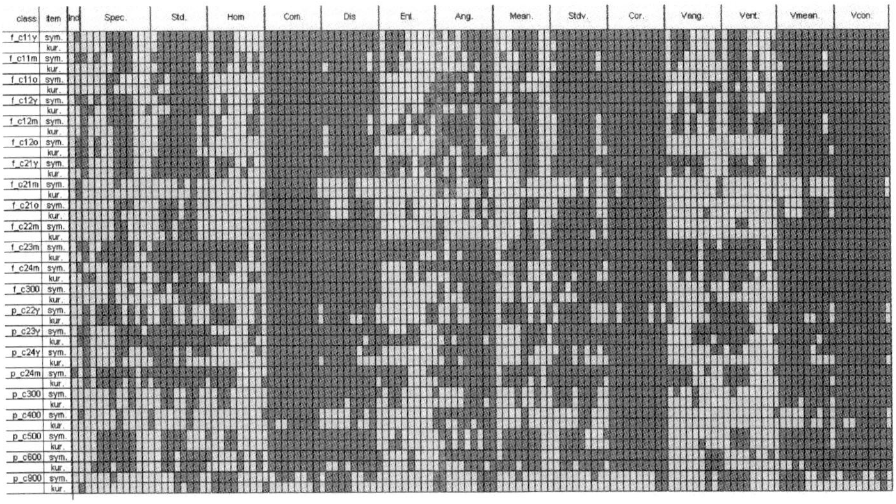

图 4-5 方案 noTM 各样本类型正态性分布检验结果

注：绿色/蓝色表示偏度或峰度在 0.05/0.100 水平上服从正态分布，红色表示偏度或峰度在 0.10 水平上不服从正态分布

由表 4-5 和图 4-5 可以看出，除少数类型外，大多数类型的 GLCM 反差、GLCM 异质性、GLCM 标准差、GLCM 相关性和 GLDV 均值、GLDV 反差的偏度和峰度均在 0.10 水平上不服从正态分布。大多数林地各样本类型的标准差、GLCM 角二阶矩的偏度和峰度也在 0.10 水平上不服从正态分布。相对而言，指数、光谱值、GLCM 一致性、GLCM 熵、GLCM 均值、GLDV 角二阶矩、GLDV 熵大多数服从正态分布。

表 4-5 方案 noTM 各样本类型正态性分布检验结果

特征	项目	f_c11y	f_c11m	f_c11o	f_c12y	f_c12m	f_c12o	f_c21y	f_c21m	f_c21o	f_c22m	f_c23m	f_c24m	f_c300	p_c22y	p_c23y	p_c24y	p_c24m	p_c300	p_c400	p_c500	p_c600	p_c900
指数	服从	1	1	2	1	2	1	1	1	2	2	1		2	2	1	2	1	2	1	2	2	1
	单一服从	1	1		1			1				1						1		1			1
	不服从						1		1							1							
光谱	服从	7	6	8	4	7	7	7	10	8	9	2	6	8	5	4	7	2	9	9	5	4	10
	单一服从		2	1	3	1			1	2		3	3	2		1	2	2				2	1
	不服从	4	3	2	4	3	4	4		1	2	6	2	1	6	6	2	7	2	2	6	5	
标准差	服从	1	1	1	1	2	2		7	4	4			1	6		2		5	8	4	2	5
	单一服从		1	1	2		1		1		1		4	3			3	1			1	1	1
	不服从	8	7	7	6	7	6	9	1	5	4	9	5	5	3	9	4	8	4	1	4	6	3
GLCM一致性	服从	6	4	9	7	6	9	4	8	9	9	2	4	8	4	4	8	4	7	8	7	7	4
	单一服从		1					3	1				3	1		4	1	1		1			1
	不服从	3	4		2	3		2				7	2		5	1		4	2		2	2	4
GLCM反差	服从								1						1					1			4
	单一服从																1			2			4
	不服从	9	9	9	9	9	9	9	8	9	9	9	9	9	8	9	8	9	9	6	9	9	1
GLCM异质性	服从		1			1	1		8	4					1		1			6	1		3
	单一服从		1			1	1								2	1	3	1	2	1		3	2
	不服从	9	7	9	9	7	7	9	1	5	9	9	9	9	6	8	5	8	7	2	8	6	4
GLCM熵	服从	6	6	8	6	3	9	2	9	8	9		5	9	7	3	9	3	6	8	7	8	8
	单一服从		1	1	1	3		3				3	2			3		2	1		1		
	不服从	3	2		2	3		4		1		6	2		2	3		4	2	1	1	1	1

（续）

特征	项目	f_c11y	f_c11m	f_c11o	f_c12y	f_c12m	f_c12o	f_c21y	f_c21m	f_c21o	f_c22m	f_c23m	f_c24m	f_c300	p_c22y	p_c23y	p_c24y	p_c24m	p_c300	p_c400	p_c500	p_c600	p_c900
GLCM 角二阶矩	服从	2	3	1		1	1	2	3	6	7	1		2	4				4		3		5
	单一服从	2	3	1	4		3		3		1	1	2	1		3	2		1	3	1	4	
	不服从	5	3	7	5	8	5	7	3	3	1	7	7	6	5	6	7	9	4	6	5	5	4
GLCM 均值	服从	5	5	7	3	5	5	6	8	6	7	2	5	7	3	5	7	2	7	8	3	2	8
	单一服从		1	1	2	1			1	2		2	2	1			1	1				2	1
	不服从	4	3	1	4	3	4	3		1	2	5	2	1	6	4	1	6	2	1	6	5	
GLCM 标准差	服从		1			2	2		7	3	1		1	1	4		3		3	7	4	1	8
	单一服从	1	1				1	1			1		3	2			3	1			1	2	1
	不服从	8	7	9	9	7	6	8	2	6	7	9	5	6	5	9	3	8	6	2	4	6	
GLCM 相关性	服从								2						3								7
	单一服从																						
	不服从	9	9	9	9	9	9	9	7	9	9	9	9	9	6	9	9	9	9	9	9	9	2
GLDV 角二阶矩	服从	5	6	7	5	5	9	3	8	8	9	1	2	7	5	4	7	4	7	9	8	6	7
	单一服从		2	2	1			2		1		1	2	2	1	1	2	1	1		1		
	不服从	4	1		3	4		4	1			7	5		3	4		4	1			3	2
GLDV 熵	服从	5	5	5	5	3	9	3	9	9	7	2	2	7	3	3	7	4	8	8	6	7	5
	单一服从	1		1				1			2		4	2		2	2	1	1	1		2	
	不服从	3	4	3	4	6		5				7	3		6	4		4			3		4
GLDV 均值	服从		1			1	1		8	4					1		1			6	1		3
	单一服从		1			1	1								2	1	3	1	2	1		3	2
	不服从	9	7	9	9	7	7	9	1	5	9	9	9	9	6	8	5	8	7	2	8	6	4
GLDV 反差	服从								1						1					1			4
	单一服从																1			2			4
	不服从	9	9	9	9	9	9	9	8	9	9	9	9	9	8	9	8	9	9	6	9	9	1

4.4.3　对象特征筛选方法

在本研究中，三个试验方案提取的特征信息个数分别为58，130和130个。协方差分析结果表明，很多对象特征间存在着高度相关。分类器运行试验的结果表明：一是Bayes准则和马氏距离分类器由于协方差矩阵为病态矩阵而无法运算；二是分类精度普遍很低；三是由于计算量大而速度很慢。

关于对象特征筛选方法的研究，已经做了大量的研究工作，提出了很多先进的方法。本研究采用对象特征间的简单相关性和多重相关性两步筛选方法，先通过相关矩阵进行简单相关性筛选，然后再作多重相关性筛选。这种方法具有如下特点：①筛选后的对象特征保持原有含义不变，具有明确的定义；②保留的对象特征间相互独立，已不存在紧密的相关关系，可用于各种参数分类器；③方法简单，运行时间短。

在对象特征筛选过程中，另一个值得关注的问题的对象特征的方差问题。一般认为，方差越大，所包含的信息量越大（赵英时等，2003），当方差很小时，即使不存在简单相关性和多重相关性，但由于所包含的信息量很小，也应予以剔除。本研究中，剔除了全部方差小于1.0的对象特征。

经过筛选保留的对象特征中，GLCM反差和GLCM熵也不服从正态分布，后面的研究表明，并不影响这些对象特征在参数分类器的应用。

4.5　本章小结

（1）在人工林区，形状特征、层次特征、专题特征和全局特征等信息，不是因为无实际意义，就是因为难以考虑，因此，在进行森林分类研究中，光谱特征和纹理特征是最有价值的对象特征。

（2）采用动差法对所提取的对象特征进行正态分布性检验，结果表明，大部分不服从正态分布。

（3）采用方差、简单相关性和多重相关性进行对象特征筛选后，可剔除大部分对象特征，并使对象特征保持原有含义不变、相互独立和具有一定的信息量，为后续应用分类器分类提供可靠保证。

参考文献

安琼，杨邦杰，郭琳．2008. 面向对象的多光谱特征遗传选优方法．农业工程学报，24（4）：181～185.

李崇贵，赵宪文，斯林，等．2001. 用岭估计研究以RS和GIS为基础的森林郁闭度估测．林业科学，37（5）：24～30.

李世玲，张富堂．2006. 一种新的回归变量选择方法．计算机应用与软件，23（5）：113～115.

林辉．2005. 基于多特征的高分辨率遥感图像分类技术研究．长沙：中南林学院博士学位论文.

贾世楼．2001. 信息论理论基础．哈尔滨：哈尔滨工业大学出版社.

苏红军，杜培军，盛业华．2008. 高光谱影像波段选择算法研究．计算机应用研究，25（4）：1093～1096.

王长耀，刘正军，颜春燕．2006. 成像光谱数据特征选择及小麦品种识别实验研究．遥感学报，10（3）：249～255.

王惠文．1999. 偏最小二乘回归方法及其应用．北京：国防工业出版社.

王松桂，陈敏，陈立萍．1999. 线性统计模型线性回归与方差分析．北京：高等教育出版社，1999.

徐天蜀，张王菲，岳彩荣．2007. 基于 PCA 的森林生物量遥感信息模型研究．生态环境，16（6）：1759～1762.

游先祥，李福林，王化昌，等．1995. 森林资源调查、动态监测、信息管理．北京：中国林业出版社.

杨诸胜，郭雷，罗欣，等．2006. 一种基于主成分分析的高光谱图像波段选择算法．微电子学与计算机，23（12）：72～74.

赵英时等．2003. 遥感应用分析原理与方法．北京：科学出版社.

DEFINENS AG. 2006. Definens Professional 5 reference book. V5. 0. 6. 1.

MAUSEL P W, KRAMVER W J, LEE J K. 1990. Optimum band selection for supervised classification of multi-spectral data. *Photogrammetric Engineering and Remote Sensing*, 56: 55～60.

PRICE K P, GUO X, STILES J M. 2002. Optimal Landsat TM band combinations and vegetation indices for discrimination of six grassland types in eastern Kansas. *International Journal of Remote Sensing*, 23: 5031～5042.

RICHARDS J A. 1995. Remote sensing digital image analysis（2nd ed）. Berlin: Springer-Verlag, 245～253.

YU Q, GONG P, CLINTON N, *et al.* 2006. Object-based detailed vegetation classification with airborne high spatial resolution remote sensing imagery. *Photogrammetric Engineering and remote sensing*, 72（7）: 799～811.

第 5 章

面向对象的多分类器分类

在第 3 章采用基于规则的分类方法中，全部图像对象已经分为林地、造林地、水体和主要道路 4 个类型，其中水体和主要道路的分类和信息提取已经完成，并在此基础上针对林地和造林地进行了第二次分割，因此本章针对第二次分割的图像，继续研究林地和造林地的进一步分类。

图像分类是由图像生成专题图（Thematic map）的过程。专题图表示地球表面地物（Earth surface features）的空间分布（曾志远，2004）。遥感图像分类方法很多，这些方法从不同的出发点可归为不同的类型，在本研究中，采用监督分类方法，试图通过参数分类器、非参数分类器和模糊分类器等多个多种分类器，探讨适用于研究区域 SPOT5 图像森林分类的理论技术方法。

5.1 分类方案确定

在常规森林资源监测中，尤其是在森林资源规划设计调查中，森林分类主要依据森林/土地的覆盖特性结合现实利用方式进行。根据国家林业局 2003 年 4 月颁发的《森林资源规划设计调查主要技术规定》，小班划分考虑 10 个基本条件：①权属不同；②森林类别及林种不同；③生态公益林的事权与保护等级不同；④林业工程类型不同；⑤土地类型不同；⑥林木起源不同；⑦优势树种（组）比例相差二成以上；⑧Ⅵ龄级以下相差一个龄级，Ⅶ龄级以上相差二个龄级；⑨商品林郁闭度相差≥0.20，公益林相差一个郁闭度等级，灌木林相差一个覆盖度等级；⑩立地类型（或林型）不同。在一般遥感图像分析中，若没有内容丰富、空间表现细致的辅助材料，如森林/土地利用规划图、森林分类区划界定图、林业工程规划设计图等，是难以根据上述小班划分条件进行森林分类的。因此，遥感图像分类一般都是根据地表地物覆盖特性进行分类。

对研究区域 2004 年森林资源规划设计调查材料进行分析，并经实地考察论证发现，在基于规则分类得到的结果中，造林地不仅包括严格意义的宜林荒山荒地，而且还包含了大量的森林。这些森林具有如下特点：一是树龄小、冠幅窄小、郁闭度低；二是森林经营强度较高，普遍进行铲草等，林下无灌木层、草本层存在，林地裸露。因此，这些林地反射率较高，其光谱和纹理特征与荒山荒地十分接近，故在进行基于规则的分类时，两者均分为一个类型。

根据研究区域森林结构状况，通过预研究反复试验，确定采用三级分类体系进行分类，分类方案见表 5-1。第三级分类以龄组为基础，共分为 22 个类型，其中 1 ~ 13 类属于林地，14 ~ 22 类属于造林地；第二级分类以树种为基础，共分为 15 个类型，其中 1 ~ 7 类属于林地，8～15 类属于造林地；第一级分类以森林类型为基础，共分为 9 个类型，其中 1～3 类属于林地，4～9 类属于造林地。类型代码中以 f 开头者属于林地，以 p 开头者为造林地。

表 5-1 分类方案和类型表

一级类型		二级类型		三级类型		年龄（年）
1. 针叶林	f_ c1	1. 杉木	f_ c11	1. 杉木幼林	f_ c11y	≤10
				2. 杉木中龄林	f_ c11m	11～20
				3. 杉木成林	f_ c11o	≥21
		2. 松树	f_ c12	4. 松幼林	f_ c12y	≤10
				5. 松中龄林	f_ c12m	11～20
				6. 松成林	f_ c12o	≥21
2. 阔叶树	f_ c2	3. 阔叶树	f_ c21	7. 阔叶树幼林	f_ c21y	≤10
				8. 阔叶树中龄林	f_ c21m	11～20
				9. 阔叶树成林	f_ c21o	≥21
		4. 桉树	f_ c22	10. 桉树成林	f_ c22m	≥2
		5. 相思	f_ c23	11. 相思成林	f_ c23m	≥2
		6. 八角	f_ c24	12. 八角成林	f_ c24m	≥4
3. 竹林	f_ c3	7. 竹林	f_ c30	13. 竹林	f_ c300	
4. 阔叶树	p_ c2	8. 桉树	p_ c22	14. 桉树幼林	p_ c22y	1
		9. 相思	p_ c23	15. 相思幼林	p_ c23y	1
		10. 八角	p_ c24	16. 八角幼林	p_ c24y	≤3
				17. 八角成林	p_ c24m	≥4
5. 竹林	p_ c3	11. 竹林	p_ c30	18. 竹林	p_ c300	
6. 果木林	p_ c4	12. 果木林	p_ c40	19. 果木林	p_ c400	
7. 灌木林	p_ c5	13. 灌木林	p_ c50	20. 灌木林	p_ c500	
8. 宜林地	p_ c6	14. 宜林地	p_ c60	21. 宜林地	p_ c600	
9. 农用地	p_ c9	15. 农用地	p_ c90	22. 农用地	p_ c900	

由上述分类方案可以看出，造林地包括桉树、相思幼林、八角幼林和成林、竹林、果木林、灌木林、宜林地和农用地，其中桉树、相思幼林为当年造林，至图像成像时生长期仅为 6 个月左右，树高约 2 m，冠幅 1 m 左右，郁闭度约为 0.3 左右，由于冠幅小，且为全垦整地，林木植被稀少，大量太阳辐射直接照射到地面，林地反射率较高，在 R/G/B＝4/2/1 图像上表现为较高亮度，B1 波段灰度值小。八角林、竹林和果木林栽植密度较小，一般只有 600 株/hm^2，加上一般年年铲草、施肥，林下地被物少，且普遍林龄较小，因此林地反射率也较高。灌木林实际是灌丛，植株矮小、稀疏。总之，造林地中的森林，由于林地反射率高，在 R/G/B＝4/2/1 遥感图像上均表现为较高亮度，B1 波段灰度值较小，其光谱和纹理与裸露土地相差不大，在第 4 章进行基于规则的分类时，均分为一个类型。

5.2 训练样地选取

对第二次分割后得到的各试验方案的图像，根据 2004 年森林资源规划设计调查成果材料，以对象为单元，按第三级分类的类型，分别选取训练样本（表 5-2）。原则上要做到训练样本分布均匀且有代表性，每个类型不少于20个样本。

表5-2　各方案的训练样地数量

三级分类名称	0312new	noTM	withTM
1. 杉木幼林（f_ clly）	26	66	68
2. 杉木中龄林（f_ cllm）	68	56	57
3. 杉木成林（f_ cllo）	28	41	38
4. 松幼林（f_ cl2y）	47	59	62
5. 松中龄林（f_ cl2m）	41	43	65
6. 松成林（f_ cl2o）	34	32	39
7. 阔叶树幼林（f_ c2ly）	49	61	66
8. 阔叶树中龄林（f_ c2lm）	31	34	31
9. 阔叶树成林（f_ c2lo）	35	32	29
10. 桉树成林（f_ c22m）	32	29	22
11. 相思成林（f_ c223）	92	98	102
12. 八角成林（f_ c24m）	104	112	98
13. 竹林（f_ c300）	44	47	37
14. 桉树幼林（p_ c22y）	29	22	23
15. 相思幼林（p_ c23y）	73	63	66
16. 八角幼林（p_ c24y）	46	54	52
17. 八角成林（p_ c24m）	38	78	81
18. 竹林（p_ c300）	36	38	40
19. 果木林（p_ c400）	42	42	46
20. 灌木林（p_ c500）	33	32	30
21. 宜林地（p_ c600）	82	84	86
22. 农用地（p_ c900）	20	18	21
合 计	1030	1141	1159

训练样本的选择是监督分类的关键。一般认为，训练样本必须是均质的，不能含有其他类别，也不能是和其他类别之间的边界或混合像元；其形状和位置必须同时在图像和实地（或其他参考图）容易识别和定位（赵英时，2003）。

虽然在训练样本选择过程中，遵循了上述原则，但分析发现，所选取的训练样本中，少量样地的对象特征变异太大，为此，需对训练样本进行筛选。

训练样本筛选采用标准差法进行。其方法如下：

设某类别训练样地各个对象特征的均值向量为 $\bar{X}=(\bar{x}_1,\ \bar{x}_2,\ \cdots,\ \bar{x}_n)^T$，其相应的标准差 $Std=(std_1,\ std_2,\ \cdots,\ std_n)^T$，对于某一训练样本 $X=(x_1,\ x_{,2},\ \cdots,\ x_n)^T$，若

$$|x_i-\bar{x}_i|>k\cdot std_i,\quad \forall i\ (i=1,\ 2,\ \cdots,\ n) \tag{5-1}$$

则剔除该样本。式中 k 为常数，一般取 $k=2.0$，即取2倍标准差，对于个别特征，视其变异情况和样本数量的多少，可适当调整标准差的倍数。如有一些对象特征，如GLCM反差，变动系数很大。当某一类型的样本很多时（本研究中一些类型的训练样本达50个），由于不需如此多的样本，此时取 $k=1.0$ 或 1.5。反之，若训练样本不多（一些类型只有30个左右），为保证剔除后样本个数不至于太少，此时取 $k=2.5$ 或 3.0。有一些对象特征，如GLCM同质性，变动系数很小，若用2倍标准差进行剔除，无法取得良好效果，此时取 $k=1.0$ 或 1.5。

5.3 最小距离分类器

5.3.1 原理与方法

最小距离分类法（Minimum distance）是最基本的监督分类方法之一。首先利用训练样本数据计算每一类别的均值向量及标准差（均方差）向量，然后以均值向量作为该类别在特征空间中的中心位置，计算待分类图像中每个对象到各中心的距离。线性分类器中重要的一类是用输入模式与特征空间作为模板的点之间的距离作为分类准则。当用距离作为相似度时，距离越小，相似度越大；距离越大，相似度越小。

对于 n 个对象特征向量（因子），第 i 个对象和第 j 个对象的特征向量为：

$$x_i = [x_{1i}, x_{2i}, \cdots, x_{ni}]^T \quad x_j = [x_{1j}, x_{2j}, \cdots, x_{nj}]^T \tag{5-2}$$

共分为 p 类，各类别的特征向量均值分别为 $M_1, M_2, \cdots, M_p$

$$M_i = [m_1, m_2, \cdots, m_n]^T \quad m_j = \frac{1}{n}\sum_{k=1}^{n} x_{kj} \tag{5-3}$$

其标准差（均方差）分别为 $\sigma_1, \sigma_2, \cdots, \sigma_p$

$$\sigma_i = [\sigma_1, \sigma_2, \cdots, \sigma_n]^T \quad \sigma_j = \frac{1}{n}\sum_{k=1}^{n} (x_{kj} - m_j) \tag{5-4}$$

第 j 个对象与第 i 类的特征向量均值的欧氏距离和绝对距离分别为

$$\text{欧氏距离}: D_j = \sqrt{\sum_{i=1}^{p} (x_i - M_{ij})^2} \tag{5-5}$$

$$\text{绝对距离}: D_j = \sum_{i=1}^{p} |x_i - M_{ij}| \tag{5-6}$$

显然，若 $D_l < D_i$（$i=1, 2, \cdots, p$; $i \neq l$），则该对象属于 l 类。

不同类别的对象特征值的变化范围即其方差的大小是不同的，不能简单地用对象到类中心的距离来划分对象的归属。此外，自然地物类别的点群分布不一定是圆形或球形的，即在不同方向上半径是不同的，因而距离的量度在不同方向上应有所差异。考虑以上的因素，可对距离分类法进行如下的改进，以期提高分类的精度。

$$\text{改进欧氏距离}: D_j = \sqrt{\sum_{i=1}^{p} (x_i - M_{ij})^2 / \sigma_{ij}^2} \tag{5-7}$$

$$\text{改进绝对距离}: D_j = \sum_{i=1}^{p} |x_i - M_{ij}| / \sigma_{ij}^2 \tag{5-8}$$

其中，σ_{ij}为第 i 对象特征的标准差。也可以用 σ_{ij}来代替上式中的 σ_{ij}^2，或者用其他加权方法。本章研究采用式（5-5）进行分类。

5.3.2 结果与分析

用训练样本作为验证样地，采用混淆矩阵法计算分类精度，得到附表 1 至附表 3 的三个方案的最小距离分类器的混淆矩阵。将三个方案的总体分类精度和 Kappa 系数进行归纳，得到表 5-3。

表 5-3 各方案最小距离分类器总体精度

试验方案	0312new		noTM		withTM	
	精度(%)	Kappa 系数(%)	精度(%)	Kappa 系数(%)	精度(%)	Kappa 系数(%)
第三级分类	35.71	31.60	31.76	28.23	31.06	27.45
第二级分类	39.32	39.31	40.14	40.13	37.78	37.78
第一级分类	62.04	62.03	59.77	59.77	59.50	59.50

由表 5-3 可以看出，最小距离分类器的分类精度较低。在三个方案中，第三级、第二级和第一级分类最高精度分别为 35.71%、40.14% 和 62.04%，其中方案 0312new 的总体精度最高，方案 noTM 和方案 withTM 的总体精度接近，后者略低。显然，这样的分类精度表明，最小距离分类器的效果很不理想。

分析各方案的混淆矩阵，除少数几个类型外，绝大多数类型的生产者精度均低于 50%，个别甚至低于 10%。显然，仅通过均值向量和标准差难以解决结构复杂、分布破碎的森林分类问题。

进一步分析发现，林地 13 个类型中，大多数类型都与 f_ c22m（桉树成林）、f_ c23m（相思成林）和 f_ c24m（八角成林）三个类型混淆，无法有效分离。究其原因，主要是 f_ c22m 和 f_ c23m 两个类型的林木年龄小，林木生长茂盛，林冠层反射强，光谱和纹理特征接近，加上 f_ c23m 和 f_ c24m 所占面积较大，森林郁闭度、林分高度等状况差异较大，因此其光谱和纹理特征变化较大，表现为样本方差较大，详见表 5-4。

造林地各个类型之间也都无法有效分离，主要原因是它们的地面覆盖特征近似，大多表现为土壤近似裸露或裸露，反射强烈，因此各类型的光谱和纹理特征的变动都较大，见表 5-5。

表 5-4 方案 noTM 林地样本统计特征*

类型	统计量	b1	b2	b4	tm1	tm4	tm5	std_b1	std_tm2	con_b1	con_b4	con_tm1	con_tm5	stdd_b4	stdd_tm5
f_c11y	均值	3.58	-2.47	-9.27	-3.97	-0.59	-14.66	-2.19	-0.89	-30.25	-28.88	-16.67	-30.83	-2.86	-3.35
	标准差	15.50	2.71	1.89	4.82	7.75	7.21	1.24	0.46	1.69	0.98	0.25	5.46	0.68	1.40
f_c11m	均值	-9.49	0.02	-8.35	-7.52	-8.11	-18.23	-2.14	-0.82	-30.40	-28.74	-16.64	-29.95	-3.03	-3.03
	标准差	14.01	3.07	1.88	2.43	8.24	6.57	1.00	0.60	1.64	0.85	0.23	6.01	0.59	1.57
f_c11o	均值	-13.67	-1.56	-7.24	-9.27	-10.46	-17.13	-1.76	-1.08	-27.84	-27.53	-16.57	-29.63	-2.83	-3.53
	标准差	14.84	3.95	1.30	2.76	7.66	6.76	1.01	0.30	2.47	0.95	0.32	5.43	0.55	1.16
f_c12y	均值	-0.05	-4.44	-8.51	-8.69	0.44	-12.62	-1.92	-0.94	-29.41	-28.31	-16.67	-30.44	-2.62	-3.15
	标准差	15.43	3.21	1.68	2.71	7.56	6.55	1.24	0.49	2.21	1.21	0.27	6.21	0.67	1.76
f_c12m	均值	-2.91	-1.14	-8.40	-3.32	-4.58	-16.49	-2.41	-1.18	-30.24	-28.66	-16.61	-32.15	-3.14	-3.88
	标准差	9.06	2.74	1.72	6.45	5.49	5.30	1.15	0.34	1.75	0.77	0.29	5.01	0.44	1.66
f_c12o	均值	-6.39	-2.82	-7.52	-8.87	-3.02	-13.24	-1.72	-0.95	-27.78	-27.22	-16.74	-28.24	-2.75	-2.70
	标准差	13.15	3.86	1.89	3.14	10.32	8.68	1.09	0.56	1.93	1.50	0.16	7.74	0.54	1.93
f_c21y	均值	19.97	-10.76	-4.69	-8.10	11.65	1.98	-0.93	-1.06	-24.89	-27.19	-16.67	-22.77	-2.23	-2.09
	标准差	13.53	4.54	1.92	2.83	11.93	8.85	1.37	0.43	3.57	1.22	0.26	8.37	0.62	1.62
f_c21m	均值	6.66	-5.20	-5.25	-6.81	3.97	-3.88	-1.19	-0.79	-26.14	-26.61	-16.55	-28.67	-2.32	-3.02
	标准差	12.84	3.56	3.58	2.64	6.39	9.05	1.52	0.55	3.49	1.71	0.39	8.72	0.76	2.24

（续）

类型	统计量	b1	b2	b4	tm1	tm4	tm5	std_b1	std_tm2	con_b1	con_b4	con_tm1	con_tm5	stdd_b4	stdd_tm5
f_c21o	均值	1.05	-5.62	-7.46	-10.18	-2.54	-10.88	-0.53	-0.96	-23.87	-26.49	-16.63	-29.04	-2.50	-3.43
	标准差	21.61	5.99	1.99	1.30	10.62	9.56	1.38	0.45	4.06	1.30	0.32	5.75	0.50	1.66
f_c22m	均值	6.86	-4.78	-6.23	-6.98	4.82	-4.92	-1.78	-0.91	-27.93	-26.42	-16.65	-25.08	-1.74	-1.93
	标准差	19.56	4.92	3.25	1.31	10.80	9.27	1.64	0.68	3.26	2.53	0.28	13.01	1.10	2.98
f_c23m	均值	25.58	-5.59	-14.05	-5.79	11.39	-14.77	-1.65	-1.09	-29.31	-28.42	-16.66	-29.29	-2.51	-2.67
	标准差	16.00	3.70	3.33	3.82	8.41	7.54	1.30	0.44	1.96	1.32	0.25	7.00	0.85	1.99
f_c24m	均值	10.19	-5.84	-2.61	-7.30	10.23	1.60	-1.19	-0.62	-28.54	-27.21	-16.65	-28.23	-1.70	-2.68
	标准差	20.94	4.82	3.26	2.52	11.69	10.52	1.35	0.54	1.98	1.68	0.26	7.05	1.04	2.06
f_c300	均值	9.04	-8.02	1.69	-5.62	9.82	11.11	-1.51	-0.81	-27.16	-24.76	-16.70	-25.08	-1.71	-1.77
	标准差	10.51	3.97	3.10	3.25	6.64	6.39	1.19	0.49	2.42	2.50	0.24	7.93	1.01	2.47

*注：表中对象特征为标准化后的数据。Mean 为均值统计量，std 为标准差统计量；b1、b2、b4 分别表示 SPOT5 图像的第 1、2、4 波段的灰度值，tm1、tm4、tm5 分别表示 ETM+图像的第 1、4、5 波段的灰度值；std_ b1 表示 SPOT5 图像第 1 波段的标准差，con_ b4 表示 SPOT5 图像第 4 波段的 GLCM 反差；stdd_ b4 表示 SPOT5 图像第 4 波段的 GLCM 标准差；其余类同。

表 5-5 方案 noTM 造林地样本统计特征

类型	统计量	b1	b2	b4	tm1	tm4	tm5	std_ b1	std_ tm4	con_ b1	con_ b4	con_ tm5	stdd_ b4	stdd_ tm5
p_ c22y	均值	11.49	-4.94	2.48	-6.04	10.35	13.61	0.71	1.76	-18.62	-19.08	-11.42	0.30	0.48
	标准差	25.03	7.67	7.10	1.86	15.00	11.13	2.08	2.73	20.43	10.44	17.71	2.51	3.19
p_ c23y	均值	-26.46	19.02	25.83	7.07	-8.49	39.23	0.73	0.16	-23.43	-14.50	-0.11	2.26	4.49
	标准差	12.74	9.77	11.15	10.90	9.12	17.85	1.96	1.90	4.82	8.71	24.34	1.76	4.34
p_ c24y	均值	-20.62	9.60	20.95	1.00	-3.80	26.70	0.90	1.14	-24.54	-17.95	-6.10	1.79	2.95
	标准差	23.91	9.23	10.70	6.27	19.02	14.16	1.90	2.15	5.34	8.32	18.41	1.94	3.41
p_ c24m	均值	0.42	-2.42	5.25	-6.20	7.43	10.22	1.38	1.01	-24.13	-19.52	-15.98	0.99	1.06
	标准差	13.64	4.37	6.09	2.47	8.23	10.29	1.58	1.55	4.44	7.09	14.15	1.75	2.99
p_ c300	均值	12.18	-7.43	4.40	-4.65	11.84	17.22	1.35	1.69	-25.09	-22.13	-14.16	0.18	2.06
	标准差	14.65	5.12	2.78	2.48	9.14	9.22	1.67	2.10	3.72	4.59	14.37	1.79	3.07
p_ c400	均值	-13.78	6.39	13.06	-3.44	-0.92	21.25	1.99	1.27	-20.34	-10.98	8.92	2.94	5.21
	标准差	15.65	5.66	9.70	2.56	7.67	16.38	1.90	1.29	6.70	11.64	22.58	2.52	4.07
p_ c500	均值	18.00	-9.22	5.82	-6.03	12.99	22.17	2.96	1.22	-15.12	-11.32	-2.22	1.04	1.68
	标准差	16.99	7.90	3.88	4.22	11.97	12.81	3.23	2.09	12.01	12.88	28.12	2.53	3.51
p_ c600	均值	-9.78	1.95	13.34	-2.47	-0.07	22.66	1.74	0.97	-22.29	-15.29	-9.33	1.83	2.93
	标准差	18.48	6.05	8.37	5.43	11.98	14.51	1.98	1.81	5.11	9.09	13.12	1.98	3.07
p_ c900	均值	3.29	3.78	9.50	6.32	1.83	17.47	2.14	0.26	13.12	10.81	18.03	2.25	3.06
	标准差	12.70	7.48	5.84	11.00	9.92	13.71	2.09	1.25	49.48	37.94	41.12	1.95	2.92

注：表中对象特征为标准化后的数据

5.4 马氏距离分类器

5.4.1 原理与方法

欧氏距离代表了特征空间中以各类别中心为原点的圆域范围，这种距离没有考虑样本数据的离散情况。因此，直接利用欧氏距离具有明显的缺陷：

（1）不同类别的灰度值（或其他特征）的变化范围即方差的大小是不同的，不能简单地用像元到中心的距离划分像元的归属（钱乐祥，2004）。

（2）自然地物类别的点群分布不一定是圆形的或者球形的，即在不同方向上半径不同，因而距离的度量在不同方向上也应有所区别。

考虑到以上因素，结合同一类别样本数据点分布的离散情况以及不同类别样本点数据分布的离散情况，在多元统计分析中，常采用马氏距离（Mahalanobis distance）来判别一个样本点的归属。

马氏距离是由印度统计学家 P. C. Mahalanobis 提出的，表示数据的协方差距离。它是一种有效的计算两个未知样本集相似度的方法。与欧氏距离不同的是它考虑了各种特征之间的联系，并且是尺度无关的（Scale-invariant），即独立于测量尺度。

设有一组多变量向量 $x=(x_1, x_2, \cdots, x_p)^T$，其均值为 $\mu=(\mu_1, \mu_2, \cdots, \mu_p)^T$，协方差矩阵为 $\sum(\sigma_{ij})_{p\times p}$。其中 $\sigma_{ij}=\frac{1}{n-1}\sum_{a=1}^{n}(x_{ai}-\bar{x}_j)(x_{ai}-\bar{x}_j), i, j=1,2,\cdots,p$；$\bar{x}_i=\frac{1}{n}\sum_{a=1}^{n}x_{ai}$；$\bar{x}_j=\frac{1}{n}\sum_{a=1}^{n}x_{aj}$。其马氏距离为：

$$d_{ij}^2(M)=(x_i-x_i)'\sum{}^{-1}(x_i-x_j) \tag{5-9}$$

马氏距离也可以定义为两个服从同一分布并且其协方差矩阵为 $\sum$ 的随机变量 $\vec{x}$ 与 $\vec{y}$ 的差异程度：

$$d(\vec{x},\vec{y})=\sqrt{(\vec{x}-\vec{y})^T\sum{}^{-1}(\vec{x}-\vec{y})} \tag{5-10}$$

如果协方差矩阵为单位矩阵，那么马氏距离就简化为欧氏距离，如果协方差矩阵为对角阵，则其也可称为正规化的欧氏距离：

$$d(\vec{x},\vec{y})=\sqrt{\sum_{i=1}^{p}\frac{(x_i-y_i)^2}{\sigma_i^2}} \tag{5-11}$$

其中，σ_i是 x_i 的标准差。

马氏距离既排除了各指标之间相关性的干扰，且不受各指标量纲的影响。除此之外，它还有一些优点，如可以证明，将原数据作线性变换后马氏距离仍不变等。

5.4.2 结果与分析

用训练样本作为验证样地，采用混淆矩阵法计算分类精度，得到附表4至附表6的三个方案的马氏距离分类器的混淆矩阵。将三个方案的总体分类精度和Kappa系数进行归纳，得到表5-6。

表5-6 各方案马氏距离分类器总体分类精度

试验方案	0312new		noTM		withTM	
	精度(%)	Kappa系数(%)	精度(%)	Kappa系数(%)	精度(%)	Kappa系数(%)
第三级分类	63.05	60.13	71.94	69.74	65.45	63.03
第二级分类	65.17	65.16	74.23	74.23	69.68	69.68
第一级分类	74.06	74.05	80.46	80.46	78.95	78.95

显然，与最小距离分类器相比，马氏距离分类器的分类精度有了明显的提高。三个方案的第三级分类精度分别提高了 27.34 个百分点、40.18 个百分点和 34.39 个百分点，第二级分类精度分别提高了 28.85 个百分点、34.09 个百分点和 31.90 个百分点，第一级分类精度分别提高了 12.02 个百分点、20.69 个百分点和 19.45 个百分点。

对各方案的最小距离分类器和马氏距离分类器的混淆矩阵分别进行比较，可以看出，在马氏距离分类器中，各类型间的可分离性有了明显的提高。以方案 noTM 为例，在最小距离分类器中，林地各类型的分离性普遍很差，尤其与 f_ c21m、f_ c22m、f_ c24m 的分离性更差。在造林地中，各类型普遍与 p_ c22y、p_ c400、p_ c500、p_ c600、p_ c900 难以准确分离。上述现象在马氏距离分类器中得到较大的改善，林地各类只与 f_ c24m 的分离性不好，造林地各类型只与 p_ c400、p_ c600 的分离性不好。

进一步分析还发现，与最小距离分类器（MinD）相比，马氏距离分类器（MahD）的稳定性有了明显的提高（图 5-1）。表现为：①各方案间的总体分类精度和 Kappa 系数差异变小；②各类型间的生产者精度变动幅度明显减小。

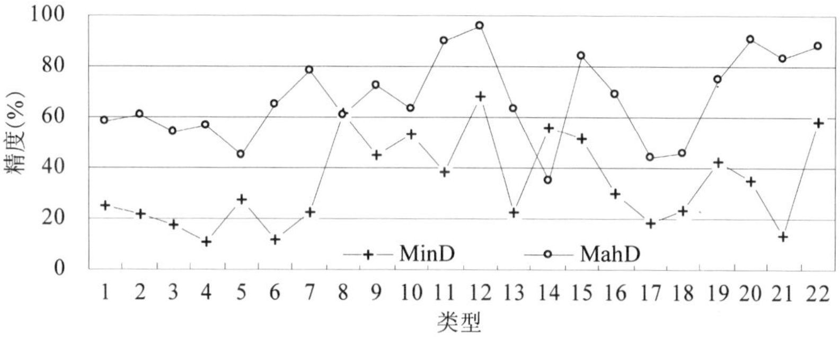

图 5-1 方案 noTM 的马氏距离分类器与最小距离分类器第三级各类型精度比较

5.5 Bayes 分类器

5.5.1 基本思想和数学原理

Bayes 分类器也称最大似然法（Maximum likelihood classifier, MLC），是最重要的一种监督分类算法。过去和现在几乎所有的图像处理系统和软件系统中都带有这一算法。虽然最大似然技术与 Bayes 技术从方法论上说是不完全相同的，但它们通常都产生基本相同的结果，因此，在遥感图像分类中通常并不对两者作更细的区分，而是笼统地认为二者是同一种方法（曾志远，2004）。

判别某一特征点类属的合理途径是对其落进不同类别集群中的条件概率进行比较，相应于条件概率大的那个类别将应是该特征点的归宿。可以把某特征点落入某类集群的条件概率当成分类判决函数，称为概率（或似然）判决函数。由于概率是建立在统计意义上的，因而当使用概率判决函数实行分类判决时，不可避免会出现错分，以错分概率或风险最小为准则来建立所需要的判决规则，这就是 Bayes 判别准则。

Bayes 判别分类是建立在 Bayes 准则基础上的。它是通过计算变量属于各类的概率，将该变量归属于概率最大的一组进行分类的。设待分类图像中每个像元（对象）取 m 个变量，则像元（对象）值可用向量表示：

$$X=(x_1,\ x_2,\ \cdots,\ x_m)^T \tag{5-12}$$

若研究区域可分为 G 类，则任意像元（对象）必来自其中的某一类。当各类总体为多元正态总体 $N(\mu_g, \sum_g)$ 时，像元或对象（即随机变量）特征向量 X 在第 g 类的概率密度为：

$$f_g(X) = \frac{1}{(2\pi)^{m/2}\left|\sum_g\right|^{1/2}} exp\left[-\frac{1}{2}(X-\mu_g)^T\sum_g^{-1}(X-\mu_g)\right]\ i=1,2,\cdots,G \tag{5-13}$$

式中，μ_g 与 $\sum_g$ 为第 g 类总体的均值向量和协方差矩阵，$\sum_g$ 为 $\sum_g$ 行列式的值，$\sum_g^{-1}$ 为 $\sum_g$ 的逆阵。在随机抽样情况下，μ_g 与 $\sum_g$ 可通过如下方法进行估计：

$$\mu_i \approx m_i = \frac{1}{n}\sum_{k=1}^{n} x_{ik} \quad (k=1,2,\cdots,n) \tag{5-14}$$

$$\sum_g = \begin{pmatrix} \sigma_{11}^2 & \sigma_{12}^2 & \cdots & \sigma_{1n}^2 \\ \sigma_{21}^2 & \sigma_{22}^2 & \cdots & \sigma_{2n}^2 \\ & \cdots & & \\ \sigma_{n1}^2 & \sigma_{n2}^2 & \cdots & \sigma_{nn}^2 \end{pmatrix} \tag{5-15}$$

$$\sigma_{ii}^2 \approx S_{ii}^2 = \frac{1}{n}\sum_{k=1}^{n}(x_{ik}-m_i)^2 \tag{5-16}$$

$$\sigma_{ij}^2 \approx S_{ij}^2 = \frac{1}{n}\sum_{k=1}^{n}(x_{ik}-m_i)(x_{jk}-m_j) \tag{5-17}$$

式中，x_{ik} 表示第 i 类第 k 个像元（对象）的灰度值，m_i 为第 i 类的平均值，σ_{ii}^2 表示第 i 分量 x_i 的方差，σ_{ij}^2 表示 x_i 和 x_j 的协方差。

根据 Bayes 公式，在 X 出现的条件下，其归属第 g 类的概率为：

$$p(g/X) = [p_g f_g(X)] / \sum_{i=1}^{G}[p_i f_i(X)] \tag{5-18}$$

p_i（$i=1,\ 2,\ \cdots,\ G$）为第 i 类出现的先验概率。对于已知试验区而言，先验概率可以根据各类估计面积 A_i 作近似计算（$p_i = A_i / \sum_{k=1}^{G} A_k$）。

显然，p（g/X）越大，像元（对象）X 来自 g 类的概率就越大，所以 p（g/X）表示 X 归属于 g 类的概率，并称为像元（对象）X 的归属概率。

Bayes 判别是根据最小风险代价判决或最大似然比判决。当来自 k 类的像元（对象）被分到 l 类所引起的分类损失或代价为 λ（l/k），将待分类像元（对象）归属到付出代价最小的那一类中，即冒风险最小的一类中，这就是 Bayes 最优化规则。令 L_l（X）为像元（对象）X 判成 l 类的平均最小代价，对于一个给定像元（对象）X，判决它来自 l 类所引起的平均代价为：

$$L(X) = \sum_{k=1}^{G}\lambda(l/k)p(k/X) \tag{5-19}$$

由 Bayes 公式知：

$$p(k/X)=\frac{p(X/k)p(X)}{p(X)} \tag{5-20}$$

则

$$L_l(X)=\frac{1}{p(X)}\sum_{k=1}^{G}\lambda(l/k)p(k/X)p(k) \tag{5-21}$$

式中，$p(k)$——k 类出现的概率，也称先验概率；

$p(X/k)$——在 k 类中出现 X 的概率，也称 k 类的似然概率；

$p(k/X)$——像元（对象）X 归属 k 类的条件概率，也称后验概率。

在多数的情况下，对分类损失 $\lambda(l/k)$ 的取值可按以下的原则来处理，即当分类正确时，即 $k=l$，则 $\lambda(l/k)=0$；当分类不正确时，即 $k\neq l$，则 $\lambda(l/k)=1$ 。正确的分类无需付出代价，损失为零，而错误的分类则付出最大的代价。

由于 $p(X)$ 是常量，对分析代价损失无影响，故最后可写出 Bayes 判决函数：

$$d_k(X)=\ln p(k)-\frac{1}{2}\ln\left|\sum g\right|-\frac{1}{2}\left[(X-M_k)^T\sum\nolimits_k^{-1}(X-M_k)\right] \tag{5-22}$$

对于所有可能的 $l=1,2,\cdots,G$，$k\neq l$，有 $d_k(X)>d_l(X)$，则 X 属 k 类。由此可见，Bayes 判决分类是一种最好的分类方法，分类错误最小而精度最高。

为了便于计算，在实际应用中往往采用以下形式：

$$d_k(X)=\ln p(k)-\frac{1}{2}\ln\left|\sum g\right|-\frac{1}{2}\left[(X-M_k)^T\sum\nolimits_k^{-1}(X-M_k)\right]+X^TC_k+C_{0k} \tag{5-23}$$

式中，

$$C_k=\sum\nolimits_k^{-1}\mu_k=[C_{1g},C_{1g},\cdots,C_{mg}] \tag{5-24}$$

$$C_{ik}=\sum_{j=1}^{m}\sigma_k^{ij}\mu_k^j(i=1,2,\cdots,m) \tag{5-25}$$

$$C_{0k}=-\frac{1}{2}\mu_k^T\sum\nolimits_k^{-1}\mu_g=-\frac{1}{2}\sum_{j=1}^{m}C_{ij}\mu_k^i \tag{5-26}$$

这里，σ_k^{ij}为 $\sum_k^{-1}$ 的分量，μ_k^{ij}为 μ_k的分量，m 为变量数（波段数或对象特征个数）。

Bayes 准则分类过程如下：

（1）以训练样本为基础，计算每个类别的 M_i，$\sum_i$，$i=1,2,\cdots,G$ 。

（2）对于每一个对象，将其对象特征 X 代入（5-23），求得该对象在特征空间中的点到第类中心的距离 $d_k(X)$，$i=1,2,\cdots,G$，然后根据差别准则确定该对象的所属类别。

Bayes 分类器是建立在 Bayes 准则和“0，1”损失函数上的模式识别规则。该规则在很多情况下是适用的，但对于出现概率低的类别不适用。此外，Bayes 分类器基于正态分布，它的分类效果受到参数估计的限制，并对类别重叠时仅仅依靠概率作为划分类别的标准，也会造成错分的情况（张永生等，2004）。

5.5.2 结果与分析

用训练样本作为验证样地，得到三个方案的 Bayes 分类的混淆矩阵见附表 7 至附表 9，将总体分类精度和 Kappa 系数进行归纳，得到表 5-7。

表 5-7 各方案 Bayes 分类器总体分类精度

试验方案	0312new		noTM		withTM	
	精度(%)	Kappa 系数(%)	精度(%)	Kappa 系数(%)	精度(%)	Kappa 系数(%)
第三级分类	69. 25	67. 08	79. 38	77. 88	69. 68	67. 59
第二级分类	72. 19	72. 18	81. 82	81. 82	74. 21	74. 20
第一级分类	80. 75	80. 74	86. 33	86. 33	82. 83	82. 83

由表5-7，Bayes 分类器的分类精度又有了全面的、进一步的提高。与马氏距离分类器相比，三个方案的第三级分类精度分别提高了6. 20 个百分点、7. 44 个百分点和4. 23 个百分点；第二级分类精度分别提高了7. 02 个百分点、7. 59 个百分点和4. 53 个百分点；第一级分类精度分别提高了6. 69 个百分点、5. 87 个百分点和3. 88 个百分点。各方案中各级分类的 Kappa 系数也相应提高。

进一步分析各方案的混淆矩阵，可以看出，尽管和马氏距离具有相似的混淆特征，但在 Bayes 分类器中，各类型间的可分离性更好，稳定性也更高，如图5-2 所示。

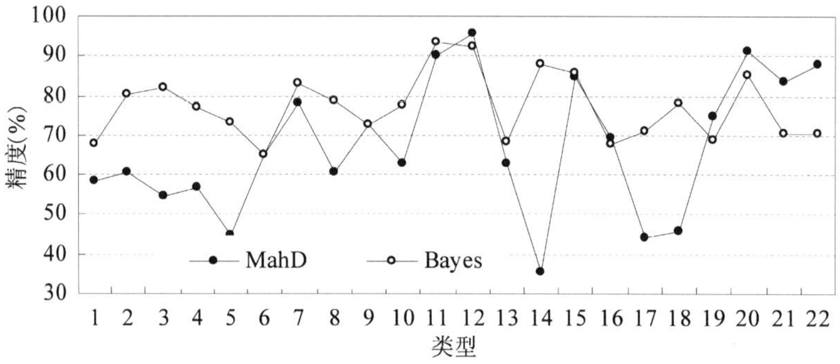

图 5-2 方案 noTM 的 Bayes 分类器与马氏距离分类器第三级各类型精度比较

由图5-2 还可以看出，虽然 Bayes 分类器的总体精度高于马氏距离分类器，但就一些类型而言，马氏距离分类器的精度略高于 Bayes 分类器。

5.6 模糊分类器

5.6.1 原理与方法

遥感图像的计算机分类分为硬分类和软分类（曾志远，2004）。分类器为每一像元（或对象）只赋以唯一类别的分类方法为硬分类（Crisp classification）。与之相对应，每个像元（或对象）有可能赋以多个类型的分类方法为软分类（Soft classification）。硬分类中一个像元（或对象）只能归属于一个类别，不能反映同一类型中不同状况和一个像元（或对象）中包含的其他地物信息情况，也忽略了混合像元的影响。在面向对象的图像分析中，由于对象并不是一个百分之百纯化的区域，一个对象只是光谱和纹理特征相接近的像元的集合，相对应的地物只是基本相同而非完全一致。分割尺度越大，图像区域越大，对象中包含的像元越多，对应的地物组成就越复杂。总之，在一个对象中，可能存在不同类型的地物，如形态和表征相近的树种，如杉木和马尾松等。

模糊分类（Fuzzy classification）是一种软分类方法，是 Zadeh（1965）模糊集理论在遥感图像分类中的应用。模糊分类提供了处理不确定信息的强有力原理和工具。模糊分类器在分类过程中把类型特征值转换成 0 与 1 之间的模糊值。0 和 1 之间所有值表示“是”和“非”之间或多或少的某一状态，以此来表明对一个特定类别的隶属度。地物类别信息是通过模糊数学的方法提取的，相比于人工神经网络等其他方法而言，它是一种对类别进行透明和适应性描述的技术。模糊分类认为一个像元（或对象）是可分的，即一个像元（对象）在某种程度上属于某个类型，同时在另一程度上属于另一个类型，这种类属关系的程度用像元（或对象）的隶属度表示。

在模糊表示方法下，一个地点（i，j）的像元（或对象）的分类可以通过一个 n 维向量 S_{ij}（S_{ij}^1，S_{ij}^2，…，S_{ij}^k，…S_{ij}^n）来表示，S_{ij}^k是像元（或对象）对第 k 类型的隶属度。隶属度值在 0 和 1 之间。0 表示不具第 k 类的隶属度，1 表示具有第 k 类的全部隶属度。该隶属度值 S_{ij}^k可理解像元（或对象）的图像特征同第 k 类的图像特征之间的相似程度。

模糊矩阵具有如下性质：

① $\mu_{ik} \in \{0, 1\}$

$$② \sum_{i=1}^{c} \mu_{ik} = 1, \forall k \tag{5-27}$$

$$③ 0 < \sum_{k=1}^{n} \mu_{ik} < n, \forall i$$

上式中的①式表明任意一个像元（对象）可以有 0 和 1 之间的任意一种可能性；②式表明任意一个像元（或对象）属于各个类别的可能性之和等于1；③式表明某个类别最多可能有的类别不可能超过该图像像元（或对象）的总数。

模糊分类的关键是确定像元（或对象）的隶属函数，然而目前关于模糊隶属函数的确定还没有一种成熟有效的方法，仍停留在根据经验确定，带有一定的主观性和盲目性（Bene *et al.*，2004）。本研究采用 Bayes 准则来确定隶属度。

在模糊分类中，训练样本数据可用一个模糊分割矩阵来表示。设训练样本总数为 n，对象特征个数为 m，G 为分类方案的类型个数，则训练样本的模糊分割矩阵为：

$$\begin{bmatrix} f_1(X_1) & f_1(X_2) & \cdots & f_1(X_n) \\ f_2(X_1) & f_2(X_1) & \cdots & f_2(X_n) \\ \cdots & \cdots & \cdots & \cdots \\ f_g(X_1) & f_g(X_1) & \cdots & f_g(X_n) \end{bmatrix}$$

$f_i(X_j)$ 表示对象 X_t对第 i 类的隶属度。若把每一列中的最大值改为 1，其他改为 0，模糊分割矩阵就成为一般的硬分割矩阵，即为常规的训练样本数据。由模糊分割矩阵可得到各类地物的模糊均值和模糊协方差矩阵。第 g 类模糊均值向量为：

$$\mu_g^* = (\mu_{1g}^*, \mu_{2g}^*, \cdots, \mu_{ig}^* \cdots, \mu_{mg}^*)^T \tag{5-28}$$

式中，$\mu_{ig}^* = \sum_{k=1}^{n} f_g(X_k)x_{ik} / \sum_{k=1}^{n} f_g(X_k)x_k$；其中，$x_{ik}$为第 i 对象特征第 k 样本的值。

模糊协方差矩阵为：

$$\sum_{g}^{*}=\begin{bmatrix}\sigma_{11g} & \sigma_{12g} & \cdots & \sigma_{1mg}\\ \sigma_{21g} & \sigma_{22g} & \cdots & \sigma_{2mg}\\ \cdots & \cdots & \cdots & \cdots\\ \sigma_{m1g} & \sigma_{m2g} & \cdots & \sigma_{mmg}\end{bmatrix} \tag{5-29}$$

式中，$\sigma_{ijg}=\sum_{k=1}^{n}[f_g(X_k)(x_{ik}-\mu_{ig}^{*})(x_{ik}-\mu_{ig}^{*})]/\sum_{k=1}^{n}f_g(X_k)$。

设 $P'(g)$ 为第 g 类出现的先验概率，则对象 X 隶属于 g 类的属于函数为：

$$f_g(X)=[P'(g)P_g^{*}(X)]/\sum_{i=1}^{G}P'(g)P_g^{*}(X) \tag{5-30}$$

其中，$P_i^{*}(X)=\frac{1}{(2\pi)^{m/2}\left|\sum_{i}^{*}\right|^{1/2}}exp\left[-\frac{1}{2}(X-\mu_i^{*})^{T}(\sum_{i}^{*})^{-1}(X-\mu_i^{*})\right]$。

由上述可见，基于 Bayes 准则的隶属函数确定方法，关键是训练样本模糊分割矩阵的确定。一般采用两次分类法进行。第一次分类将训练样本作为“准纯”样本，即将模糊训练样本看作普通样本，根据硬矩阵分割得到各个类型地物的模糊均值向量和模糊协方差矩阵。“准纯样本”经过一次模糊分类后就成为“模糊样本”，然后再利用这些“模糊样本”进行模糊分类。

模糊分类的最终结果得到各个对象对各个类型的隶属度集合，称为软分类图像，必须根据一定的规则将其转换为硬分类图像。也就是对模糊集进行某种运算，判决其属于某一种类别。这是一个从模糊度到一个确定类型的过程，所以称为“去模糊化”。

对事物的评价常常涉及到多个指标，需要根据这些指标对事物做出综合评价。同样，对对象的多个特征进行综合评价也需要建立一定的模型。一般利用最大隶属度原则进行综合评价（Gong, 1992; Benz, 2004）。在计算得到的各个类别最终的隶属度取最大值，其相应的类别作为其最终的输出类型。

5.6.2 结果与分析

以训练样本作为验证样地，得到三个方案的模糊分类器混淆矩阵，见附表 10 至附表 12，将总体分类精度和 Kappa 系数进行归纳，得到表 5-8。

表 5-8 各方案模糊分类器总体分类精度

试验方案	0312new		noTM		withTM	
	精度(%)	Kappa 系数(%)	精度(%)	Kappa 系数(%)	精度(%)	Kappa 系数(%)
第三级分类	56.51	52.98	69.94	67.50	63.72	61.04
第二级分类	57.57	57.55	72.30	72.30	66.81	66.80
第一级分类	67.31	67.30	79.38	79.38	76.08	76.07

与 Bayes 分类器相比，模糊分类器的总体精度降低，各类型生产者精度的稳定性也差。模糊分类器的总体精度也略低于马氏距离分类器，如图 5-3 所示。

模糊分类器的林地各类型的分类精度普遍小于马氏距离分类器，且变动大，但造林地中各类型的分类精度普遍比马氏距离分类器精度高，且其变动亦小。显然这两个分类器具有明显不同的适应性。

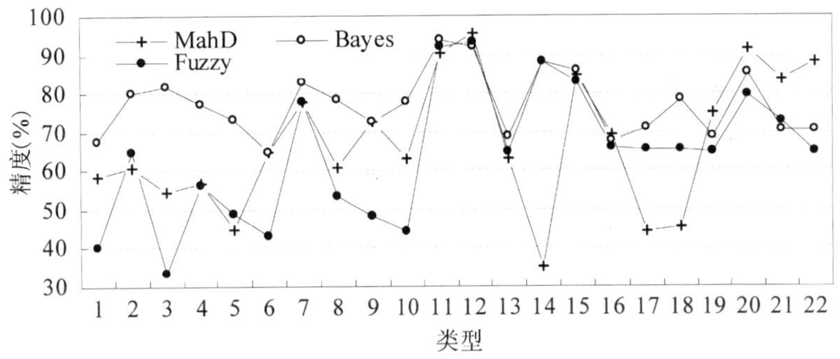

图 5-3 方案 noTM 第三级分类的模糊分类器与 Bayes、马氏距离分类器各类型精度比较

5.7 支持向量机分类器

5.7.1 原理与方法

支持向量机（Support vector machines，SVM）是由 Vapnik 和他的合作者于 1995 年提出来的一种新的学习方法（骆剑承等，2002），是建立在统计学习理论的 VC 维理论和结构风险最小原理基础上，根据有限样本信息在模型复杂性（即对特定训练样本的学习精度）和学习能力（即无错误地识别任意样本的能力）之间寻求最佳折中，以期获得最好的推广能力。近年来，SVM 分类器在遥感研究各个领域的应用越来越广（Huang *et al.*，2002；Foody *et al.*，2004）。在遥感分类研究中，SVM 最大的优点是进行分类时无须进行数据降维，并且在算法的收敛性、训练速度、分类精度等方面都具有较高的性能。

SVM 用于模式识别的基本思想是：构造一个超平面作为决策平面，使正负模式之间的空白最大。如图 5-4 所示，图中实心点和空心点分别代表两类样本，H 为分类线，H_1、H_2分别为过各类中离分类线最近的样本且平行于分类线的直线，它们之间的距离叫做分类间隔（m）。所谓最优分类线，就是要求分类线不但能够将两类正确分开，而且使分类间隔最大。

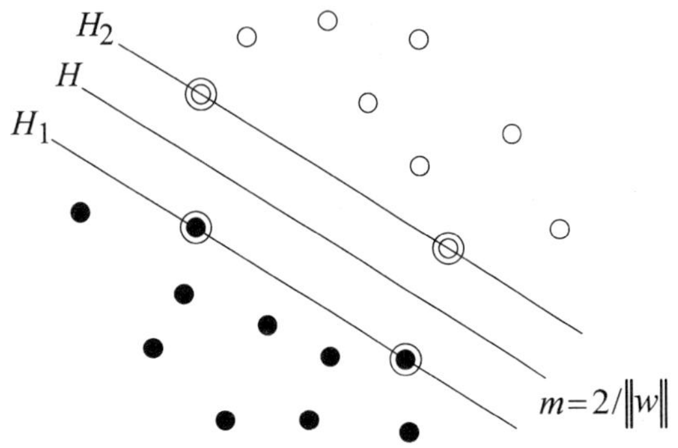

图 5-4 最优超平面

两类模式识别问题的最优分类超平面为（骆剑承等，2002；PAL *et al.*，2004）：

$$w \cdot x + b = 0 \tag{5-31}$$

式中，x 为一样本：$\{(x_1, y_1), (x_2, y_2), \cdots, (x_k, y_k)\}$，$x \in R^n$，$y \in \{-1, 1\}$，$k$ 为样本数，n 为输人的维数，w 和 b 为非零常数。

对于线性可分的情况下，求分类间隔最大的分类超平面即为最优分类超平面，也即在约束条件下求最佳（w，b），使得

$$y_i\ (w \cdot x + b) \geqslant 1, \quad i = 1, 2, \cdots, k \tag{5-32}$$

的最小值为 $\frac{1}{2}\|w\|^2$。

这是一个凸二次规划问题，因此存在全局唯一的最优解。引入 Lagrange 函数，并根据鞍点定理，由 Kuhn-Tucker 定理可得，最优解满足的条件为

$$a_i\ [y_i\ (w \cdot x_i + b)\ -1]\ =0, \quad i=1,\ 2,\ \cdots,\ k \tag{5-33}$$

式中，a_i为与每个样本对应的 Lagrange 乘子，且不为 0，对应的样本 x_i就是支持向量：

$$w^* = \sum_{i=1}^{l} a_i^* y_i x_i \cdot x_i \tag{5-34}$$

则分类间隔最大化目标函数为

$$w(a) = \sum_{i=1}^{k} a_i - \frac{1}{2}\sum_{i=1}^{k} a_i a_j y_i y_j (x_i \cdot x_j) \tag{5-35}$$

式中，a_i非负，$\sum_{i=1}^{k} a_i y_j = 0$，根据式（5-33）得：$b^* = y_i - w^* \cdot x_i$，得到的最优分类面的函数表达式为

$$f(x) = \mathrm{sgn}\{(w \cdot x) + b\} = \mathrm{sgn}\left\{\sum_{i=1}^{l} a_i^* y_i (x_i \cdot x_j) + b^*\right\} \tag{5-36}$$

式中的求和只对支持向量进行。b^*是分类阈值，可以用任意一个支持向量求得。

为将线性 SVM 推广到非线性分类面，Vapnik 提出了核函数（Kernel Function）的概念，其基本思想是：通过事先确定的非线性映射将输入向量映射到一个高维的特征空间中，然后在高维特征空间中构建最优超平面。首先将输入向量 x 通过映射到高维特征空间 H 中，即

$$\Psi:\ R^n \to H$$

当在特征空间 H 中构造最优平面时，训练算法仅使用空间中的点积 $\Psi\ (x_i \cdot y_i)$，而没有单独的 $\Psi\ (x_i)$ 出现。因此若能找到一个函数 K 使得 $k\ (x_i \cdot y_i) = \Psi\ (x_i) \cdot \Psi\ (x_j)$，则在高维空间实际上只需要进行内积运算，而这种内积运算是可以用原空间中的函数实现的，甚至没有必要知道变换 Ψ 的形式。因此，在最优超平面中采用适当的内积函数 $k\ (x_i \cdot y_i)$ 就可以实现某一非线性变换后的线性分类，而计算复杂度却没有增加，此时目标函数式（5-35）变为

$$w(a) = \sum_{i=1}^{k} a_i - \frac{1}{2}\sum_{i=1}^{k} a_i a_j y_i y_j K(x_i \cdot x_j) \tag{5-37}$$

相应的分类函数为

$$f(x) = \mathrm{sgn}\left\{\sum_{i=1}^{l} a_i^* y_i K(x_i \cdot x_j) + b^*\right\} \tag{5-38}$$

若希望在经验风险和推广性能之间求得某种均衡，可以通过引入正的松弛因子 ξ_i来允许错分样本的存在。这时，约束（5-32）变为

$$y_i\ (w \cdot x + b)\ + \xi_i \geqslant 1, \quad i=1,\ 2,\ \cdots,\ k \tag{5-39}$$

在目标（最小化 $\frac{1}{2}\|w\|^2$）中加入惩罚项 $C\sum_{i=1}^{k}\xi_i$，C 为正则化算子，则对偶问题可以写成：

$$w(a) = \sum_{i=1}^{k} a_i - \frac{1}{2}\sum_{i,j=1}^{k} a_i a_j y_i y_j K(x_i \cdot x_j) \tag{5-40}$$

限制条件

$$\sum_{i,j=1}^{k} y_i a_i = 0 \quad 0 \leqslant a_i \leqslant C \quad i = 1,2,\cdots,k \tag{5-41}$$

此式为 SVM 最一般的表达式。

SVM 通过函数 Ψ 将实际问题通过非线性变换转到高维特征空间。在高维空间中构造线性判别函数来实现原空间中的非线性判别函数。SVM 在高维空间中寻找线性分隔超平面使线性分隔最大。$K(x_i \cdot x_j) \equiv \Psi(x_i)^T \Psi(x_j)$ 称为核函数。常用的核函数包括以下四种：

（1）线性函数（Linear）：$K(x_i \cdot x_j) = x_i^T x_j$。

（2）多项式函数（Polynomial）：$K(x_i \cdot x_j) = (x_i^T x_j + \gamma)^n$，$\gamma > 0$ 。

（3）径向基函数（Radial basis function）：$K(x_i \cdot x_j) = exp(-\gamma \| x_i - x_j \|^2)$，$\gamma > 0$ 为间隔松弛向量。

（4）S 形函数（Sigmoid）：$K(x_i \cdot x_j) = \tanh(\gamma x_i^T x_j + \gamma)^n$，$\gamma > 0$

则决策函数变为

$$f(z) = \sum_{sup\ vector} a_i^* y_i \Psi(x_i) \Psi(x_j) + b = \sum_{sup.\ vector} a_i^* y_i (x_i \cdot x_j) + b^* \tag{5-42}$$

有研究表明，SVM 的性能与所选用的核函数的类型关系不大，而核函数的参数和误差惩罚因子 C 是影响 SVM 性能的主要因素。因此，SVM 模型选择主要是寻找最佳的核函数的参数和误差惩罚因子 C。

对于多类问题，通常可以按照两种算法来构造或组合多个两类分类器来进行分类。第一种算法称为 1-a-r（1-aginst-rest），对于 N 类问题构造 N 个两类分类器，第 i 个 SVM 用第 i 类中的训练样本作为正的训练样本，而将其他的样本作为负的训练样本，最后输出是两类分类器输出为最大的哪一类。另一种算法是 1-a-1（1-aginst-1），即在 N 类训练样本中构造所有可能的两类分类器，每类仅在第 N 类中的 i 类训练样本上训练，结果共构造 $K = N(N-1)/2$ 个分类器，用投票法组合这些两类分类器，得票最多的类为新点所属的类。后一种算法虽然需要用 $N(N-1)/2$ 个分类器对样本进行训练，但是每个分类器训练的样本数据（仅来自两个类）都比较小，所以整个训练的时间相对来说不多，所以最适合实际解决多类问题。

5.7.2 结果与分析

用训练样本作为验证样地，得到三个方案的 SVM 分类器混淆矩阵，见附表 13 至附表 15，将总体分类精度和 Kappa 系数进行归纳，得到表 5-9。

表 5-9 各方案 SVM 分类器总体分类精度

试验方案	0312new		noTM		withTM	
	精度(%)	Kappa 系数(%)	精度(%)	Kappa 系数(%)	精度(%)	Kappa 系数(%)
第三级分类	60.60	57.85	71.87	69.83	61.14	58.53
第二级分类	64.60	64.59	74.66	74.66	66.45	66.45
第一级分类	76.35	76.38	81.68	81.67	78.66	78.66

与 Bayes 分类器相比，SVM 分类器的精度有所降低。但方案 0312new 和 noTM 的总体精度比模糊分类器略高。方案 0312new 和 withTM 的总体精度比马氏距离低，如图 5-5 所示。

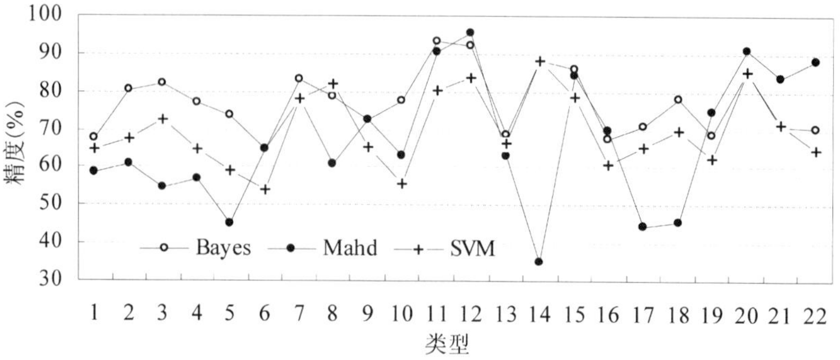

图 5-5 方案 noTM 第三级分类的支持向量机与 Bayes、马氏距离分类器各类型精度比较

除个别类型外，SVM 分类器中各类型的生产者精度均低于 Bayes 分类器，且变动稍大。虽然 SVM 分类器的总体分类精度与马氏距离分类器的总体精度十分接近，但 SVM 分类器各类型生产者精度的稳定性好于马氏距离分类器。

5.8 讨 论

5.8.1 分类策略

本章的主要研究内容是在基于规则分类的基础上，林地和造林地的进一步分类。

本研究中，多分类器分类只是针对第三级类型的分类，第二级类型和第一级类型的分类均由第三级逐级向上归并而得。实质上，第二级、第一级类型的确定是通过逐级归并而得到的，不是严格意义上的分类。

由表 5-2 和各分类器的混淆矩阵不难看出，在本研究中，尽管采用同一分类器，但林地和造林地的分类是相对独立的，表现为：①分类采用的对象特征不同，各方案中林地和造林地分类用的对象特征均不相同，如方案 noTM 中，林地分类有 15 个对象特征，而造林地只有 13 个对象特征。②通过基于规则的分类后，每个对象都带有土地类型(林地和造林地)的属性，即每个待分类对象，若不属于林地，就是属于造林地，非此即彼。在经过多分类器分类(第三级)—归类(第二级)—归类(第一级)后，该对象仍然具有原有属性，林地各类型和造林地各类型之间，不存在交叉现象。③林地内各类型与造林地内各类型间，尽管有八角成林和竹林两个类型重叠，但在分类过程中，这两个类型分别采用两套独立的训练样本，独立地进行运算。分类过程如图 5-6。

上述分类路线的特点是思路清晰，所有对象在分类过程中，根据其林地/造林地属性，指派到林地/造林地所属的各类型中去，不会出现类型交叉现象，分类结果保留对象原有的林地/造林地属性。另外，这种方法充分考虑了分属林地、造林地，但实际上是相同类型的对象在对象特征上的差异，有利于提高分类精度。

f_ c24m 和 p_ c24m 在分类过程中属于不同的类型，前者属于林地，后者属于造林地，但实际上这两个类型均为“八角成林”，f_ c300 和 p_ c300 的情况也相同，同为“灌木林”。考察这 4 个类型的对象特征统计量，差别十分明显，见表 5-10。显然，采用本研究的分类方

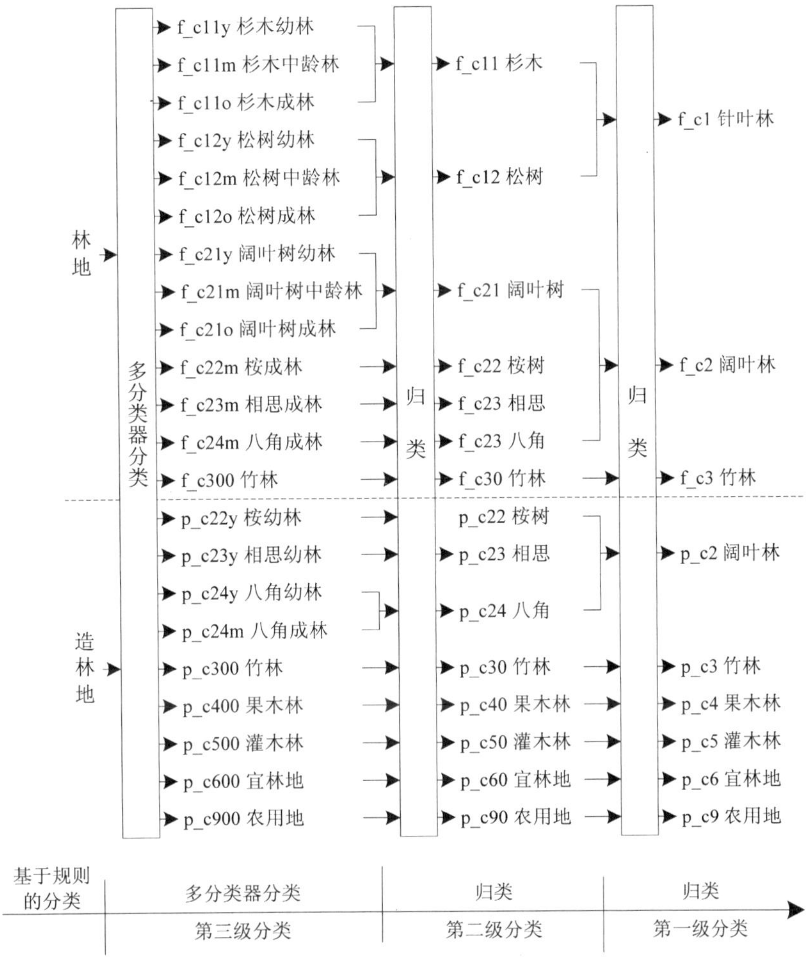

图 5-6 图像对象从第三级分类至第一级分类的流程图

法，更有利于将图像特征相近的对象分为一类，达到提高精度的目的，否则，若将两个类型合并，由于其图像特征变异太大，容易造成混淆，降低分类精度。

表 5-10 两个实际相同但分属林地/造林地的类型的统计特征比较

类型	统计量	b1	b2	b4	tm1	tm4	tm5	std_ b1	con_ b1	con_ b4	con_ tm5	stdd_ b4	stdd_ tm5
f_ c24m	均值	10.19	-5.84	-2.61	-7.3	10.23	1.6	-1.19	-28.54	-27.21	-28.23	-1.7	-2.68
	标准差	20.94	4.82	3.26	2.52	11.69	10.52	1.35	1.98	1.68	7.05	1.04	2.06
p_ c24m	均值	0.42	-2.42	5.25	-6.2	7.43	10.22	1.38	-24.13	-19.52	-15.98	0.99	1.06
	标准差	13.64	4.37	6.09	2.47	8.23	10.29	1.58	4.44	7.09	14.15	1.75	2.99
f_ c300	均值	9.04	-8.02	1.69	-5.62	9.82	11.11	-1.51	-27.16	-24.76	-25.08	-1.71	-1.77
	标准差	10.51	3.97	3.1	3.25	6.64	6.39	1.19	2.42	2.5	7.93	1.01	2.47
p_ c300	均值	12.18	-7.43	4.4	-4.65	11.84	17.22	1.35	-25.09	-22.13	-14.16	0.18	2.06
	标准差	14.65	5.12	2.78	2.48	9.14	9.22	1.67	3.72	4.59	14.37	1.79	3.07

注：表中对象特征为标准化后的数据

实际上，f_ c24m 和 p_ c24m 虽同为“八角成林”，但其林龄是不同的，前者为“高龄”成林，冠幅大、郁闭度高、林地反射率低；后者是“低龄”林分，冠幅小、郁闭度小、林地反射率高，图像特征近似于裸露土地。f_ c300 和 p_ c300 虽同为“灌木林”，但分布位置、周围环境截然不同，前者分布森林周围，人为干扰相对较少，树木较高、密度较大；后者分布于新造林地、经济林木和宜林地周围，造林、抚育、采伐、炼山等林业生产活动频繁，受高强度的人为干扰影响，这些灌木林普遍稀疏、矮小，林地反射特性与裸露地相近。

排除相互重叠的类型，按实际形态计算，本研究中，第三级分类实际为 20 个类型，第二级分类实际为 11 个类型，第一级分类实际为 7 个类型，这是一般遥感分类常常采用的方法，尽管据上述分析，这种方法存在着一些问题。

由于形态特征上相同的地物要分为两个不同的类型，本分类方法需要两套训练样地，因此工作量增大，分类器运行耗时亦相应增加。

5.8.2 分层分类试验

长期以来，专家学者均在试图通过新的方法和技术，不断地改善遥感图像的分类精度。遥感图像分类新方法、新技术层出不穷，分区分类和分层分类方法是其中两个方法之一，并取得了良好的应用效果(刘亚岚等，2002；师庆东等，2003；牛明香等，2004；沙占江等，2004；张翊涛等，2005；刘顺喜等，2005；刘亮等，2006)。

分区分类(Sub-region classification)，也称分区控制(Sub-region control)是通过一定的规则和技术，将图像划分为若干具有特定含义(如林区、农区等，或山区、城市等)的区域，然后以这些区域为基础进行进一步的分析。分层分类(Hierarchical classification)是根据地物的图像光谱特征，分析地物类型在各波段及其组合上的可分性，先将图像上的地物分为几个一级层，每一层包含若干种地物类型，然后将其进一步分解为不同的二级层、三级层。针对拟分类地物的光谱特征，选择不同的特征参数和分类方法，逐层提取信息并制作相应的模板，将已经提取的信息从图像上掩膜掉，以消除它对其他地物类型提取的影响，使图像上剩余的类型越来越少，下一层地物的分类也越来越容易，最后将逐层分类的结果叠加成最后分类结果(刘顺喜等，2005)。

在本研究中，首先通过基于规则的分类方法，将图像划分为林地、造林地、水体和主要道路四个区域，然后再作林地、造林地的进一步分类，即林地和造林地的分类是在前一分类控制下进行的，因此可以说，本研究方法具有分区控制的思想。

在初期的预研究中，本研究试图采用森林类型分类(第一级)—树种分类(第二级)—龄组分类(第三级)和树种分类(第二级)—龄组分类(第三级)的从上而下逐级分层分类的技术路线，但效果不佳。

表 5-11 为直接进行树种(第二级)分类的结果，表 5-12 为先进行龄组(第三级)分类，然后合并后得到的树种(第二级)分类混淆矩阵。比较这两表，可以看出后者的分类效果更好，一是后者的总体精确度明显比前者高；二是后者的各类型生产者精度比较接近，无前者的大幅度波动现象。也就是说，由第三级分类开始，然后往上合并的方法，其结果好于由第一级分类开始，逐级往下分类的结果。

表 5-11 方案 noTM 采用 Bayes 分类器直接进行第二级(树种)分类的混淆矩阵

类型	f_c11	f_c12	f_c21	f_c22	f_c23	f_c24	f_c30	p_c22	p_c23	p_c24	p_c30	p_c40	p_c50	p_c60	p_c90	总的	正确	精度
f_c11	95	55	6	5	8											169	95	56.21
f_c12	27	137	9	1	3	7	2									186	137	73.66
f_c21	10	11	93	1	2	7	10									134	93	69.40
f_c22			2	21	1	1	2									27	21	77.78
f_c23	3	6	2		142	2										155	142	91.61
f_c24	4	13	9			143	12									181	143	79.01
f_c30			1			2	51									54	51	94.44
p_c22								15		1					1	17	15	88.24
p_c23									53	2		8		8		71	53	74.65
p_c24								1	2	43	24	25	7	47		149	43	28.86
p_c30											41	1	3	1		46	41	89.13
p_c40											2	43		3		48	43	89.58
p_c50											6	2	23	3		34	23	67.65
p_c60								1	1	1	10	4	1	90	1	109	90	82.57
p_c90											1			4	12	17	12	70.59
总的	139	222	122	28	156	162	77	17	56	47	84	83	34	156	14	1397	1002	71.73
正确	95	137	93	21	142	143	51	15	53	43	41	43	23	90	12			
用户精度	68.35	61.71	76.23	75.00	91.03	88.27	66.23	88.24	94.64	91.49	48.81	51.81	67.65	57.69	85.71			

表 5-12 方案 withTM 采用 Bayes 分类器由第三级(龄组)分类后合并到第二级(树种)的混淆矩阵

类型	f_c11	f_c12	f_c21	f_c22	f_c23	f_c24	f_c30	p_c22	p_c23	p_c24	p_c30	p_c40	p_c50	p_c60	p_c90	总的	正确	精度
f_c11	135	14	4		9	7										169	135	79.88
f_c12	18	148	5		4	11										186	148	79.57
f_c21	1	2	113		4	11	3									134	113	84.33
f_c22				21	1	4	1									27	21	77.78
f_c23	4	2	1		145	3										155	145	93.55
f_c24	3	7	1			166	4									181	166	91.71
f_c30			2			11	41									54	41	75.93
p_c22								15		1					1	17	15	88.24
p_c23									61	1		1		8		71	61	85.92
p_c24								1	2	108	3	10	8	17		149	108	72.48
p_c30										3	33	2	5	3		46	33	71.74
p_c40									1	5	1	35		6		48	35	72.92
p_c50											2		30	2		34	30	88.24
p_c60								1	6	15	3	1	4	78	1	109	78	71.56
p_c90										2				1	14	17	14	82.35
总的	161	173	126	21	163	213	49	17	70	135	42	49	47	115	16	1397	1143	81.82
正确	135	148	113	21	145	166	41	15	61	108	33	35	30	78	14			
用户精度	83.85	85.55	89.68	100.00	88.96	77.93	83.67	88.24	87.14	80.00	78.57	71.43	63.83	67.83	87.50			

分析上述现象产生的原因，主要是由于同一树种内由于林龄变化从 1 年至 30 年甚至更大，树高、冠幅不同，郁闭度相差很大，因此森林的反射特性相差很大，造成相同树种各对象间的图像特征变动过大，容易与特征相近的树种混淆。统计结果表明(表 5-13)，杉木(f_ c11)和松树(f_ c12)各对象特征的平均数十分接近，且标准差都很大，因此要将这两个类型有效分离，十分困难。其他树种间亦存在这种现象。

表 5-13 林地各树种类型的统计特征

类型	项目	b1	b2	b4	tm1	tm4	tm5	std_ b1	con_ b1	con_ b4	con_ tm5	stdd_ b4	stdd_ tm5
f_ c11	均值	-5.1212	-1.2852	-8.5347	-6.6550	-5.3443	-16.5531	-2.0688	-29.9696	-28.6218	-30.8430	-2.9489	-3.3599
	标准差	16.2513	3.2774	1.9327	4.1136	8.9229	7.0115	1.1193	1.7948	0.9380	5.0643	0.6108	1.3881
f_ c12	均值	-2.5740	-3.1822	-8.5598	-8.0941	-1.6338	-14.3918	-2.0670	-29.4758	-28.3724	-31.3213	-2.8473	-3.4844
	标准差	13.8182	3.3712	1.7345	3.4574	7.8801	6.6591	1.1962	1.9791	1.0620	5.1900	0.5765	1.6687
f_ c21	均值	15.2704	-9.1320	-5.4014	-8.5316	8.4347	-1.0242	-0.9104	-25.0970	-27.0472	-25.7391	-2.3128	-2.5460
	标准差	15.7399	5.1362	2.5438	2.1698	11.5485	9.6687	1.4399	3.5240	1.2495	7.9016	0.6357	1.8175
f_ c22	均值	8.1555	-4.9398	-7.2024	-6.8359	4.6635	-6.2353	-1.9817	-28.6012	-27.2336	-28.5042	-2.0206	-2.5084
	标准差	19.7230	4.8967	2.4514	1.2605	10.2715	7.5898	1.6246	2.7733	1.0563	9.7298	1.0225	2.7751
f_ c23	均值	25.6589	-5.5271	-14.4126	-6.1536	11.4925	-15.3130	-1.6310	-29.3364	-28.5652	-30.4306	-2.6116	-2.9478
	标准差	16.2267	3.5740	3.1514	3.0744	8.6217	7.0663	1.2826	1.9019	1.1360	5.7224	0.7859	1.7650
f_ c24	均值	10.2291	-5.8744	-2.7455	-7.3325	10.0912	1.3290	-1.2212	-28.6447	-27.3615	-28.5720	-1.7788	-2.7718
	标准差	21.3991	4.9000	3.2268	2.5647	11.8251	10.6467	1.3527	1.9342	1.5098	6.8248	1.0064	2.0154
f_ c30	均值	8.6929	-8.1756	1.3662	-5.6908	9.8917	10.9257	-1.4684	-27.5709	-25.1625	-26.5356	-1.8773	-2.0608
	标准差	10.5107	4.1375	2.7143	3.2669	6.6896	6.5876	1.1777	2.0388	2.0310	6.7552	0.8730	2.1353

5.8.3 不同分割方案的分类精度

本研究采用了三种不同的分割方案，方案 0312new 为纯 SPOT5 方案，所提取的对象特征信息仅限于 SPOT5 数据信息；在方案 noTM 中，虽然加入 ETM + 图像的 5 个图层，但由于在分割过程中并未考虑其图像信息，故 ETM + 图像在分割过程中只是“旁观者”，没有实质参与分割过程，对分割结果不造成影响，但在所提取的对象特征信息中，包含了 ETM + 图像的信息。在方案 withTM 中，ETM + 真正地加入了分割过程，对分割结果有一定的影响，所提取的对象特征信息也包含了 ETM + 图像信息。

实施三种图像分割和信息提取方案的目的是探讨 ETM + 图像对 SPOT5 图像分类结果的影响。研究结果表明，在 5 个分类器中，方案 noTM 的总体分类精度都高于其余两种方案，且各类型的生产者精度的变动系数最小。三个方案的 Bayes 分类器精度如图 5-7 所示。

在所有分类器中，方案 0312new 的分类精度都低于其余两个方案。该方案中用于分类的信息只有 SPOT5 图像的信息，其余两个方案中不但使用了 SPOT5 图像的信息，而且也使用了 ETM + 图像的信息，因此该方案中可用的信息量小于其余两个方案，分类精度低就不足为奇了，这从另一方面说明了 ETM + 数据作为辅助数据，增加了可用信息量，有利于提高 SPOT5 图像的分类精度。

如 3.5.3 所述，不同的分割方案，图像分割结果不同。在方案 noTM 中，由于 ETM + 图像各层的权重均被设置为 0，其图层信息实际上不影响分割结果，因此所得到的对象边界准

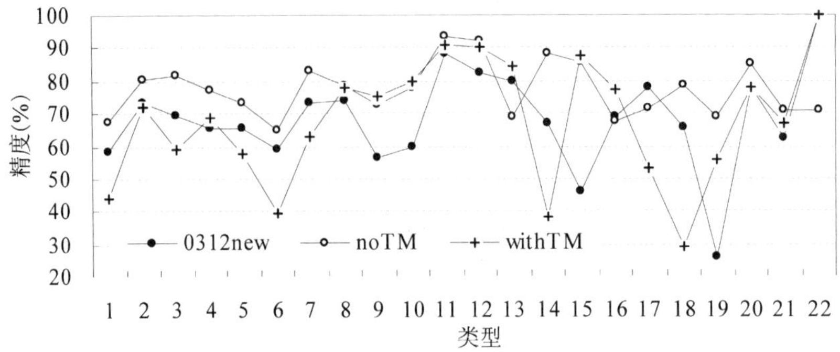

图 5-7　三个不同方案的第三级各类型的 Bayes 分类器精度

确，确保了对象中 SPOT5 图层信息的"纯化"，变异较小。在方案 withTM 中，ETM + 图像各图层的权重均被设置为 0.5，ETM + 图像实质性地参与了图像分割，当然也会影响分割效果，因此在分割过程中，由于 ETM + 图像的空间分辨率较低，即使 ETM + 图像重采样至与 SPOT5 相同，即为 2.5 m，但仍然无法准确地表现地物的边界，分割后得到的对象边界不准确，对象不"纯化"，对象内 SPOT5 图层的光谱和纹理特征变异较大，且对象间 ETM + 图层的光谱和纹理特征又差别不明显。

对方案 noTM 和方案 withTM 所提取的对象特征进行统计分析，将有助于进一步揭示 ETM + 图像作为辅助数据对 SPOT5 图像分类精度的影响。

对于杉木、松树共 6 个类型的训练样地，以 SPOT5 图像的 B1、B2 和 B4 三个图层（波段）作 3 维空间分析，结果如图 5-8 所示。由该图可以看出，在方案 noTM 中，各类型训练样本虽然仅通过 3 个对象特征无法进行有效分离，但其样本的分布总体范围较大，各个类型之间相对集中。在方案 withTM 中，样本分布的总体范围较小，各类样本分布交错。

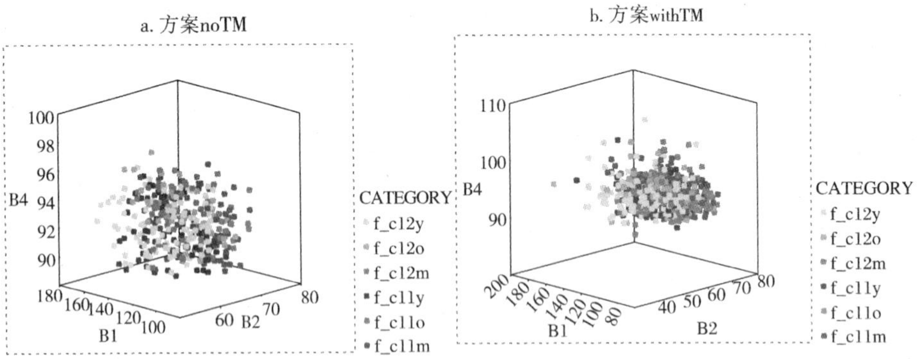

图 5-8　方案 noTM 和 withTM 六个型对象特征 3 维散点图（B1、B2 和 B4）

训练样本中各类型的对象特征的变动系数（标准差/均值）反映了同一类型训练样本间的离散程度，也在某种程度上反映了同一类型对象的"纯化"程度。我们总希望类型间的方差（或标准差）增大而类型内的方差（或标准差）减小。因此，当类型内各对象特征的变动系数较大时，说明该类型同质性差。分析方案 noTM 和 withTM 各类型中各个对象特征的变动系数，得到附表 22 和附表 23 的结果，取各类型对象特征值变动系数的平均值，结果如图 5-9 所示。

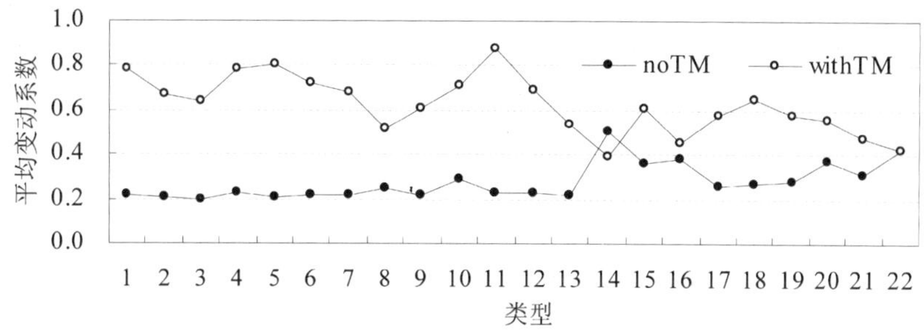

图 5-9 方案 noTM 和 withTM 各类型对象特征变动系数的平均值

明显地，除一个对象特征外，方案 withTM 中各类型的对象特征变动系数的平均值都大于方案 noTM，说明方案 withTM 中对象的同质性小于方案 noTM。如前所述，这是由于 ETM + 图像对分割过程影响的结果。

用各类型间对象特征平均值的欧氏距离作为类型间相似程度的度量。设某一方案，用于分类的对象特征值个数为 n 个，共有 22 个类型，第 i 个和第 j 个类型对象特征值的平均值为：$[x_i(1), x_i(2), \cdots, x_i(n)]^T$、$[x_j(1), x_j(2), \cdots, x_j(n)]^T$，考虑到不同方案不同类型（林地和造林地）用于分类的对象特征个数不同的情况，为提高可比性，取平均欧氏距离进行比较，此时，第 i 个和第 j 个类型间的平均欧氏距离 $d(i, j)$ 为：

$$d(i,j) = \frac{1}{n}\sum_{k=1}^{n}[x_i(k) - x_j(k)]^2 \tag{5-43}$$

显然，距离越小，表示两个类型的对象特征值的统计量越接近，即两个类型在 n 维向量空间上越接近，越难以分离。分别计算方案 noTM 和 withTM 中各类型间的空间距离（附表 24 和附表 25），发现在林地 78 个两两类型间距离中，方案 withTM 中有 65 个距离小于方案 noTM；在造林地 36 个两两类型间距离中，方案 withTM 中有 34 个距离小于方案 noTM。亦即在方案 withTM 中，类型间的距离大部分小于方案 noTM。将林地、造林地各类型间的距离取算术平均值，得到表 5-14 的结果。

表 5-14 方案 noTM 和 withTM 中各类型间距离的平均值

方案	距离个数		平均距离		距离≤1 的个数	
	林地	造林地	林地	造林地	林地	造林地
noTM	78	36	1.37	3.34	27	3
			1.11	2.04	38	7

由表 5-14 可以看出，无论是林地或是造林地，方案 noTM 中各类型间的距离都大于方案 withTM，表现为：①方案 noTM 的平均距离大于方案 withTM；②在距离小于 1.0 的个数中，方案 noTM 中少于方案 withTM。

以上不难解释了方案 noTM 的分类精度比方案 withTM 高的原因，而且也说明了如何科学合理地利用 ETM + 图像也十分重要。

5.8.4 分类器的适应性

不同分类器的理论基础不同，在应用于复杂的遥感数据分类时，不同的分类器的结果各异，不仅总体精度相差较大，而且不同类别的分类精度差别也很大。

本研究试验了三种类型的5个分类器。这5个分类器中，既有传统的参数分类器，也有模糊分类器和先进的非参数分类器，就分类结果而言，总体精度最高的是传统经典的Bayes分类器，且其各类型的精度也保持在较高的水平如图5-10所示。

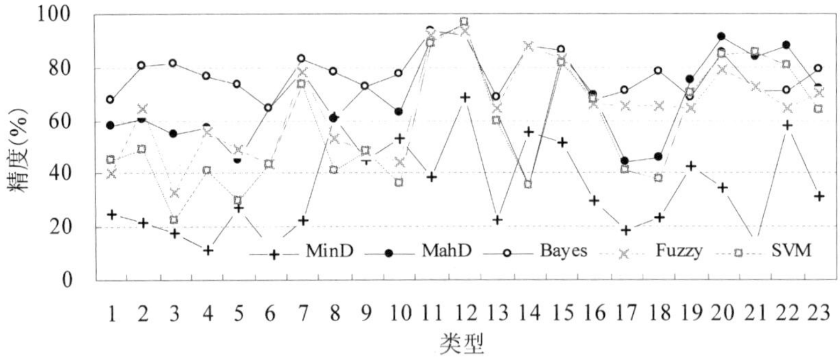

图5-10 方案noTM各分类器的第三级分类精度比较

对各分类器各类型的生产者精度进行分析，结果表明，Bayes分类器各类型生产者精度的变动系数明显小于其他分类器，说明了该分类器的结果中，各类型的生产者精度比较接近，变动幅度最小（表5-15）。

表5-15 不同分类器生产者精度的变动系数

项目	MinD	MahD	Bayes	Fuzzy	SVM
算术平均	34.31	67.29	77.18	64.11	57.29
标准差	17.57	17.04	8.35	17.05	22.23
变动系数	0.51	0.25	0.11	0.27	0.39

尽管如此，我们也无法对面向对象的SPOT5森林分类做出何种分类器最好，或最适合的结论。因为遥感图像的分类器很多，我们无法对各种的分类器都进行试验，且图像处理技术也很多，地面覆盖特征也各不相同。我们只能说，就本研究而言，Bayes分类器的结果较其余4个分类器好。

5.9 本章小结

（1）采用分区控制—底层分类—上层逐级合并的技术路线，采用多分类器进行分类，结果表明，总体精度最高的Bayes分类器，对以龄组为基础的22个类型的分类的总体分类精度达到了79.38%，以树种为基础的15个类型的总体精度达到了81.82%，以树种组为基础的9个类型的总体分类精度达到了86.33%。这一结果，在森林分布破碎、种类和类型多样、结构复杂的南方人工林区，是比较满意的结果。

（2）分类策略的确定极为关键。研究表明，在复杂地区的森林自动化分层分类中，由底层分类开始，然逐级向上合并的方法，比由顶级分类开始，然后往下逐级分类的方法，效果更好。

（3）ETM+作为辅助数据，较大程度地提高了SPOT5图像的分类精度。但ETM+图像不能实质性参与分割过程，只能用于提取信息，否则，由于分割后得到的对象的边界不准确，对象的光谱、纹理等特征变异大，从而降低分类精度。

（4）在本研究中，Bayes 分类器的总体精度最高，且各类型的生产者精度亦较为接近。

参 考 文 献

刘亮，姜小光，李显彬，等．2006. 利用高光谱遥感数据进行农作物分类方法研究．中国科学院研究生院学报，23（4）：484～488.

刘顺喜，张定祥，尤淑撑，等．2005. 分区控制和分层提取下的 OMIS—I 影像土地利用/覆盖分类方法研究．地理与地理信息科学，21（5）：28～32.

刘亚岚，阎守邕，王涛，等．2002. 遥感图像分区自动分类方法研究．遥感学报，6（5）：359～326.

骆剑承，周成虎，杨艳．2000a. 基于径向基函数（RBF）映射理论的遥感影像分类模型研究．中国图象图形学报，5（A 版）（2）：94～99.

牛明香，赵庚星，李尊英．2004. 南四湖湿地遥感信息分区分层提取研究．地理与地理信息科学，20（2）：45～52.

师庆东，吕光辉，潘晓玲，等．2003. 遥感影像中分区分类法及在新疆北部植被分类中的应用．干旱区地理，26（3）：264～268.

沙占江，马海州，李玲琴，等．2004. 多尺度空间分层聚类算法在土地利用与土地覆被研究中的应用．地理科学，24（8）：477～483.

张永生，巩丹超等．2004. 高分辨率遥感卫星应用——成像模型、处理算法及应用技术．北京：科学出版社.

曾志远．2004. 卫星遥感图像计算机分类与地学应用研究．北京：科学出版社.

赵英时等．2003. 遥感应用分析原理与方法．北京：科学出版社.

张翊涛，陈洋，王润生．2005. 结合自动分区与分层分析的多光谱遥感图像地物分类方法．遥感技术与应用，20（3）：332～337.

BENZ U C, HOFMANN P, WILLHAUCK G, *et al.* 2004. Multi-resolution object-oriented fuzzy analysis of remote sensing data for GIS-ready information. *ISPRS Journal of Photogrammetry & Remote Sensing*, 58: 239～258.

FOODY G M, MATHUR A. 2004. A relative evaluation of multiclass image classification by support vector machines. *IEEE Transactions on Geoscience and Remote Sensing*, 42: 1335～1343.

GONG P, HOWARTH P J. 1992. Frequency-based contextual classification and gray-level vector reduction for land-use identification. *Photogrammetric Engineering and Remote Sensing*, 58: 423～437.

HUANG C, DAVIS L S, TOWNSHEND J R G. 2002. An assessment of support vector machines for land cover classification. *International Journal of Remote Sensing*, 23: 725～749.

PAL M, MATHER P M. 2004. Assessment of the effectiveness of support vector machines for hyperspectral data. *Future Generation Computer System*, 20: 1215～1225.

第 6 章

多分类器结合

通过第 5 章的研究可以看出，同一遥感数据，不同分类器的分类精度不同，且同一分类器对不同类别的分类精度也不同。由于遥感数据的分类精度取决于分类过程的各个环节，包括分类用的对象特征选择、先验知识、训练样地数据和相关参数确定等，其中每一小的变动都导致分类精度大的变化，因此没有一个分类器是“公认”最好的。遥感数据的复杂性常常使得同一遥感数据中不同类别数据的统计分布特征不甚相同，即使采用同样的分类方法，不同类别的分类精度差别也很大，而且这种差别随不同的分类方法而不同。常常出现一些分类器对一部分类别的分类精度较高，而另一些分类器对另一部分类别的分类精度较高。从这个意义上说，不同分类器之间可能有一定的互补性。研究表明，通过适当的方法将现有的各种分类算法结合起来，能够提高分类精度（Roli *et al.*，1997）。

多分类器结合（Combination）方法在信号处理（Ghosh *et al.*，1995）、手写体自动识别（Xu *et al.*，1992）和指纹识别（Cappelli *et al.*，2000）等多个领域已得到广泛应用，在遥感图像分类领域也逐渐得到应用。多分类器的结合已经成为模式识别领域的一个研究热点，在土地利用/覆盖分类中也得到较为广泛的应用（柏延臣等，2005）。

多分类器结合是在相同的样本数据集中，训练不同的模型，然后组合这些分类结果。根据单个分类器输出类型，可以将分类器结合方法分为抽象级的结合（Abstract level）、排序级的结合（Ranked level）和测量级的结合（Measurement level）三大类（Suen *et al.*，2000），每一类中又有多种结合方法。Xu 等（1992）提出了不同输出级别上的各种结合方法，被称为多分类器结合的标准方法，在各种模式识别的应用领域广泛采用。

6.1 标准的多分类器结合方法

设图像 P 分为 M 个类别：

$$C_1 \cup C_2 \cup \cdots \cup C_i \cdots \cup C_M,\ C_i,\ \forall i \in \Lambda = \{1,\ 2,\ \cdots,\ M\} \tag{6-1}$$

式中，每一类别 C_i代表一种特定的模式，用一个特征向量 X 描述。

给定 N 个分类器，$X\varepsilon_k(k=1,\ 2,\ \cdots,\ K)$，对于结果为抽象级输出的硬分类器，如距离分类器、神经网络分类器等，每个分类器对输入模式 X 赋予一个类别 j_k，即：$\varepsilon_k(X)=j_k$。将这些单个分类器结合成一个分类器 E，使 $E(X)=j$，$j \in \Lambda \cup \{M+1\}$，其中 $j_i=M+1$ 代表分类器无法判断 j 的类别，赋予未分类类别。

对于结果为测量级输出的软分类器，如最大似然分类器、模糊分类器等，分类器输出一系列测量值(如后验概率)标明像元或对象属于各类别的程度。对于输入模式 $\dot{X}$，每个分类器输出一个矢量 $M_\varepsilon(k)=[P_k(1),\ P_k(2),\ \cdots P_k(M)]^T$，$P_k(i)$ 表示分类器 ε_k指派 X 属于类

别 i 的程度。于是利用各单个分类器 $\varepsilon(X)=M_{\varepsilon}(k)$，$k=1, 2, \cdots, K$ 构建一个分类器 $E(X)=j$，$j\in\Lambda\cup\{M+1\}$，即可进行分类器结合。

常用的多分类器结合方法有投票法、Bayesian 平均法等(贾永红等，2001)。

6.1.1 投票法

每种分类器都可得到抽象级的输出，因此抽象级的分类器结合是最常见的分类器结合方式，可以将任何分类器的输出结合形成新的分类决策。在解决多个分类器输出结果不一致的问题中，抽象级分类器结合方法一般采用投票法(Voting)。其基本思想是通过投票方式决定分类器输出结果不一致时模式类别确定的问题。投票规则认为群体的判断优于个体的判断。主要的投票规则有多数投票规则(Majority voting rule)和保守投票规则(Conservative voting rule)。在多数投票规则下，若半数以上的分类器输出结果为同一类别时，该类别即为待分类模式的最终类别；在保守投票规则下，只有当所有分类器的输出结果完全一致时，确定该输出结果为最终类别，否则，判定为"未知类别"，即：

$$T_k(X\in C_i)=\begin{cases}1 & \text{当 } \varepsilon_k=i,\ i\in\Lambda \text{ 时}\\ 0 & \text{其他}\end{cases} \tag{6-2}$$

一般地，可表示为：

$$E(X)=\begin{cases}j & T_E(X\in C_j)=\max_{i\in\Lambda}T_E(X\in C_j)\geqslant\alpha K\\ M+1 & \text{其他}\end{cases} \tag{6-3}$$

其中，$T_E(X\in C_i)=\sum_{i=1}^{n}T_K(X\in C_i), i=1,2,\cdots,M; 0<\alpha<1.0$；$K$ 为阈值。α 和 K 值不同，可形成不同的差别规则。当 $\alpha=1$ 时，称保守投票规则，表示一致通过的组合原则，即所有分类器输出结果均相同，或者说当且仅当 $j_1=j_2=\cdots=j_k$时，$\forall j\in\Lambda$ 时才会得到最终的有效结果，否则产生冲突。当 $\alpha=0.5$ 时，为多数投票规则，表示大多数通过的组合原则，即结合结果以占多数分类器者为结果。多数投票规则是式(6-3)在 $\alpha=0.5$ 时的特例，而保守投票规则是式(6-3)在 $\alpha=1.0$ 时的特例。由于式(6-3)只考虑使"得票最多且足够多"者当选，未能考虑两者得票相等或十分接近的情形，在某一类别得票很多且足够多，但另一类别的得票与该类别也十分接近时，此时得到的分类决策是不完全可靠的。解决这个问题通常采用比较多数投票规则(Comparative majority voting rule)：

$$E(X)=\begin{cases}j & \text{当 } T_E(X\in C_j)=\max_1,\ \max_1-\max_2>\alpha K \text{ 时}\\ M+1 & \text{其他}\end{cases} \tag{6-4}$$

其中，$0<\alpha<1.0$，$\max_1=\max_{i\in\Lambda}T_E(X\in C_i)$；$\max_2=\max_{i\in\Lambda-\{j\}}T_E(X\in C_j)$ 。

6.1.2 Bayesian 平均法

许多分类器(Bayes 和 MLP 神经网络分类器)在分类过程中输出一个模式 X 属于类别 C_i 的后验概率。计算各分类器的平均后验概率，据此可以确定待分类模式的最终类别，这就是 Bayesian 平均结合规则。

设分类器 ε_k将 X 划分为各类别的概率为 $P_E(C_i/X)$，$i=1, 2, \cdots, M$，$k=1, 2, \cdots, K$，Bayesian 平均结合规则表示为：

$$P_E(X \in C_i) = \frac{1}{K}\sum_{k=1}^{K} P_k(X \in C_i), i = 1,2,\cdots,M \tag{6-5}$$

最终的分类决策为：

$$E(X) = \begin{cases} j & 当\ P_E(X \in C_j) = \max_{i \in \Lambda},\ P_E(X \in Cj)时 \\ M+1 & 其他 \end{cases} \tag{6-6}$$

在作多分类器测量级结合时，各分类器的输出值必须处于同一数量级，亦即具有可比性。距离分类器是根据某像元(对象)与各类别特征平均值的欧氏距离或马氏距离判断其所属类别，需要将其距离测量值转换为满足概率论三个公理的、与概率矢量可比的“概率”。这个转换可以通过公式(6-7)实现：

$$P_k(X \in C_i \mid X) = \frac{1/d_k(C_i \mid X)}{\sum_{i=1}^{M} 1/d_k(C_i \mid X)} \tag{6-7}$$

其中，$d_k(C_i \mid X)$ 表示第 k 个分类器中模式 X 与类别 C_i的矢量距离。经过式(6-7)转换后，就可以将多种分类器通过 Bayesian 平均方法结合。

6.2 模糊融合方法

6.2.1 基本原理

在比较多数投票规则中，α 的确定没有一个明确的标准，甚至也无确定依据，应用中需要通过大量反复试验后确定。

若对于全部对象，每个分类器的输出结果都相同，则不需要进行多分类器结合。若对于某一待分对象(像元或对象)，每个分类器的输出结果都相同，无论采用何种结合方法，其结果都与各分类器的输出结果相同，也不存在分类器结合问题。分类器结合的实质是解决那些待分对象中多分类器输出结果不一致的冲突(Conflicting)问题(Fauvel *et al.*，2006)。

考虑一个 n 个类型，m 个分类器的问题，对于一个给定的待分对象，第 i 个分类器的输出值为一个数据集：

$$\{\mu_i^1(x),\ \mu_i^2(x),\ \cdots,\ \mu_i^j(x),\ \cdots,\ \mu_i^n(x)\} \tag{6-8}$$

式中，$\mu_i^j(x) \in [0,\ 1]$ 是待分对象 x 对第 i 个分类器第 j 类型的隶属度。$\mu_i^j(x)$ 越大，该对象属于第 j 类型的可能性越大。依据不同的分类器，$\mu_i^j(x)$ 可能具有不同的性质：概率、神经网络输出的后验概率、模糊分类器输出的隶属度，等等。在任何情况下，集合 $\pi_i(x) = \{\mu_i^j(x),\ j=1,\ 2,\ \cdots n\}$ 可认作是一个模糊集。

对于每个待分对象(像元或对象)，逐一分类器计算，得到 m 个模糊集，这些模糊集构成了融合过程的输入：

$$\{\pi_1(x),\ \pi_2(x),\ \cdots \pi_i(x),\ \cdots,\ \pi_m(x)\} \tag{6-9}$$

数据融合是从多源数据中合并信息，以改善决策。一般通过结合算子来实现。现有的结合算子，根据其性态可分为三个不同的类型：

(1)契合结合(Conjunctive combination)：这个算子相当于“精确”(Severe)算子。结果得

到的模糊集必须小于初始集。最大的契合算子是模糊交。T 范数是契合算子，得到一个模糊集 $\pi_{\wedge}(x)=\cap_{i=1}^{N}\pi_i(x)$ 。它们是可交换的、可结合的和可增加的，$\pi_i(x)=1$ 为中间元素（若 $\pi_2(x)=1$，$\pi_{\wedge}(x)\doteq\pi_1(x)\cap\pi_2(x)=\pi_2(x)$ ）。它们满足如下性质：

$$\pi_{\wedge}(x)\leqslant\min_{i\in[1,m]}\pi_i(x) \tag{6-10}$$

(2)分离结合(Disjunctive combination)。这个算子相当于“包容”(Indulgent)算子。结果得到的模糊集必需大于初始集。最小的分离算子是模糊并。T 范数是分离算子，得到一个模糊集 $\pi_{\vee}(x)=\cup_{i=1}^{N}\pi_i(x)$ 。它们也是可交换的、可结合的和可增加的，当 $\pi_i(x)=0$ 时为中间元素，它们满足如下性质：

$$\pi_{\vee}(x)\leqslant\max_{i\in[1,m]}\pi_i(x) \tag{6-11}$$

(3)折中结合：这个算子相当于中庸的“谨慎”(Cautious)算子。若其满足 $\min(a,b)<T(a,b)<\max(a,b)$，则 $T(a,b)$ 是一个折中结合。

显然，契合结合和分离结合均不适用于冲突情形。在折中算子中，有三个不同的算子，均以源数据冲突的度量为基础。冲突可定义为 $1-C$，其中

$$C(\pi_1,\pi_2)=\sup_x\min(\pi_1(x),\pi_2(x)) \tag{6-12}$$

由于能够应用于上下文，这些算子更具有灵活性，因而也更能提供有意思的结果。算子

$$\pi(x)=\begin{cases}\max\left(\dfrac{\min[\pi_1(x),\pi_2(x)]}{C(\pi_1,\pi_2)}\right),\ \min\left(\max\{[\pi_1(x),\pi_2(x)],\ 1-C(\pi_1,\pi_2)\}\right),\ 若\ C(\pi_1,\pi_2)\neq 0\\ \max(\pi_1(x),\pi_2(x)),\ 若\ C(\pi_1,\pi_2)=0\end{cases} \tag{6-13}$$

调整其性态成为一个源数据间的冲突函数：

①若源数据冲突很小时，其为“契合的”；

②若源数据冲突很大时，其为“分离的”；

③若源数据是部分冲突时，其具有“折中”性态。

此时，必须考虑源数据的可靠性信息，最可靠的源数据在融合过程中具有优先权。各种情形考虑如下：

①为每个源数据指派一个可靠性的数值度量；

②源数据的某个子集是可靠的，但不知是哪个子集；

③知道某些源数据是相对可靠的，但无度量值，此时，可以在数据源间定义优先级。

以下两个调节算子是“优先融合算子”(Prioritized fusion operator)的例子：

$$\pi(x)=\min\left(\pi_1(x),\ \max[\pi_2(x),\ 1-C(\pi_1,\pi_2)]\right) \tag{6-14}$$

$$\pi(x)=\max\left(\pi_1(x),\ \min[\pi_2(x),\ C(\pi_1,\pi_2)]\right) \tag{6-15}$$

对于以上 2 个算子，当 $C(\pi_1,\pi_2)=0$，π_2与 π_1相抵触，只保留 π_1提供的信息。此时，π_2被看作为一条特殊的信息，而把 π_1看作为一个模糊缺省值。假定 π_1比 π_2精确，我们得到满意的决策。

总之，契合结合和分离结合不适用于处理冲突的情形，应采用折中结合解决，并结合可靠的信息。

6.2.2 置信度度量

6.2.2.1 逐点精度(Pointwise accuracy)

对于一个给定的对象和一个给定的分类器，可用(6-8)式定义的模糊集 $\pi_i(x)$ 的模糊度作为该分类器精度的逐点度量值。若某一类型具有较高的隶属度值而其他类型的隶属度值接近于0，则可直观地认为该分类器是可靠的，相反，当没有一个类型的隶属度值明显大于其他类型时，该分类器是不可靠的，其提供的结果在最终决策时，影响作用很小。也就是说，当模糊集 $\pi_i(x)$ 具有一个较高的模糊度时，才能得到不确定结果，最高模糊度值只出现于非均匀分布隶属度值中。

常用的模糊度是 Kaufman 引入的模糊指标和 De Luca 与 Termini 引入的模糊熵，对于有限域 $U=\{u_1, u_2, \cdots, u_n,\}$，有

模糊指标 $K(\underline{A})$：

$$K(\underline{A}) = \frac{2}{n}\sum_{i=1}^{n} \left|\mu_{\underline{A}}(\mu_i) - \mu_{\underline{A}\frac{1}{2}}(\mu_i)\right| \tag{6-16}$$

式中，$\mu_{\underline{A}\frac{1}{2}}(\mu_i) = \begin{cases} 0 & \mu_{\underline{A}}(\mu_i) < 0.5 \\ 1 & \mu_{\underline{A}}(\mu_i) \geqslant 0.5 \end{cases}$。

模糊熵：$\widetilde{H}(\underline{A})$：

$$\widetilde{H}(\underline{A}) = \frac{1}{n\ln 2} - \sum_{i=1}^{n} S\left(\mu_L(\mu_L)\right) \tag{6-17}$$

式中，S 为仙农函数：$S(x) = -x\ln x - (1-x)\ln(1-x)$，于是

$$\widetilde{H}(\underline{A}) = -\frac{1}{n\ln 2} - \sum_{i=1}^{n}\left(-\mu_{\underline{A}}(\mu_i)\ln\mu_{\underline{A}}(\mu_i) - \mu_{\underline{A}^C}(\mu_i)\ln\mu_{\underline{A}^C}(\mu_i)\right) \tag{6-18}$$

为减少不可靠信息的影响，提高可靠信息的相对权重，定义每个模糊集的权重如下：

$$\begin{cases} \omega_i = \dfrac{\sum\limits_{k=0,k\neq i}^{m} H_{\alpha QE}(\pi_k)}{(m-1)\sum\limits_{k=0}^{m} H_{\alpha QE}(\pi_k)} \\ \sum\limits_{i=0}^{m} \omega_i = 1 \end{cases} \tag{6-19}$$

式中，$\alpha=0.5$，$H_{\alpha QE}(\pi_k)$ 是源数据 k 的模糊度，n 是源数据的个数。当某一源数据的模糊度低时，ω_i接近于1，只轻微地影响相应的模糊集。

6.2.2.2 整体精度(Global accuracy)

除了应用上述局部上下文外，也可用先验知识考虑每个分类器的性能。即通过参数 f_i^j 为每个分类器 i 、每个类型 j 建模。整体精度可通过对每一分类器的独立统计确定。若对于给定的类型 j，用户认为由分类器 i 得到的结果是满意的，则参数 f_i^j 为1，相反为0。假定对于每个类型，这种二进制决策越多，至少有一个方法得到满意的全局精度。

6.2.2.3 结合算子(Combination operator)

很多结合规则从简单的契合或分离规则，如最小或最大算子，到如上述所定义的更为精细的折中算子，考虑每一源数据的相对可靠性。因此，有了这些算子，源数据总具相同的层

次，融合方案不采用局部上下文，可采用如下扩展：

$$\mu_f^j(x) = \max\left(\min\left[\omega_i\mu_i^j(x),\ f_i^j(x)\right],\quad i\in[1,\ m]\right) \tag{6-20}$$

式中，f_i^j 是源数据 i 对第 j 类型的整体置信度，ω_i是均一化因子，μ_i^j是模糊集 π_i的一个元素。这个结合规则确保对于每一类型(预定义 f_i^j 系数)，只考虑哪些可靠的源数据，且融合通过偏好局部最可靠的源数据(权重系数 ω_i)，自动适应于局部上下文。

6.2.3 模糊融合流程

首先，独立应用每个分类器，但不进行任何决策。其次，综合不同算法得到的结果。最后，通过选取具有最大隶属度的类型而得到分类结果。

对于每个对象，融合过程如下：

①为每一源数据中的所有类型，单独建立模糊集；

②计算每个模糊集的模糊度；

③采用式(6-19)定义的 ω_i对数据进行标准化；

④采用算子(6-20)；

⑤选择隶属度值最高的类型。

在将具有相同范围的数据结合之前，模糊集的范围需进行重新调整。每一像元(对象)，重新调整过程必须将其顺序关系保存于分类器的输出结果中。调整方法如下：

对所有的 $\pi_i(x) = \{\mu_i^1(x),\ \cdots,\ \mu_i^j(x),\ \cdots,\ \mu_i^n(x)\}$，计算 $M = \max_{j,x}[\mu_i^j(x)]$ 和 $m = \min_{j,x}[\mu_i^j(x)]$。

对所有的 $\mu_i^j(x)$，计算 $\mu_i^j(x) = \dfrac{\mu_i^j(x) - m}{M - m}$。

6.3 投票法与模糊融合相结合方法

以上3种多分类器结合方法，都有可靠的理论基础和适用范围。投票法计算过程简单，适用于所有的分类器结合。但在实际应用中，一个命题研究不可能采用很多的分类器试验，尤其是大区域，且每个分类器都进行独立训练时，更难以采用很多的分类器。因此在一般研究中，所试验的分类器个数是有限的，有时甚至是双数的，此时投票法的应用存在较大的局限性。Bayesian 平均法要求每个分类器都输出后验概率，但很多分类器并不输出后验概率。模糊融合方法强调各分类器输出结果不一致，即结果冲突的解决方案，但计算过程稍微复杂。

多分类器结合的核心问题是解决各分类器输出结果不一致的冲突问题。这里涉及到两个问题：一是冲突的界定，即何种情况下可视为冲突？或如何界定冲突？二是如何解决冲突？

从严格的定义上看，对于某一待分类对象(像元或对象)，当所有分类器的输出结果都相同时，我们说各分类器输出结果之间不存在冲突，否则存在冲突。在进行多分类器分类时，总有一部分待分对象存在着分类器结果冲突，一部分待分对象不存在冲突的情况。一般而言，采用的分类器越多，冲突就越多。

保守投票法为寻求哪些待分类对象存在冲突提供了可靠工具，模糊融合法为冲突问题的解决提供了一个科学途径，因此将投票法和模糊法相结合，为多分类器结合提供了一个新的方法，称为投票/模糊法。

投票/模糊法的思路是：用保守投票法对待分对象多分类器结果的冲突情况进行判断，“不冲突”的对象，其输出结果即为多分类器结合后的类型。对于“冲突”的对象，采用模糊法解决冲突，得到最终的多分类器结合结果。其数据流程如图6-1所示。

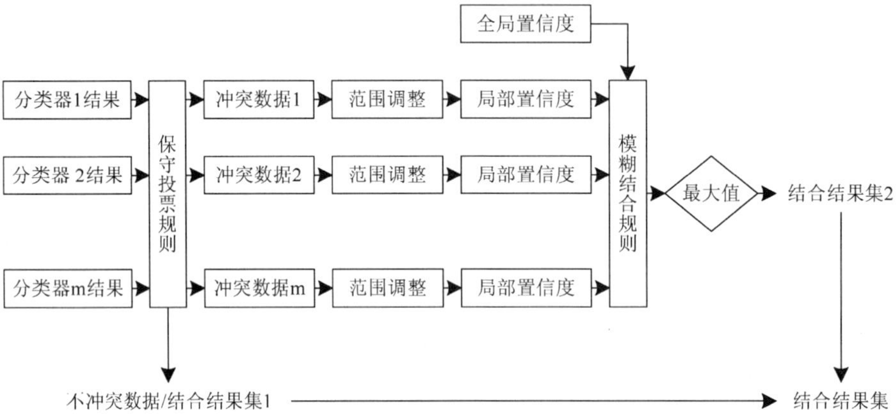

图6-1 投票/模糊法多分类器融合数据流程图

6.4 结果分析与讨论

6.4.1 结合结果总体精度评价

6.4.1.1 总体精度评价

根据上述方法，对第5章5个分类器进行结合，采用混淆矩阵(附表16至附表21)计算精度，得到如下结果(表6-1)。从总体分类精度来看，只有投票/模糊法结合的总体精度高于单个分类器中总体精度最高的Bayes分类器，其余结合方法的总体精度都小于Bayes分类器。模糊结合方法的总体精度明显的高于投票法、Bayesian平均法，接近于投票/模糊法。

表6-1 多分类器融合总体精度(第三级分类)与各分类器比较

分类器和结合方法	0312new		noTM		withTM	
	精度(%)	Kappa系数(%)	精度(%)	Kappa系数(%)	精度(%)	Kappa系数(%)
投票/模糊法	69.66	67.52	79.60	78.12	71.41	69.78
投票法	60.52	57.31	73.80	71.73	66.67	64.28
Bayesian 平均法	54.40	50.52	69.72	67.25	65.52	62.79
模糊法	69.03	66.82	79.24	77.76	71.34	69.46
支持向量机	60.60	57.85	71.87	69.83	61.14	58.53
模糊分类器	56.51	52.98	69.94	67.50	63.72	61.04
Bayes 分类器	69.25	67.08	79.38	77.88	69.68	67.59
马氏距离分类器	63.05	60.13	71.94	69.74	65.45	63.03
最小距离分类器	35.71	31.60	31.76	28.33	31.06	27.45

总体而言，多分类器结合后的总体精度，提高幅度很小，即多分类器结合的效果不明显。

6.4.1.2 生产精度评价

分析方案 noTM 融合后各类型的生产者精度，得到图 6-2 的结果。

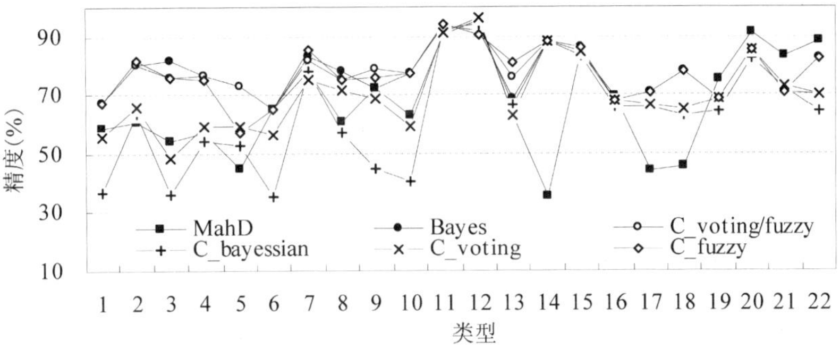

图 6-2 方案 noTM 第三级分类融合结果与原有分类器的生产者精度比较

在投票/模糊法结合结果中，22 个类型中有 2 个类型的生产者精度得到了较大幅度的提高，分别是 f_ c300（+7.41 个百分点）和 p_ c900（+11.76 个百分点），有 4 个类型的精度出现了不同程度的下降，其中下降最大的是 f_ c11o（-6.06 个百分点）。

在投票法中，除 f_c24m（+3.86 个百分点）和 p_c600（+2.75 个百分点）两个类型的生产者精度有所提高，p_c22y、p_c24y、p_c400、p_c500、p_c900 共 5 个类型保持不变外，其余类型的生产者都存在不同程度的下降现象，其中 f_c11o（-33.34 个百分点）、f_c11y（-12.31 个百分点）、f_c11m（-14.08 个百分点）、f_c12y（-18.00 个百分点）、f_c12m（-14.29 个百分点）、f_c22m（-18.52 个百分点）、p_c300（-13.04 个百分点）7 个类型的生产者精度下降超过了 10 个百分点。

在 Bayesian 平均法中，除 f_ c24m（+1.65 个百分点）和 p_ c600（+1.84 个百分点）两个类型的生产者精度有所提高，p_ c22y 保持不变外，其余类型的生产者都存在不同程度的下降现象，有 8 个类型的生产者精度下降超过了 20 个百分点。

在模糊融合中，有 6 个类型的生产者精度得以提高，5 个类型下降，11 个类型保持不变。从这个角度来看，模糊结合法效果最好。

模糊法和投票/模糊法的结果十分接近，在造林地 9 个类型中，模糊法和投票/模糊法完全相同。

上述结果与一些研究者得到的结论相差较大，在他们的研究中，多分类器融合后总体分类精度显著提高（柏延臣等，2005；张秀英等，2007）。其可能的原因之一是本研究中，研究区域较大，所分类型较多且地表特性相近。

6.4.2 分类器的相关性

一般用 Q 统计量来描述两个分类器之间关联程度（杨丽英等，2005；张秀英等，2007）。当有多个分类器时，用 Q 统计量的均值描述分类器集合的关联。采用 Q 统计量作为分类器关联的度量，其对于独立关系及正负相关都有清晰的解释，且易于计算，分类器 R_i 和 R_j 之间的 Q 统计量定义为

$$Q_{ij} = \frac{N^{11}N^{00} - N^{01}N^{10}}{N^{11}N^{00} + N^{01}N^{10}} \tag{6-20}$$

N^{ab}是指测试样本集合中 R_i判为 a 、R_j判为 b 的样本数目。式中 a 和 b 取值为 1 表示分类器判决正确，取值为 0 则表示判决错误。

表 6-2 列出了 5 个分类器之间的关联性度量。模糊分类器与 Bayes 分类器的结果相关性最大，达到了 0.9685，这两个分类器也是分类精度最高的两个分类器。关联度最小的两个分类器是最小距离分类器和模糊分类器。16 个分类器两两组合的 Q 值平均值为 0.8337，表明了各个分类器输出结果之间具有较高的相关性，或者说这 5 个分类器集合的关联性比较高。

表 6-2 各分类器的关联性度量

分类器	MinD	MahD	Bayes	Fuzzy	SVM
MinD	1.0000				
MahD	0.7193	1.0000			
Bayes	0.7403	0.9363	1.0000		
Fuzzy	0.6903	0.9476	0.9685	1.0000	
SVM	0.6812	0.8359	0.8976	0.8635	1.0000

深入分析产生上述现象的主要原因是在分类过程中，不同分类器采用的样本基本相同，这种做法在实际应用中是不可避免的，特别是在大面积生产应用中，难以对每个分类器单独采集一套训练样本。比较可行的办法是，对于不同的分类器，尽可能采用不同的对象特征进行分类，至少，不同分类器所采用的对象特征不应完全相同。

研究表明，在单分类器分类精度保持不变的情况下，多分类器结合后的精度随着分类结果之间的关联度的下降呈现上升趋势，无论参与组合的分类器性能如何，多分类器系统的性能总是随着关联程度的增加而降低(杨利英等，2005)。据此不难解释本研究中，多分类器融合效果不明显的原因。

6.4.3 全局置信度的确定

在模糊结合的结合算子$\mu_f^j(x) = \max\left(\min[\omega_i\mu_i^j(x),\ f_i^j(x)],\ i \in [1,\ m]\right)$中，参数$f_i^j$对融合结果具有重要的影响。$f_i^j$决定了哪个分类器以何种形式参与融合过程。

研究中发现，总体分类精度低的分类器，尤其是各个类型生产者精度都低的分类器，如最小距离分类器，对结合精度的提高不但没有帮助，相反，还可能降低融合后分类精度。因此应尽量选择总体分类精度较高，至少有某些类型生产者精度较高的分类器。

本研究中，f_i^j 的确定采用如下原则：

(1)对于类型 j，若分类器 i 得到的用户精度最高，则参数 f_i^j 为 1。

(2)对于类型 j，若分类器 i 得到的用户精度接近最高精度，或其精度在可接受的范围内，则参数 f_i^j 为 1。

显然，参数 f_i^j 的确定不存在唯一的方法，需要通过多次试验确定。

6.5 本章小结

(1)并不是所有的多分类器结合方法都能提高总体分类精度。研究结果表明，投票法、Bayesian 和模糊法结合后，总体精度不升反降。本研究采用了保守投票规则和模糊融合相结合的方法——投票/模糊法，结合 5 个分类器后，总体分类精度虽有一定的提高，但提高幅度不大，融合效果不明显。

(2)在大面积实际应用中，由于难以对每个分类器都建立一套独立的训练样本，因此分类器输出结果之间不可避免地存在较高的关联性，影响了多分类器融合效果。在条件允许的情况下，应尽可能地为每一分类器建立一套独立的训练样本，或者尽可能地避免每个分类器都采用相同的对象特征。

(3)在进行多分类器模糊融合过程中，必须通过反复试验确定参数 f_i^j，方能取得满意的结果。

参 考 文 献

柏延臣, 王劲峰. 2005. 结合多分类器的遥感专题数据专题分类方法研究. 遥感学报, 9(5): 555 ~ 563.

贾永红, 李德仁. 2001. 多源遥感影像像素级融合分类与决策级分类融合法的研究. 武汉大学学报信息科学版, (5): 430 ~ 434.

张秀英, 冯学智, 刘伟. 2007. 基于多分类器结合的 IKONOS 影像城市植被类型识别. 东南大学学报(自然科学版), 37(3): 399 ~ 403.

杨丽英, 覃征, 张选平. 2005. 分类器模拟算法及其应用. 西安交通大学学报, 39(12): 1311 ~ 1314.

CAPPELLI R, MAJO D, MALTONI D. 2000. Combining fingerprint classifier. Kittler Roli, Multiple Classifiers, Springer.

FAUVEL M, CHANUSSOT J, BENEDIKTSSON J A. 2006. Decision fusion for the classification of urban remote sensing images. *IEEE Transactions on Geoscience and Remote Sensing*, 44(10): 2828 ~ 2838.

GHOSH J, TUMER K, BECK S, *et al.* 1995. Integration of Neural Classifiers for Passive Sonar Signals. *Leondes DSP Theory and App lications.* Academic Press.

ROLI F, GIACINTO G, VEMAZZA G. 1997. Comparison and combination of statistical and neural network alogrithms for remote sensing image classification. Kanellopoulos, Wilkinson G, Roli F, *et al.* Neurocomputation in Remote Sensing Data Anaylysis. Springer.

SUEN C Y, Lam L. 2000. Multiple Classifier Combination Methodologies forDiffernent Output Levels. Kittler, Roli. Proceedings of First International Workshop on Multiple Classifier Systems, Springer.

XU L, KRZYZAK A, SUEN C Y. 1992. Methods of Combining Multiple Classifiers and Their Applications to Handwriting Recognition. IEEE Transaction on Systems, Man, and Cybernetics, 22(3): 418 ~ 435.

第7章

基于SPOT5图像分割的森林小班边界自动提取

我国从20世纪50年代应用航空像片开展森林资源二类调查以来，遥感技术特别是航天遥感技术在森林资源调查中的应用得到了长足的发展。90年代，Landsat TM数据开始用于森林资源规划设计调查（二类调查）（袁凯先等，1996；李留瑜，1999；赵宪文等，2001；瞿林，2003；刘琳，2004），但TM数据由于空间分辨率低，限制了其在二类调查中的应用（张煜星等，2007），近年来，以SPOT5为主的高空间分辨率遥感数据广泛应用于大面积森林资源调查（华朝朗，2005；王照利等，2005；王荣女，2007；郑天水，2006）。目前，卫星遥感数据在大面积森林资源调查中主要有两种技术方法：一是用作工作手图进行野外现场勾绘（王照利等，2005）；二是通过计算机人机交互判读，直接在计算机上采用屏矢量化方法勾绘小班边界，通过目视解译方法判读土地类别、优势树种等调查因子（杜鹏志，2005；华朝朗，2005）。这两种方法技术含量低，没有充分发挥高空间分辨率遥感数据空间信息丰富的优势，也没有充分利用当今遥感图像处理、分析先进技术，并且工作效率不高。据研究，处理一个县的SPOT5卫星数据（主要为屏幕矢量化）需要50～60个工作日（华朝朗，2005）。为此，本书研究基于SPOT5图像分割的森林小班边界自动提取技术，试图为森林资源二类调查提供一条高效途径。

7.1 研究区域概况和数据源

7.1.1 研究区域概况

试验区位于南宁市北面的高峰林场内，地理位置为22°48′48″～23°3′34″N，108°7′55″～108°32′53″E，面积20 km^2，低山丘陵地貌，海拔高度在70～500 m之间，坡度25°～35°。地形比较封闭。

区域内绝大部分为人工林，主要树种为杉木 *Cunninghamia lanceolata*，马尾松 *Pinus massoniana*，马占相思 *Acacia mangium*，厚荚相思 *A. crassicaroa*，尾叶桉 *Eucalyptus urophylla*，木荷 *Schima superba*，火力楠 *Michelia macclurel*，八角 *Illecium verum*，玉桂 *Cinnamomum cassia*，龙眼 *Dimocarpus longgana Lour.*，荔枝 *Litchi chinensis*，粉单竹 *Lingnania chungii*，麻竹 *D. latiflorus Munro* 等。山沟有少量灌木。由于绝大部分为人工林，加上地形破碎，森林分布极为破碎，表现为斑块小、不同树种呈无规律交叉分布。

7.1.2 数据源

研究采用两种数据源：①2007 年 10 月 13 日接收的 SPOT 5 HRG 1A 级同时相的 2.5 m 全色和 10 m 多光谱遥感数据；②2007 年 10 月 11 日接收的 Quickbird 全色和多光谱数据，空间分辨率为 0.61 m/2.44 m。

7.2 小班边界自动提取方法

7.2.1 图像预处理

图像预处理包括几何精校正、配准和分辨率融合及光谱增强。

（1）将全色图像与多光谱图像配准，采用主成分变换和双线性重采样进行分辨率融合。

（2）在林区 GPS 控制网支持下，采用美国 NAVCOM 公司的 SF－2070G GPS 双频 RTG 接收机测量地面控制点（GCPs）进行图像几何精校正，两种图像的综合误差均小于 1 个像元。校正后图像为高斯－克吕格投影，北京 54 坐标，3°分带。

（3）采用直方图均衡化方法对 SPOT5 图像进行光谱增强。

SPOT5 图像预处理效果如彩图 7-1。

7.2.2 图像分割

SPOT5 图像分割在 Difiniens™ Developer 7.0 平台上进行，根据操作图像和分割参数的不同，共试验了 4 种分割方案，分别是方案 His、方案 Info、方案 WithStd 和方案 NoStd，除方案 His 只进行 5 个尺度的分割外，其余 3 个方案均进行 6 个尺度的多尺度分割。各方案的分割参数除图层权重不同外，其余均为 Shape＝0.2 和 Compactness＝0.5。

方案 His 的分割在经直方图均衡化后的图像上进行，各层权重均为 1。其他 3 个方案的分割均在原始图像上进行。方案 Info 中各图层的权重根据其信息量（由仙农熵计算）确定，信息量最小的图层的权重为 1，其余各层的权重为其信息量与最小信息量之比值。方案 WithStd 中各图层的权重根据其标准差确定，标准差最小的图层的权重为 1，其余各图层的权重为其标准差与最小标准差之比值。方案 NoStd 中所有图层的权重均置为 1。各方案的分割参数见表 7-1。

表 7-1 各方案的分割参数

分割方案	操作图像	各图层权重	形状	紧致度	分割尺度					
					Level_1	Level_2	Level_3	Level_4	Level_5	Level_6
His	直方图均衡化	1,1,1,1	0.2	0.5	20	50	75	100	150	200
Info	原始图像	1.21,2.17,2.54,1	0.2	0.5	10	20	40	60	75	
WithStd	原始图像	1.33,1.15,1,1.65	0.2	0.5	20	50	75	100	100	100
NoStd	原始图像	1,1,1,1	0.2	0.5	20	50	75	100	100	100

7.2.3 评价方法

分割效果评价以 Quickbird 图像为基础进行。首先在 Quickbird 图像上选取森林或土地覆盖类型分布边界明显的区域，采用屏幕矢量化的方法，描绘其斑块边界，作为分割效果评价的参考对象，共选取33个参考对象。然后通过目视评估方法分析确定每个分割方案中效果最好的分割尺度，作为评价对象，选取的4个待评价分割图层为His_ 200，Info_ 75，WithStd_ 75，NoStd_ 75。最后根据与参考对象空间位置相对应的原则，在SPOT5分割图像上确定待评价的分割对象，并分别逐一测量分割对象和参考对象的目标特征（评价指标）。定量评价采用UMA准则（章毓晋，2001；Zhang *et al.*，1994）和相似度两种方法。

7.2.3.1 最终测量精度准则

UMA准则评价的目标特征（评价指标）包括圆度（RO），紧致度（CO）、形状指数（SI）、最小包络椭圆短半径（RE）、椭圆度（EF）（Definens AG，2006）、形状因子（P2A）（章毓晋，2001）、面积相对误差（RA）、周长相对误差（RP）、中心位置绝对位移（DC）（李春干，2002）。各评价指标的含义和计算方法见第三章表3-5。

7.2.3.2 相似度

用欧氏距离作相似度的度量。考虑面积（A）、周长（P）、圆度（RO），紧致度（CO）、形状指数（SI）、最小包络椭圆短半径（RE）、椭圆度（EF）、形状因子（P2A）8个目标特征，逐一分割方案计算每个多边形与相应参照多边形的欧氏距离。由于各目标特征的度量单位不同，因此先对数据进行标准化，然后计算每个分割对象与参考对象的欧氏距离。

7.2.4 小班边界自动提取

根据分割效果评价结果，选取效果好的分割方案和分割尺度，在Difiniens™ Developer 7.0平台上导出其对象边界，即得到小班边界空间分布图。

7.3 图像分割结果与分析

7.3.1 分割结果

对SPOT5图像施行分割，得到各个方案的一系列分割图像。各方案的部分分割结果如彩图7-2所示，其中下划线后的数字为分割尺度，如His_ 200表示为方案His中尺度为200的分割结果，Info_ 75表示为方案Info中尺度为75的分割结果。

从彩图7-2中可以看出，方案His_ 200的多边形边界曲折、形状不规整。方案Info_ 75和NoStd_ 75未能很好地反映森林分布的差别。方案WithStd_ 75则较好地反映了森林分布。

在GIS平台支持下，将Quickbird图像、参考对象和分割对象叠合，得到彩图7-3。图中红色粗线条多边形为参考对象，各色细线多边形为图像分割结果，天蓝色粗线多边形为参考对象相对应的待评价分割对象。从图中可以看出，方案his_ 200的3个多边形（3、14和28）的边界很不规整，其余方案的多边形的边界与参照目标接近，都比较圆滑，符合小班勾绘习惯。

7.3.1 定量评价

对33个分割对象和参考对象多边形进行统计，得到各方案的UMA准则评价中各目标特征平均值见表7-2。表中各个目标特征从形状和面积等多个角度反映了各分割对象与参考对象的差异。方案WithStd_ 75各个多边形的形状特征平均值与参考对象最接近，且其面积和周长的相对误差最小。方案NoStd_ 75和Info_ 75的各个目标特征都比较接近，略差于方案WithStd_ 75。方案His_ 200与参考对象相差最大，边长相对误差大，形状特征也相差甚远。

表7-2 分割方案定量评价结果*

分割方案	RO	CO	SI	RE	EF	P2A	RA	RP	DE
Quickbird	0.8007	1.6314	1.5048	0.8418	0.7136	2.9800			
His_ 200	1.2720	2.1032	2.5064	3.9036	0.5354	8.8403	0.3406	0.7770	53.1818
Info_ 75	0.8898	1.7591	1.7335	3.4747	0.6829	3.8825	0.3448	0.2812	46.1152
WithStd_ 75	0.8243	1.7376	1.6798	3.3685	0.7078	3.6375	0.2576	0.2058	37.3364
NoStd_ 75	0.8883	1.7637	1.7124	3.5250	0.6975	3.7999	0.2655	0.2527	30.2455

注：方案His_ 200表示中的200为尺度参数，其他类同。

方案His_ 200、Info_ 75、WithStd_ 75和NoStd_ 75的33个多边形与参照系的平均距离分别为0.8341、0.5268、0.5191和0.5345，其标准差分别为0.4791、0.0966、0.1103和0.1272。各方案各个多边形与参考对象的距离如图7-1。

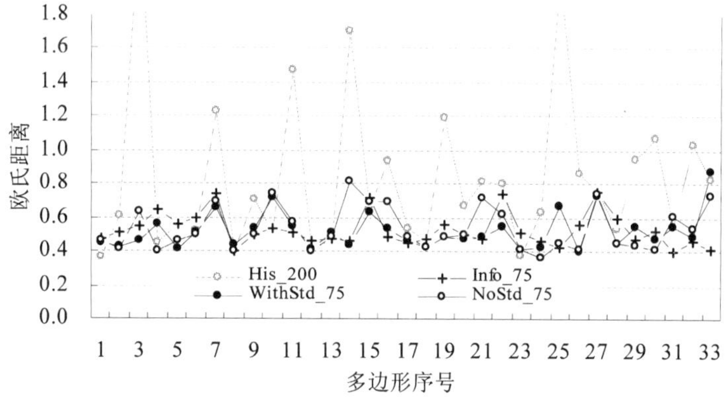

图7-1 各方案各个多边形与参考对象的欧氏距离

由图7-1可以看出，方案WithStd_ 75各个多边形与目标多边形的相似度最高。

7.3.2 定性评价

通过分割，方案His_ 200得到的多边形边界曲折、形状极不规整，不符合森林资源二类调查中小班区划的习惯。方案Info_ 75、WithStd_ 75和NoStd_ 75的多边形都比较规整，但就反映森林分布的准确性而言，方案WithStd_ 75比其他两个方案略好。

7.4 讨 论

7.4.1 图像分割策略

图像分割的目的在于信息提取。研究目的不同，感兴趣的信息不同，信息提取方法不同，图像分割的方法也不相同。就一般遥感应用而言，应尽可能做到分割精确，确保对象的同质性，以提高图像分类和信息提取精度。

本书研究目的是利用SPOT5图像自动区划小班，旨在通过计算机自动分割、提取边界，基本满足森林资源规划设计调查（二类调查）应用的小班区划需要，达到提高小班边界定位精度、降低劳动强度、提高效率。图像分割后，还需进行后期处理，采用目视判读方法，合并类型相近的多边形，切割自动分割未完全的多边形，然后将多边形界线、行政和经营区划界线与遥感图像叠合，打印工作手图，取代传统方法应用的地形图，用于野外核对、修正。

鉴于以上目的和应用方法，在图像分割过程中，一方面既要保证图像分割得到的对象的同质性，另一方面必须保证所得的多边形相对规整，符合二类调查小班区划习惯，满足实际林业生产经营需要。因此，在图像分割过程中，一般采用多尺度分割，从小尺度开始，加大尺度逐级分割，直至通过目视观察认为基本合适为止。前述研究表明，方案Info_ 75、WithStd_ 75和NoStd_ 75的多边形都可用于实际生产，只是方案WithStd_ 75比其他两个方案略好。

森林资源二类调查的主要对象是林地，要求林地的小班区划能够充分反映森林分布状况。对于非林地，除水域外，统统归为一类，不作详略调查，也不需进行的细致区划。因此，在林、农交错分布区域，由于大片农地上零星分布的甘蔗、木薯等高杆经济作物的光谱特性与林分十分接近，而这些经济作物在实际的二类调查中，需要与水田等其他农业用地合并，若采用同一尺度分割，农地的多边形很多，后期合并等编辑工作量很大。经过试验，对于林、农交错分布区，采用图7-2的分割流程进行分割，效果较好。首先通过多尺度分割，然后在合适的图层上采用基于规则的方法进行图像分类，将全部对象粗略地分为林地和非林地，最后在此基础上进行基于分类的分割，对林地采用小尺度分割，对非林地采用略大的尺度进行分割。这样既保证林地分割的精确性，又使农地的多边形数量尽可能减少，以便于后处理编辑。

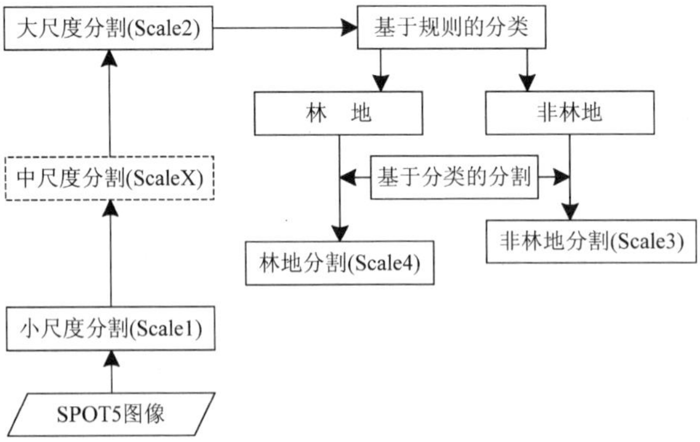

分割尺度：Scale 2 > Scale 3 > Scale 4 > Scale 1；Scale 2 > Scale X > Scale 1

图7-2 混农区图像分割流程

7.4.2 图像分割参数

图像分割参数包括输入层权重、尺度、颜色/形状、平滑度/紧致度。参数不同，得到的效果不同。

输入数据层的权重取决于各个波段的光谱和空间特性、多光谱数据的相关性。就一般的光谱特性而言，尽管所有波段的数据在某种程度上都有其一定的作用，如近红外反射系数与区分植被变化的能力密切相关。针对 Ikonos-2 图像分割 Michael 等（2006）提出了各波段权重设置的经验公式：

$$W_{bnd1} + W_{bnd2} + W_{bnd3} = W_{bnd4} = W_{pnd}$$

在本章研究中，SPOT5 图像的 4 个波段均为融合后的数据，空间特征相同。因此权重的确定主要考虑各输入层的光谱特性，即考虑各波段像元灰度值的变异情况。在本研究中，方案 His 的图像经过了直方图均衡化，各图层变异相同，故所有输入层的权重均设置为 1。方案 NoStd 不考虑各输入层的灰度值的变异情况。方案 Info 和方案 WithStd 分别从信息量、标准差的角度考虑了输入层灰度值的变异情况。结果表明，这两方案的效果比其余两个方案更好。至于为何方案 WithStd 的效果比方案 Info 更好？有待于进一步的研究。

本章研究中，参数 Shape = 0. 2、Compactness = 0. 5 的设置是经过反复预研究后确定的，其分割效果一方面既保证图像分割得到的对象具有较高的同质性，另一方面又保证所得的多边形较为规整。

7.4.3 评价方法

图像分割评价可以分成两种：一是性能刻画，掌握某种算法在不同分割情况中的表现，以通过选择参数来适应分割具有不同的内容的图像和分割不同下条件采集到的图像的需要；二是性能比较，比较不同算法在分割给定图像时的性能，以帮助在具体分割应用中选取合适的算法或改进已有的算法。为对分割算法进行评价，已提出了几十个评价准则，不同准则又可分为定性的和定量的准则两大类（章毓晋，2001），或者分为分析方法（Analytically）和实验方法（Empircally）（Carleer et al.，2005）。本书采用最终测量精度（UMA）准则和相似度两种方法评价分割效果，属实验的定量方法，都是围绕图像分割的最终目标——获得对图像中目标特征值的精确测量，通过对目标特征值的测量和计算，根据其所反映的分割质量而对分割方案作出评价。

在本章研究中，以 Quickbird 图像为基础，根据实际二类调查方法和要求，通过屏幕矢量化方法勾绘得到的多边形，作为评价各个分割方案效果的基准多边形。由于本书研究目的是探讨满足的二类调查实际需要的图像分割方法，希望 SPOT5 图像分割得到的多边形与基准多边形最大限度地相似。因此采用了多指标逐一评价（UMA）和综合评价（相似度）两种方法进行分割效果。前者旨在从不同的角度，如面积、形状等对分割效果进行评价，后者在于评价分割方法（案）的总体表现。试验结果表明，两种方法的结果十分接近，都认为方案 WithStd 效果最好。

7.5 本章小结

（1）采用图像分割的方法，自动提取小班边界，经适当后处理后，制作工作手图用于森林资源二类调查，不但大量节省野外小班勾绘工作时间、降低劳动强度、提高工作效率，而且大幅度地提高了小班勾绘精度，有效确保二类调查的面积精度。该方法是目前理论技术水平条件下，遥感技术替代传统技术最有效的途径之一。

（2）原始图像直接用于分割的效果远好于经直方图均衡化后再用于分割的效果。在图像分割过程中，输入图层的权重在一定程度上影响分割效果。试验结果表明，根据各输入图层标准差设置权重的分割效果，略好于根据图层信息量设置权重的分割效果。

（3）采用多指标逐一评价（UMA）和综合评价（相似度）两种方法对分割效果进行评价，能够更为全面地反映分割结果与参照目标的差异，结论更可靠。

参考文献

杜鹏志. 2005. "3S" 技术在北京市森林资源规划设计调查中的应用. 林业资源管理，(增刊)：11 ~ 15.

华朝朗. 2005. SPOT5卫星数据在县级森林资源调查中的应用研究. 林业调查规划，30 (3)：8 ~ 12.

刘琳. 2004. 遥感和地理信息系统在森林分类中的应用. 安徽林业，(5)：19.

李春干. 2002. 小班定位误差评价方法探讨. 林业调查规划，27 (4)：16 ~ 17.

李留瑜. 1999. 林业调查技术的回顾与思考. 林业资源管理，(6)：50 ~ 57.

瞿林. 2003. TM卫星影像在楚雄市森林资源调查中的应用. 林业建设，(4)：25 ~ 29.

王照利，黄生，张敏中，等. 2005. 森林资源调查中SPOT5遥感图像处理方法探讨. 陕西林业科技，(1)：27 ~ 29、55.

王荣女. 2007. QuickBird和Spot5在县级森林资源调查中应用比较研究. 内蒙古林业调查规划，30 (3)：16 ~ 18、51.

袁凯先，包盈智. 1996. 在森林二类调查中用TM影像代替航片的研究实例. 林业科学研究，9 (5)：449 ~ 454.

郑天水. 2006. SPOT5卫星遥感信息在森林资源调查中的应用现状与解决思路. 林业调查规划，31 (5)：24 ~ 28.

赵宪文，李崇贵，斯林，等. 2001. 森林资源遥感估测的重要进展. 中国工程科学，3 (8)：15 ~ 28.

张煜星，王祝雄. 2007. 遥感技术在森林资源清查中的应用研究. 北京：中国林业出版社，9 ~ 10.

章毓晋. 2001. 图像分割. 北京：科学出版社，14.

DEFINIENS AG. 2006. Definiens professional 5 reference book. Ver. 5. 0. 6. 1.

Carleer A, Debeir O, Wolff E. 2004. Comparison of very high spatial resolution satellite image segmentations. *Image and Signal Processing for Remote Sensing IX*, Proc. Of SPIE, 5238：532 ~ 542.

Chubey M S, Franklin S E, Wulder M A. 2006. Object-based Analysis of Ikonos-2 Imagery for Extraction of Forest Inventory Parameters. *Photogrammetric Engineering & Remote Sensing*, 72 (4)：383 ~ 394.

Zhang Y J, Gerbrands J J. 1994. Objective and quantitative segmentation evaluation and comparison. *Signal Processing*, 39：43 ~ 45.

第8章

面向对象的航空遥感图像土地利用/覆盖分类

土地利用/覆盖信息对城市规划和管理、自然资源的可持续管理和经济发展具有十分重要的意义（Kontes *et al.*，2000）。由于土地利用/覆盖变化的动态性，因此必须对土地利用/覆盖图进行及时更新。传统的更新方法主要采用地面调查方法，工作量大，成本高。近30年来，遥感技术在土地利用/覆盖图更新中得到了广泛的应用。土地利用/覆盖制图也是遥感数据最重要的应用（Lo and Choi，2004；Ibrahim *et al.*，2005），遥感图像土地利用/覆盖分类已成为土地利用/覆盖信息及时更新最经济和最可靠的手段（Laha *et al.*，2006）。

大尺度（全球、大洲、国家和大流域）土地利用/覆盖监测和制图大多采用低空间分辨率的卫星数据，如MODIS、VEGTATION、ENVISATAATSR等。中尺度（区域和城市）土地利用/覆盖制图大多采用中低分辨率的卫星数据，如TM、ETM+、SPOT2-4、ENVISATASAR等（Aplin *et al.*，1999；McRobertd *et al.*，2002；Lo *et al.*，2004；Vagen，2006）。小尺度（城市等）土地利用/覆盖监测主要采用高分辨率（≤5m）和极高分辨率（≤1 m）卫星遥感数据和航空遥感数据，主要包括SPOT5、IKONOS和QuickBird等卫星遥感数据，以及真/假彩色、彩红外航空图像（McRobertd *et al.*，2002；Ehlers *et al.*，2003；Guienko *et al.*，2003；Herold *et al.*，2003；Nguyen *et al.*，2006）。

在航天遥感数据未广泛应用的20世纪70年代前，航空图像曾广泛应用于土地利用/覆盖制图。在航空图像解译中，土地利用/覆盖采用手工制图，解译者根据其经验知识与图像表现进行图像解译。通过这一方法，取得了大量有价值的土地利用/覆盖信息。但是，航空图像的应用存在着价格较高、图像解译效率较低（Combert and Law，2004），且结果不客观，难以重复（Desclée *et al.*，2004）等难以克服的问题。过去20多年中，随着航天遥感技术的发展，卫星遥感在分辨率改善、数据的可获性和公众认同等方面取得了长足的进步。高空间分辨率传感器的研制与配置开启了更为精确的土地利用/覆盖分类和新的应用领域（Franklin，2001）。高空间分辨率卫星遥感数据（SPOT5、IKONOS、QuickBird等）由于其特有的优势而大量用于小尺度土地利用/覆盖监测（McRobertd *et al.*，2002；Ehlers *et al.*，2003；Guienko *et al.*，2003；Herold *et al.*，2003；Nguyen *et al.*，2006），并为此产生了面向对象的图像分类方法（Ehlers *et al.*，2003）。然而，在数据容易获取的情况下，数字航空遥感数据由于具有更高的空间分辨率，能够更精确地反映地物的空间特征，仍然是土地利用/覆盖监测和制图的重要手段，特别在城市土地利用/覆盖精准监测和制图中，航空遥感数据的应用更为普遍（Ehlers *et al.*，2003；Zhan *et al.*，2005）。

近年来，随着数字航空遥感数据的容易获取，数字化处理方法广泛采用（Ehlers *et al.*，

2003）。Aplin 和 Atkinson（2001）提出了在亚像元尺度上，将软土地覆盖分类（soft land cover classification）转化为硬土地覆盖分类（hard land cover classification）的方法，从而实现了每个地块的土地分类。Guienko 和 Doytsher（2003）在 GIS 数据支持下，采用决策树方法对高分辨率航空和航天遥感数据进行分类对象信息特征提取，取得了较为良好的分类效果。Lucieer 等（2005）提出了基于光谱和纹理的图像分割方法，用于从图像中提取空间对象。

在高分辨率卫星遥感图像和航空图像中，由于一个像元只与某个物体或某个区域的一个部分相对应，多个像元才能完整地构成该物体或区域，因此简单的基于像元的方法已经不适用（Ehlers *et al.*, 2003）。研究表明，高分辨率数据的自动分类不会取得详细的分类效果（Gong *et al.*, 1992；Johnsson, 1994）。

Ehlers 等（2003）提出了一个利用极高分辨率航空扫描数据进行生物群落类型制图的自动化方法体系，这个具有 3 层的体系利用了前导的 GIS 信息，包括数字地面模型（DSM）和多光谱图像数据，首先在第一层采用植被指数（VI）作为掩膜，分离非植被/稀疏植被、阴影和植被层；采用海拔高程阈值将植被分离为高/矮两个层，使在光谱上无明显区别、但高度不同的植被得到分离。然后在第二层，采用 ISODATA 对非植被/稀疏植被进行分类，采用监督分类对植被层进行分类，共分为 25 个类型。最后在第三层，采用 GIS 技术对分类效果进行编辑，合并小图斑，最后得到 21 个生物群落类型。采用该方法对德国汉堡附近的 3 个研究区域的群落类型进行了分类，取得了原始分类达到25 类，最小图斑面积为 40 m^2，分类精度超过 95% 的良好效果。

Yu 等（2006）在研究美国加利福尼亚州南部 Point Reyes 国家海岸植被分类中，采用 eCognition™对空间分辨率为 1 m 的航空图像进行分割，分别计算每一对象的 52 个光谱、纹理、地形和几何特征，通过衰退树算法（CRT）筛选最有效的特征，采用非参数法（最邻近法）进行图像分类。并建立了多层分类方案，为每一广布种选择分类特征，产出详细的分类结果。尽管平均精度和总体精度分别只有 51% 和 58%，但与基于像素的最大似然法分类结果相比，该方法克服了“椒盐效应”。

Zhang（2001）提出了一个利用卫星多光谱 + 全色波段数据进行详细变化（如城区房屋）检测的方法：通过对多光谱数据的全色波段数据进行融合后，检测城区内体量较大的建筑物（宽 10 ~ 20 m）。施行空间滤波后分类：①以共生矩阵为基础的滤波从噪声中分离建筑物；②采用轴向连接完全分离城区水体；③用数学形态学方法改善绿地分离结果。分类精度大为提高，得出详细的城区房屋图。将此图与从前期数据得到的城区建成区图进行叠加，即可检测到新的建成区，大型建筑物也得以独立标示。经对中国上海城区的用 Landsat TM 和 SPOT 全色数据试验，取得了比传统方法更详细的效果，平均精度达 86%。

在本章研究中，以空间分辨率为 1 ft 正射航空遥感图像为数据源，在采用 Definiens® Professional 5.0 对图像进行多尺度分割的基础上，采用了小尺度图层特征检测—大尺度图层空间定位和粗分类—中尺度图层逐级去除噪声—次小尺度综合的分类策略，实现了土地利用/覆盖的计算机自动/半自动分类，取得了良好的分类效果。

8.1 试验区概况及试验数据

8.1.1 试验区概况

试验区域位于美国印第安纳洲中北部的西拉菲耶市（West Lafayette），西纬 86°52′，北纬 40°21′，平原地貌，一般海拔为 18 m。该市实际上是一个以普渡（Purdue）大学为主的典型的大学城，人口少，永久居民只有 2.8 万多人。与美国绝大多数小城市一样，该市无明显城市边界，居民区分散，森林（片林）、农地、大面积运动/开放草地和居民区镶嵌分布，道路纵横交错。除普渡大学校区内有一些大型建筑和楼房外，居民区大部分为独幢别墅，庭院草坪、绿化树木将别墅置于其中，如图 8-1 所示。

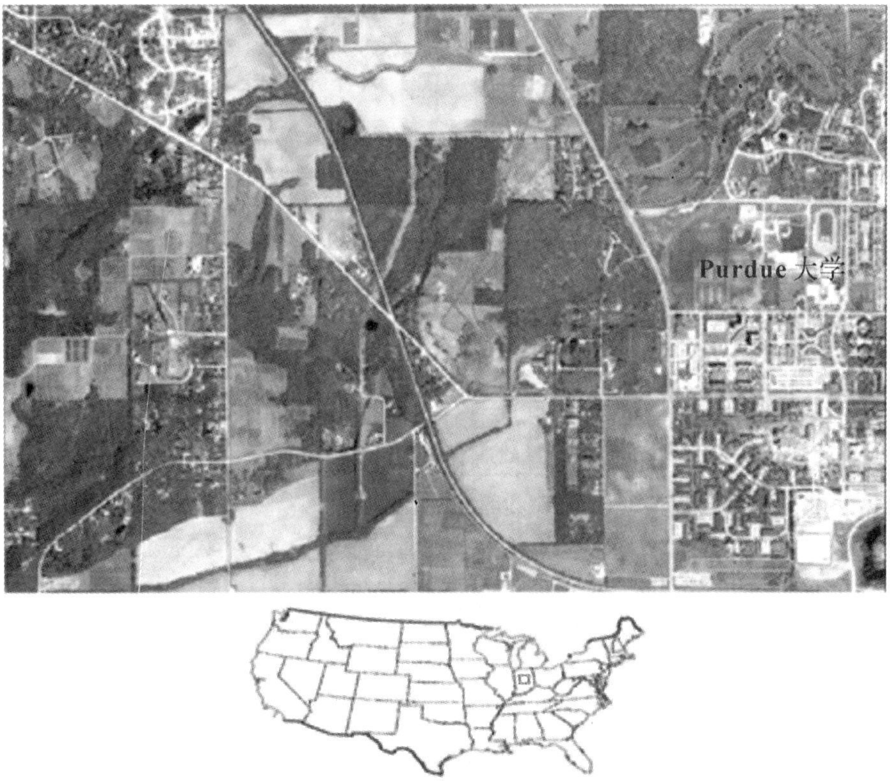

图 8-1 研究区域与图像

除居民区内绿化树木外，森林植被全部为天然次生林，绝大部分为落叶林，主要树种为橡树类（*Quercus alba*、*Q. bicolor*、*Q. imbricaria*、*Q. macrocarpa*、*Q. muehlenbergii*、*Q. palustris*、*Q. rubra*、*Q. velutina*）、枫树类（*Acer nigrum*、*A. rubrum*、*A. sacharinum*、*A. saccharum*）、岑树类（*Fraxinus americana*、*F. pennsyvanica*、*F. quadrangulata*）、七叶树 *Aesculus glabra*、山胡桃类（*Carya cordformis*、*C. glabra*）、山茱萸 *Cornus florida*、巴婆树 *Asimina triloba*、榆树类（*Ulmus americana*、*U. rubra*）、红桑 *Morus rubra*、西部紫荆 *Cercis canadensis*、梧桐 *Firmiana simpiex*、美国山毛榉 *Fagus grandifolia* 等。

8.1.2 试验数据

2005年印第安纳洲地理信息委员会（IGIC）实施了全洲数字正射真彩图像计划。于2005年3、4月通过航拍取得了全洲范围内空间分辨率为1 ft正射真彩图像（其中13个县为6 in真彩图像）。数据于2005年10月24日以县为单位发布，每景数据文件大小为4000 ft × 4000 ft，数据格式为非压缩真彩色24位TIFF格式。数据精度（平面）为：1 ft分辨率数据，优于5 ft（可靠性95%）；6 in分辨率数据，优于2.5 ft（可靠性95%）。相邻航线重叠30%以上。为消除建筑物倾斜，洲府所在地印第安纳波利斯（Indianapolis）市中心区域和Fort Wayne市的相邻航线重叠60%～80%。数据采集采用Leica ADS40数字推扫式传感器，数据处理采用ISTAR系统。本研究数据采用空间分辨率为1 ft正射真彩色图像，其光谱参数如下：Red：608～663 nm；Green：533～587 nm；Blue：428～492 nm（Sandau *et al.*，2000）。

本章研究目标主要为土地利用/覆盖分类，最小研究对象为居民区绿化树木，最小冠幅约为3 m左右。由于空间分辨率越高，图像文件越大，图像处理占用的资源越多，运算速度越慢，因此考虑运算速度、存贮空间等因素，将空间分辨率为1 ft的图像重采样为2 ft。试验数据为6099×3975，约9 km^2，为其周围地区土地利用/覆盖状况的典型区域。

8.2 图像分割

对于高空间分辨率遥感图像而言，一组像元比单个像元更能表现土地覆盖目标的特性，为此将图像全部像元按相邻及某种准则组合成一定数量的对象实体，并以此作为分类的基本单元。对象是位于图像中的一些基本实体，每个对象由具有相近灰度值的像元组成，拥有与现实世界相对应物体的固有大小、形状和地理相关（Hay *et al.*，2001）。因此，对象内像元具有高度的光谱同质性，并有别于其相邻对象。

将图像分割为对象的方法有很多，主要分为基于全局行为（Global behavior-based）和基于局部行为（Local behavior-based）方法（Kartikeyan *et al.*，1988）。全局行为方法以特征空间的分析结果对像元进行组合，局部行为方法在一个小的邻域内分析光谱特征的变动。实现方法一是边缘检测，二是区域生长（Fu and Mui，1981）。

由于光谱的变异性，因此并不是所有分割方法都适于高空间分辨率图像的处理。本研究采用目前广泛应用的面向对象的图像分析软件Definiens™ Professional 5.0，其图像分割通过基于局部标准和始于单个像元的区域生长技术，图像对象逐一合并成较大的对象，合并标准是图像对象的平均异质性达到最大（Benz *et al.*，2004）。这种方法使一个对象内的平均光谱异质性/像元变动最小化，并考虑空间异质性，更好地描绘同质斑块的边界和为分类提供基础的处理。

研究区域内，纵横交错的道路由于具有强烈的辐射而在图像上表现为高亮线状/窄带状区域，与周围地物的光谱差异较大，因此在进行以光谱一致性为基础的分割中，影响对象的生长和扩展。在同一图层进行多个类型分类时，往往由于类型较多，而容易造成混乱现象，为避免这种情况，简化分类过程，本研究将图像分割为10层。各层的分割参数见表8-1。

表 8-1 分割参数和各层用途

层次	层名	尺度参数	颜色	平滑度	对象数(个)	主要检测/分类对象
1	Level_20	20	0.7	0.5	140778	屋顶、房屋阴影和居民区中的硬化地面
2	Level_50_1	50	0.7	0.5	27434	高尔夫球场的果岭区、树木;开放草坪中树木;居民区树木
3	Level_50_2	50	0.7	0.5	26129	土地覆盖图
4	Level_100_1	100	0.8	0.4	8515	森林(片林)类型
5	Level_100_2	100	0.8	0.4	8515	土地利用图
6	Level_100_3	100	0.8	0.6	8146	土地利用(过渡整理)
7	Level_200	200	0.8	0.6	2190	农用地、高尔夫球场、居民区、森林
8	Level_300	300	0.8	0.6	1008	农用地、高尔夫球场、运动/开放草地、居民区、主要道路
9	Level_400	400	0.6	0.4	433	高尔夫球场、运动/开放草地、居民区
10	Level_500	500	0.8	0.4	295	农用地、运动/开放草地

分割结果如彩图 8-1 所示。

第 1 层主要用于检测房屋，包括屋顶和房屋阴影，同时也检测居民区内的硬化地面。第 2 层用于检测高尔夫球场中的果岭区（Putting green），检测和分类高尔夫球场、运动/开放草地和城市/居民区中的绿化树木。第 5、3 层分别用作土地利用和土地覆盖分类结果的最终表达。第 4 层为第 5 层和第 3 层的过渡层，用于对分类结果进行整理。第 6 层用于进行森林（片林）的分类。第 7 层用于农用地、森林、高尔夫球场、城市/居民区的分类或分类后整理。第 8 层用于检测主要道路、水体、农用地、高尔夫球场、城市/居民区和运动/开放草地的分类和后整理。第 9 层主要用于高尔夫球场、运动/开放草地和城市/居民区的分类。第 10 层主要用于农用地和城市/居民区的分类。

8.3 特征检测和基于规则的分类

8.3.1 对象特征选用和定义

图像对象特征包括光谱、几何（形状）、纹理和空间（关系）特征等，在进行多尺度、多层次分割中，各层间和对象间还存在语义结构特征。要得到良好的分类效果，应根据不同地物的辐射特点、几何性质和空间分布等，有针对性地选择具有显著意义的对象特征进行分类。本章研究在 Definiens™ Professional 5.0 内置特征（Definiens AG，2005）的基础上，定义和使用了如下特征：

$$PA = Border\ Length / Area$$

式中，Border Length 为基于像元的对象边界长度，Area 为基于像元的对象面积。该特征的物理意义为对象的单位面积周长，主要用于线状地物和枝状多分叉地物的检测分离。

8.3.2 分类体系

根据研究区域土地利用/覆盖的具体情况，将土地利用分 7 个类型。土地覆盖分类体系采用二级分类体系，即在土地利用类型的基础上，进行二级细分，共分为 16 个类型，详见表 8-2。

表 8-2 土地利用/覆盖分类体系

土地利用	土地覆盖
1. 森林	1）未发叶森林；2）已发叶森林；3）混合林
2. 城市/居民区	4）未发叶绿化树木；5）已发叶绿化树木；6）房屋及其他
3. 农用地	7）作物地；8）园地
4. 运动/开放草地	9）未发叶绿化树木；10）已发叶树木；11）草坪及其他
5. 高尔夫球场	12）未发叶绿化树木；13）草坪及其他
6. 主要道路	14）铁路；15）公路
7. 水体	16）水体

8.3.3 特征检测和分类方法

8.3.3.1 城市/居民区

房屋及其周围的道路、绿地等构成了城市/居民区。显然，城市/居民区最显著的特征是存在着各种各样的房屋，因此，通过检测房屋，可对城市/居民区进行空间定位。房屋的检测可通过检测其屋顶及其阴影进行。屋顶覆盖材料主要有合成材料、沥青、砾石、金属、瓷瓦和混凝土等，种类多、颜色各异，其光谱辐射的性质和强度也各不相同（Herold *et al.*，2003；Zhang，2001）。各种屋顶在图像上的表现均不一致，既有高亮度白色和不同亮度的灰色，也有褐色和棕色等。由于绝大部分房屋周围都铺植草坪，屋顶与周围物体具有明显的区别，在第1层分割中大多表现为长方形。房屋阴影亮度很低，呈黑色或深蓝色，长方形或丁字形，与其他物体也具有明显的区别，因此亦是城市/居民区定位检测的重要依据。此外，城市/居民区内的硬化地面（道路和停车场等），由于其强辐射而在图像中表现为高亮度区域，也易被检测，亦可作为城市/居民区定位检测的重要依据。

显然，最理想的结果是将全部房屋的屋顶一一检测出来，但实际中很难做到，因为各种屋顶的覆盖材料、颜色各异，形状亦不尽相同，光谱、纹理和几何等特征差异较大，要将其全部检测出来，工作量很大，也无必要，况且房屋阴影和硬化地面也作为城市/居民区检测定位的辅助手段。必须确保每个街区最少有一个屋顶或房屋阴影、硬化地面被检测分离。

在第1层，通过以下规则可检测屋顶和硬化地面：

Brightness ≥220 and Rectangular Fit ≥0.85 and Contrast to neighbor pixels B2 ≥150 and Area ≤300 and Length ≤40。

以下规则可检测房屋阴影：

Brightness ≤22 and Rectangular Fit ≥0.85 and Standard deviation B2：4～9 and Density ≤1.5 and Width：1.5～12。

在第9层大尺度分割的图层对象中进行城市/居民区的定位和粗分类。显然，覆盖第1层已检测分离的屋顶及其阴影、硬化地面对象的对象无疑是城市/居民区。由于研究区域内城市/居民区的建筑密度较小，房屋间道路交错，绿地较多，图像分割由于光谱、形状差别明显而难将房屋和道路、绿地分割为同一对象，因此通过以上方法并未实现全部城市/居民区对象的检测定位和粗分类，为此采用类间相关特征和光谱值分离该部分未检测定位区域，采用的对象特征主要包括邻接关系（Existence of）、共有边界率（Rel. border to）和光谱中值（Mean B2）。

无论以何种参数进行分割，都无法保证其分割结果正如研究者所期望的那样，能恰如其分地反映地面目标的形状，因此以上分离出来的城市/居民区中包含了部分其他类型，即含有“杂质”，在第8层中将其剔除。首先通过遗传关系将第9层检测分离出来的城市/居民区传递到第8层，并同时利用光谱值将“杂质”剔除，然后根据具体情况，利用邻接关系、光谱等特征，对未被检测、分离的区域进行补充检测分离，最后得到较为完整的城市/居民区分类结果，该结果在第7层通过进一步剔除其他类型后得到纯化，并通过遗传关系在第5层得到该类型在土地利用图层次的最终分类结果。

在第2层，对被第5层中城市/居民区类型覆盖区域内的绿化树木进行检测和分类，检测分类依据主要有光谱中值、光谱比率、标准差等，本研究的两个规则如下：

1）Rule1：Mean B2：34～115 and Std. diff B1：9.5～33 and Ratio B2：0.26～0.365 and Mean of inner border B2≤105 and Rectangular Fit≤0.91 and Length/Width≤2.8 and Area≥150

2）Rule2：（Mean B2：11～66 and Std. diff B1：16～28 and Std. diff B2：17～32 and Ratio B2：0.27～0.41 and Length/Width≤2.8）or（Mean B2：25～75 and Std. diff B1：15～37 and Ratio B2：0.3～0.43 and Length/Width≤2.8）or（Brightness≤45 and Std. Dev. To neighbor pixels B2（3）≤55 and Length/Width≤2.3 and Length：15～85 and Area≥150）。

将本层检测分离结果和第5层分类结果整合后传递到第3层，得到土地覆盖图层次的城市/居民区的分类结果。

8.3.3.2 高尔夫球场

高尔夫球场的检测、定位和分类与城市/居民区相似，其最显著的特征是球洞周围的球洞区（果岭区），呈椭圆形，短草密集齐整，且种类与周围草坪明显不同，在图像上表现为浅白色近椭圆形区域，大小基本一致。

在第2层利用光谱中值、形状和面积很容易将高岭区检测出来，其规则如下：

Mean B2：145.5～166.5 and Elliptic Fit≥0.8 and Roundness≤0.6 and Area：948～1480 and Length≤51

在第9层中，覆盖上述已检测果岭区对象的对象属高尔夫球场区域，该区域已经包含了球场的大部分区域，余下部分可通过与前面已检测出来的对象的邻接关系、光谱值进行检测，得到比较完整的高尔夫球场。进一步在第7层中利用光谱特征剔除多余部分，即可得到完整的高尔夫球场，将其传递到第5层，得到土地利用图层次中的高尔夫球场分类结果。

在第2层中，对被第5层高尔夫球场对象覆盖的对象，以第2波段中值和标准差为主要特征对球场内的绿化树木进行检测，得到球场内的绿化树木，与第5层整合后，在第3层便可得到土地覆盖图层次的完整的高尔夫球场分类结果。

8.3.3.3 运动/开放草地

运动/开放草地指大面积的向公众开放的户外运动/健身用草地，包括足球、橄榄球、垒球练习场和摩托车越野练习场等，研究区域内常见，该类草地与城市/居民区内绿化草坪相比，具有面积大且少、有建（构）筑物的特点。

在图像上，各球类练习场地的白色划线虽不十分清晰，但仍可见，线宽度为1个像元。越野摩托车练习场内，环形车道呈“U”凹入地面，其内草的长势好于其他地面上的草，在图像上呈明显的环状的绿色带状区域，宽度约为13～20个像元。显然，球场白色划线和赛车道是运动/开放草地最明显的有别于其他土地类型的标志。可用于运动/开放草地的检测定位。

在第1层，采用以下规则检测球场划线和赛车道：

球场划线：Mean B2：155～165 and Std. dev <8.0 and Rectangular Fit >0.99 and Width≤1.0 and Length≥35

赛车道：Mean B2：100～112 and Std. devB2：6.5～8.2 and Rectangular Fit >0.80 and Length/Width >4.0 and Length >100

在第10层对运动/开放草地进行区域定位和粗分类。显然覆盖上述已检测的球场划线和赛车道对象的对象即为运动/开放草地区域。由于运动/开放草地内部构成元素简单，主要为草地，因此该层分割中得到的对象面积较大，斑块少，通过空间关系很容易对其区域进行定位。

通过上述规则可分离绝大部分运动/开放草地对象，缺漏部分采用邻接关系等检测分离后，可在该层确定较为完整的运动/开放草地区域，进一步经第9、8层逐步剔除多余部分后，于第8层得到完整的分类结果，传递到第5层得到土地利用图层次中完整的运动/开放草地分类结果。

在第2层对第5层中运动/开放草地覆盖的对象，采用光谱特征进行绿化树木的检测分离，并将其与第5层的分类结果在第3层进行整合，得到土地覆盖图层次上完整的运动/开放草地分类结果。

8.3.3.4 农用地

研究区域内的农用地有两种类型，一是作物地，大部分习惯于大豆、玉米轮作耕种，2004年主要种植玉米，少部分为冬小麦地。玉米地因遗留有大量枯叶和秸秆，在图像上表现为大面积高亮度区域，受土壤含水率影响，亮度各有差异。航拍期间正为初春，冬小麦返青，在图像上表现为色彩基本均匀一致、深绿色的区域，该类土地的光谱、纹理特征与运动/开放草地十分相近。二是苹果园，苹果树高5～10 m，株行距约为6 m×6 m，处于落叶状态，排列整齐规则，图像上表现为浅绿色区域内分布有排列整齐的灰色颗粒。

在第10层，通过光谱特征可将农用地进行初步检测分离。前一类农用地的检测分离规则如下：

(Brightness≥142 and Ratio B1：0.326～0.3311 and Ratio B3：0.343～0.354) or (Mean B2：150～208 and Mean B3：138～214 and Std. deviation B2：8.8～28.1 and Std. deviation B2：8.0～26.5) or (Brightness：62～72 and Mean B1：76～85 and Area≥50000)。

后一类农用地的检测分离规则如下：

(Ratio B1：0.323～0.331 and Ratio B2：0.345～0.364 and Ratio B3：0.307～0.3281 and Ratio to scene B1：0.86～1.08 and Std. deviation B3：24～37) or (Mean B1：147～152 and Mean B3：152～158 and Std. deviation B1：23～30)。

经以上检测分离，可将绝大部分农用地分离出来，经第8层剔除多余部分、补充缺失部分，可得到较为完整的农用地分类结果，并在第7层进一步整合后将农用地分类为作物地和园地两类，传递到第5层进行整合，得到土地利用图层次中的农用地分类结果，第7层分类结果直接传递到第3层，得到土地覆盖图层次中的农用地分类结果。

8.3.3.5 森　林

森林指面积较大、连片分布的片林，以及农用地间的林带，全部为天然落叶林，林龄 80～150 年左右，树高一般为 15～25 m，郁闭度 0.8～1.0。航拍时正值初春，部分林木初发新叶，在图像上表现为深灰至深绿色。大部分尚未萌叶，只有树枝，林冠通透，直见林地，在图像上表现为灰棕色，受太阳光线影响，树干和枝条呈 45°向西北方向倾斜。总体上，森林在图像上的表现为灰棕色至灰绿色大面积斑块。

在第 7 层利用光谱特征，根据如下分类规则：

Brightness：34～110 and Mean B2：25～105

很容易将大部分森林与其他类型分离，未分离部分采用邻接关系和光谱特征等进行补充检测分离。在第 6 层剔除与其他类型重叠部分，即得到完整的森林分类，直接传递到第 5 层，得到土地利用图层次的森林分类。

在第 4 层，通过光谱特征可将森林分为未出叶、已出叶，其分离规则为：未出叶：Mean B3≤71.5；已出叶：Ratio B3≥0.361，余下部分即为混交林。不经整合直接传递到第 3 层，即可得到土地覆盖图层次的分类结果。

8.3.3.6 主要道路

研究区域内道路包括铁路和公路，由于使用性质、构造方式和材料不同，这两种道路在物理特征和图像表现上具有明显的区别。铁路一般无分叉，在图像上表现为高亮白色圆滑曲线，路中间可见两平行灰线（铁轨）；公路多分叉，特别在城市/居民区附近，岔道很多，在图像上表现为高亮白色曲线（或直线）并呈近排骨状或树枝状。

根据以上特征，在第 8 层利用光谱和几何（形状）特征可对道路进行检测分离。全部道路的分离规则为：Brigthness≥190 and PA≥0.15。公路和铁路的分离规则为：

公路：PA≤0.25；铁路：PA＞0.25

以上分离结果在第 6 层对公路通过几何和光谱特征剔除支线部分，保留干线部分，便得到完整的道路分类结果，此结果在第 5 层土地利用图、第 3 层土地覆盖图中均保持不变。

8.3.3.7 水　体

水体的检测分离通过光谱进行。在第 8 层的检测分离规则为：Mean B2≤24 and Std. deviation B2：7～16。此后各层，水体分类均保持不变。

8.4 结果分析与讨论

8.4.1 分类结果

根据以上介绍的方法，对多尺度分割图层建立一套完整的模糊分类规则，经运行后得到土地利用/覆盖分类结果如彩图 8-2 所示。

从彩图 8-2 可以看出，不论是土地利用图还是土地覆盖图，分类结果都精确地再现了原始图像。将分类结果输出，在 GIS 支持下，采用系统抽样方法，按 100 ft×100 ft 布设样点进行分类精度检验，每个样点大小为 1 像元。鉴于分类体系相对较为简单，图像十分清晰，故通过目视解译方法对 2438 个样点进行检查，按混淆矩阵计算分类精度。结果表明，土地利用分类总体精度很高，达到 99.10%，其中森林为 99.39%，城市/居民区为 98.53%，农用地 99.08%，运动/开放草地为 99.68%，高尔夫球场 100.00%，主要道路 100.00%，水体 100.00%。土地覆盖总体分类精度为 98.32%，分类精度低于 95% 的类型有 4 个，分别为：高尔夫球场内未发叶绿树 90.48%；运动/开放草地内已发叶绿树 94.12%；城市/居民区中的已发叶绿树 85.00%；城市/居民区中的未发叶绿树 93.53%.

除了精度很高外，分类结果边界清晰、斑块纯洁、几无噪声，准确地反映的研究区域的客观实际。

8.4.2 总体分割分类策略

土地利用和土地覆盖是两个不同的概念。土地覆盖是地面物体自然状态和自然属性的直观和客观反映，强调和注重的是其表面形态。土地利用则是一个抽象的概念，是一个社会、经济和环境因素的综合体，强调的是用途或使用功能，而非其形态（Bauer and Steinnocher, 2001），是地面物体的社会经济属性的反映，体现了人们对自然的利用方式。因此土地利用记录于图像上的光谱反应与土地利用之间的关系是十分复杂的和非直接的，传统方法已经不再适用（Johnsson, 1994）。土地利用分类和土地覆盖分类具有密切的关系，某种程度上，土地利用分类是根据人们的经营和管理目的对土地覆盖分类进行的综合，他们之间存在着密切的空间逻辑关系。如同样为草坪，在城市/居民区内为绿地，在郊外是开放草地；城市/居民区内的树木称为绿化树木，在郊外则称为森林。

在以高空间分辨率遥感图像（主要为航空遥感图像）为基础的土地利用/覆盖制图中，由于像元远小于所研究的对象，地物在图像上表现十分清晰，采用目视解译的方法，容易取得良好土地覆盖分类效果。另一方面，由于人的大脑自始至终一直支配着解译分类过程，其具有良好的空间概念和空间综合能力，能够根据地物在空间上的分布特征和结构特点做出条件式、经验式的判断，迅速确定其主要用途和使用功能，并将一定区域范围内不同的地物进行适度的综合，确定其类型，也能取得良好的土地利用分类效果。

土地覆盖分类注重的是地面目标的表面形态和特征，而这些特征在高空间分辨率遥感数据中得到良好的表现。因此，在土地覆盖的计算机自动/半自动分类，可根据光谱、纹理等特征，比较容易取得良好的分类效果。土地利用分类更注重于地面物体的用途和使用功能，土地利用分类受社会、经济和环境影响，而变得十分复杂，且具有很多不确定性。一个土地利用类型内包含多个光谱、纹理、几何和空间特征各异的土地覆盖类型，与此同时，同一土地覆盖类型可出现于多个土地利用类型中。如城市/居民区包含有房屋等建（构）筑物、小区道路、绿地等，小区道路、绿地既在城市/居民区中出现，也在运动/开放草地中出现，如此等等，传统基于像元的计算机自动分类方法，由于无法考虑地物对象间的空间逻辑关系，难以有效地解决这些问题，既不可能将不同的性质相差很大的土地覆盖类型分类到同一土地利用类型中，也无法将同一个土地覆盖类型分类到不同的土地利用类型中。

不同的土地利用类型，包含着其特有甚至是独有的组成元素（地物），如城市居民区的房屋，高尔夫球场的果岭区、运动/开放草地的球场线等，这些元素成为识别其所属土地类型的标识。在本研究中，深入研究了不同土地类型的地物构成特点，从不同土地利用类型特有地物的检测着手，采用特征检测、区域定位和粗分类、逐级细化的策略进行自动/半自动分类，不但通过图像的光谱、纹理、几何特征，实现了同层地物对象的形态分类，而且还通过层内、层间对象的空间逻辑关系，完成了地物的功能分类，实现了从形态分类向功能分类的跨越，并有机地统一了土地利用分类体系和土地覆盖分类体系，实现了计算机的自动/半自动分类，取得了良好的分类效果。其技术路线可归纳为：多尺度分割—小尺度图层检测特征—大尺度图层目标空间定位和粗分类—中尺度图层逐级去除噪声、净化—次小尺图层度综合、最终结果。以城市/居民区为例，其数据流程如图 8-2 所示。

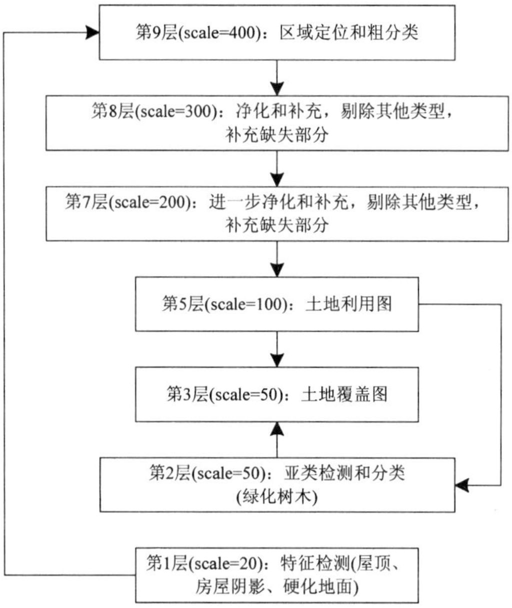

图 8-2 城市/居民区分类流程图

8.4.3 多尺度分割参数的确定

不同的地物具有不同外貌特征和空间尺度，在图像分割过程中，必须根据研究目标和研究对象的特点，反复试验后确定合理的分割参数，使每种地物都在某一图层上得到准确的表现，为此通常采用多尺度分割方案（Carleer *et al.*，2005；Chubey *et al.*，2006）。多尺度分割实质上是通过调整分割尺度、颜色、光滑度、紧致度参数，得到多个分割图层，构建网络层次结构（Baatz *et al.*，1999），然后在适当尺度的层次上进行相应地物的特征提取和分类。

虽然多个参数对图像分割的效果都有一定的影响，但分割尺度的影响最大，不但影响到图像对象的数量和大小，也影响到其形状。因此，在进行多尺度分割过程中，通过反复试验确定合理的分割尺度尤为重要。

在本研究中，对于房屋屋顶、高尔夫球场的果岭区、丛状或单株绿化树木等地物，投影面积小且部分与周围地物在光谱辐射特性上相差不大，故采用小尺度分割。森林虽然在图像上呈较大面积连片分布，但由于需作树种组分类，且一些房屋置于其间，故采用中尺度分割，以确保对象内部特征的同质性。研究区域内水体（池塘）的空间尺度相对较小，最大面积不超过 1000 m^2，但其光谱特征与周围地物有较大的差别，因此采用中尺度分割。城市/居民区、农用地、运动/开放草地、高尔夫球场等，空间尺度较大，内部结构也较为复杂，采用大尺度分割，可减少其包含的对象数，提高处理效率，同时也降低类型内对象间的光谱变动，便于检测和分类。

探讨不同地物适宜的分割尺度，目的是在适当分割尺度的图层上对适宜的地物进行信息提取和分类，以确保信息提取和分类精度，提高工作效率。如在本研究中，在分割尺度为 20 的图层上提取房屋屋顶、阴影和硬化地面信息，在分割尺度为 50 的图层上提取高尔夫球场果岭区、绿化树木以及城市/居民区、运动草坪内绿化树木信息，在分割尺度为 400 的图层上进行城市/居民区和高尔夫球场的空间定位和粗分类，在分割尺度为 500 的图层上进行农用地和运动/开放草地的粗分类，等等，都证明取得了良好的效果。

8.4.4 特征检测、空间定位和多级分类

在高空间分辨率图像中，某些地物，如城市/居民区、高尔夫球场和运动/开放草地等，由于空间尺度大，内部构成元素复杂，图像特征差别明显，采用传统基于像元的分析方法很难进行分类。本研究曾尝试采用重采样、降低内部变动的方法，将其分辨率逐步退化后再进行分割和分类，直至退化至空间分辨率为 50 ft，效果都不理想。

实际上，不同的地物或土地类型，往往含有一些特有或独有的结构元素，这些元素显然可作为识别其所属地物或类型的基本特征，如一定数量的房屋是城市/居民区的必不可少且别的类型很少存在的元素，果岭区是高尔夫球场的特有元素，球场划线常见于运动/开放草地，这三种元素在小尺度图层中，通过光谱、几何等特征很容易检测出来。在适当大的尺度分割的对象中，覆盖以上已检测出来的房屋、果岭区、球场划线的图像对象，可分别认定为城市/居民区、高尔夫球场和运动/开放草地，这样就在大尺度图层上完成了对城市/居民区、果尔夫球场和运动/开放草地区域范围的确定，即完成了这三个类型的区域确定和初步分类，也完成了从形态分类到功能分类的转换。由于分割尺度大，该分类结果不可避免地包含了其他类型，必须予以剔除。为此逐级在更小尺度分割的图层上通过光谱、纹理、几何和空间等特征逐一进行剔除，直至该类型得到纯化为止。

8.4.5 图像对象的适当编辑

一些地物，由于在空间上与光谱特征十分相近的其他地物相连，因此在分割过程中，无论采用何种尺度、何种参数进行分割，由于难以将它们分离，都无法取得满意的效果。如由于岔道较多，不论在何种尺度上分割，干线公路都呈排骨状或枝状，与实际地物明显不符，因此必须在适当尺度分割的图层上进行适当的编辑，采用手工裁剪的方法，将干线与岔道截断，尽量使其呈圆滑的窄长多边形，确保分类结果呈窄带状。公路穿过森林的路段，由于林木阴影的影响，在图像上呈若隐若现、断断续续的特征，也需进行适当的编辑，包括分割和合并，使其连续、贯通。此外，公路和铁路的交叉路口，也需适当予以编辑（彩图 8-3）。

8.4.6 技术指标和标准可移植性

虽然有研究表明，在采用基于对象和规则的方法对高空间分辨率卫星遥感图像进行森林树种分类时，其算法只要稍作指标阈值的修改，即可移植到别的图像（Filip，2006），但一般认为，无论是高空间分辨率卫星遥感还是航空遥感，现有数据的光谱分辨率均较低，类型内光谱的较大（Irons et al 1985；Laliberte *et al.*，2004），自动分类仍然是一个棘手的问题（Halounová，2003）。在进行土地利用/覆盖分类时，除采用图像光谱和纹理信息外，还采用了大量的图像几何（形状）、空间相关信息，这些信息不但与图像上地物的表面特征有关，

还与其空间位置、排列具有密切的关系。在大多数情况下，涉及到图像对象几何和空间关系特征的分类规则，只适用于特定的对象和图像，对其他对象和图像无法保证其效果，也就是说，其分类指标和标准的可移植性差。如同样是草坪，若为房屋和其他建筑物包围，在土地利用图上属于城市/居民区，若位于郊外、远离房屋等建筑物，则很可能为运动/开放草地。诚然可期望通过设定适当的参数，将草坪完整地分割为一个对象，并通过邻接关系检测其周边的房屋分布情况后，判断其归属。但由于房屋的结构和分布，草坪内草的分布、生长情况等各异，故常常出现一块草坪分割为多个对象的情况，此时即使可检测到某个草坪对象有房屋存在，但要将这多个对象指派到同一类型中，很难构建具有可移植性的分类规则。

8.4.7 大面积应用可行的技术策略

为解决上述分类规则可移植性差、效率较低的问题，在面对结构复杂的高空间分辨率遥感数据土地利用/覆盖分类时，有必要在适当尺度分割的图层进行适当的编辑，合并同类对象，减少对象检测和分类的工作量，简化分类规则。

在本研究中，为探讨大面积应用中可靠和可行的技术策略，在分割尺度为200的图层上，以相邻为准则，分别对城市/居民区、高尔夫球场、运动/开放草地、农用地进行合并。合并后对象总个数由2190减少为548个，城市/居民区的对象个数由原来的1233个减少为54个，高尔夫球场的对象个数由117个减少为7个；运动/开放草地的对象个数由原来的233个减少到6个，农用地对象个数由原来的211个减少到19个，大大地减少需要检测、分类的对象。由于合并后，对象范围扩大，其覆盖的小尺度分割图层上的对象数明显增加，因此使特征检测、区域定位变得十分容易和简单。如高尔夫球场合并为一个对象后，在分割尺度为50的图层上，只要检测到一个果岭区，即可在尺度为200的图层上对高尔夫球场进行定位和分类，工作效率得以较大提高。经合并后，在本图层即可基本上完成对城市/居民区、高尔夫球场、运动/开放草地、农用地的定位和分类。

8.5 本章小结

正射航空遥感数据为土地利用/覆盖制图提供了更为精确的数据。基于对象和规则的信息提取和分类方法，将遥感和GIS有机地结合，为实现高空间分辨率遥感数据的计算机自动/半自动分类提供了科学可靠的途径。研究结果表明，采用这种方法，不但取得了很高的分类精度，而且克服了传统基于像元的分类方法中存在的“椒盐效应”等问题，分类结果边界清晰、斑块纯洁，几无噪声，充分地反映了研究区域的客观实际。另一方面，也表明了高空间分辨率遥感数据在土地/覆盖精确制图中的优势。

特征检测、区域定位和粗分类、逐级细化的策略，通过多尺度分割—小尺度图层检测特征—大尺度图层目标空间定位和粗分类—中尺度图层逐级去除噪声—次小尺度图层综合和最终结果的工作流程，不但通过图像的光谱、纹理、几何特征，实现了同层地物对象的形态分类，而且还通过层内、层间对象的空间逻辑关系，完成了地物有功能分类，实现了从形态分类向功能分类的跨越，并有机地统一了土地利用分类体系和土地覆盖分类体系，实现了计算机的自动/半自动分类，取得了良好的分类效果。

研究结果表明，由于光谱分辨率较低，在采用高空间分辨率遥感数据进行土地利用/覆盖分类中，除充分采用图像光谱和纹理信息外，还采用了大量的图像几何（形状）、空间相关信息，这些信息不但与图像上地物的类型有关，还与其空间位置、排列具有密切的关系，因此必须根据不同图像、不同地物的具体情况，灵活地确定图像对象的归属。也就是说，所构建的分类规则（指标和标准）只针对具体研究区域、具体的图像和具体的对象，可移植性差。

研究结果表明，在图像分割过程中，对某些对象进行适当的编辑，不但有利于更真实地反映地物的客观实际，而且也大大简化了信息的提取，并提高了分类的效率。

参考文献

Aplin P, Atkinson P M, Curran P J. 1999. Fine spatial resolution simulate satellite sensor imageries for land cover mapping in the United Kingdom. *Remote sensing and Environment*, 68: 206 ~ 216.

Aplin P, Atkinson P M. 2001. Sub-pixel and cover mapping for per-field classification. *International Journal of Remote Sensing*, 22 (14) 2001: 2853 ~ 2858.

Baatz M, Schape A. 1999. Object-oriented and multi-scale image analysis in semantic networks, 2nd *International Symposium: Operationalization of Remote Sensing*, 16 ~ 20 August, 1999, ITC, NL.

Bauer T, Steinnocher K. 2001. Per-parcel land use classification in urban areas applying a rule-based technique. *GeoIT/GIS* 6 24 ~ 27.

Benz U C, Hofmann P, Willhauck G, *et al.* 2004. Multi-resolution, object-oriented fuzzy analysis of remote sensing data for GIS-ready information. *ISPRS Journal of Photogrammetry and Remote Sensing*, 58 (3 ~ 4): 239 ~ 258.

Carleer A P, Debeir D, Wolff E. 2005. Assessment of very high spatial resolution satellite image segmentations. *Photogrammetric Engineering and remote sensing*, 71 (11): 1285 ~ 1294.

Chubey M S, Franklin S E, Wulder M A. 2006. Object-based anylysis of Ikonos-2 imagery for extraction of forest inventory Parameters. *Photogrammetric Engineering and Remote Sensing*, 72 (4): 383 ~ 394.

Cihlar J, Guindon B, Beaubien, *et al.* 2003. From need to product: a methodology for completing a land cover map of Canada with Landsat data. *Can. J. Remote Sensing*, 29 (2): 171 ~ 186.

Comber A J, Law A N R. 2004. Application of knowledge for automated land cover change monitoring. *International Joural Rmote Sensing*, 25 (16): 3177 ~ 3192.

Definiens AG. 2006. Definiens Professional 5 Reference Book, V5. 0. 6. 1. Http: //www. definiens. com.

Desclée B, Bogaert P, Defourny P. 2004. Object-based method forest automatic forest change detection. Geoscience and Remote Sensing Symposium, IGARSS 04. Proceedings. 2004 IEEE international.

Ehlers M, Gahler M, Janowsky R. 2003. Automated ananlysis of ultra very high resolution remote sensing data for biotope type mapping: new possibilities and challenge. *ISPRS Joural of Photogrammetry & Remote Sensing*, 57: 315 ~ 326.

Filip H. 2005. Object - oriented classification of remote sensing data for the indentification of tree species composition.

Franklin S E. 2001. Remote sensing for Sustainable Forest Management. Lewis Publication, Boca Raton.

Fu K S, Mui J K, 1981. A survey on image segmentation, *Pattern Recognition*, 13 (1): 3 ~ 16.

Gong P, Marceau DJ, Howarth P J. 1992. A comparison of spatial feature extraction algorithms for landuse classification with SPOT HRV data. *Remote Sensing of Environment*, 40 (2): 137 ~ 151.

Guienko G, Doytsher Y. 2003. Geographic information system data for supporting feature extraction from high-resolution aerial and satellite images. *Journal of Surveying Engineering*, 129 (4): 158 ~ 164.

http: //ieeexplore. ieee. org/xpls/abs_ all. jsp? isnumber = 29948&arnumber = 1370430 & count = 213 & index = 154.

http: //www. definiens. com/pdf/publications/Forestsat2005% 20-% 20Filip% 20Hajek. pdf, acced: 12, 17, 2006.

http: //gi-leica-geosystems. com/documents/pdf/ads40_ design_ whotepaper. pdf (accessed Dec. 3, 2006).

Halounovά L. 2003. Textural classification of B&W aerial photos for the forest classification. EARSeL conference, Gent, Belgium.

Hay G J, Marceau D J, Dube P, 2001. A multiscale framework for landscape analysis: Object-specific analysis and upscaling, *Landscape Ecology*, 16 (6): 471 ~490.

Herold M, Gardner M E, Roberts D A. 2003. Spectral resolution requirements for mapping urban areas. *IEEE Treansactions on geoscience and remote sensing*, 41 (9): 1907 ~1919.

Irons J R, Markham B L, Nelson R F, *et al.* 1985. The effects of spatial resolution on the classification of Thematic Mapper data, *International Journal of Remote Sensing*, 6 (8): 1385 - 1403.

Ibrahim M A, Arora M K Ghosh S K. 2004. Estimating and accommodating uncertainty through the soft classification of remote sensing data. *International Journal of Remote Sensing*, 26 (14): 2995 ~3007, IGIC, http: //www. in. gov/igic.

CARRELRAS Joao M B, PERELRA José M C, SHIMABUKURO Yoslo E. 2006. Land-cover mapping in the Brazilian Amazon using SPOT-4 vegetation data and machine learning classification methods. *Photogrammetric Engineering & Remote Sensing*. 72 (8): 897 ~910.

Johnsson K. 1994. Segment-based land use classification from SPOT satellite data. *Photogrammetric Engineering and Remote Sensing*, 60 (1), 47 ~63.

Kartikeyan B, Sarkar A, Majumder K L. 1998. A segmentation approach to classification of remote sensing imagery. *International Journal of Remote Sensing*, 19 (9): 1695 ~1709.

Klein D, Moll A, Menz G, 2004. Land cover/land use classification in a semiarid environment in eastAfrica using multi-temporal alternating polarization ENVISAT ASAR data. Proc. Of 2004 Environment & ERS symposium, Salzburg, Austria, 6 ~10 September 2004.

Kontes C C, Raptis V, Launer M, *et al.* 2000. The potential of kernel classification techniques for land use mapping in urban areas using 5m-spatial resolution IRS-1C imagery, *International Journal of Remote Sensing*, 21 (16): 3145 ~3151.

Laha A, Pal N R, Das J. 2006. Land cover classification using fuzzy rules and aggregation of contextual information through evidence theory. *IEEE Treansactions on geoscience and remote sensing*, 44 (6): 1633 ~1641.

Liliesand T M, Keifer R W. 1987. Remote Sensing and Image Interpretation (New York: John Wiley & Sons).

Laliberte A S, Rango A, Havstad K M, *et al.* 2004. Object-oriented image analysis for mapping shrub encroachment from 1937 to 2003 in southern New Mexico. *Remote Sensing of Environment*. 93: 198 ~210.

Lo C P, Choi J. 2004. A hynird approach to urban land use/cover mapping using Landsat 7 enhanced thematic mapper plus (ETM +) images. *International Journal of Remote Sensing*, 25 (14): 2687 ~2700.

Lucieer A, Stein A, Fisher P. 2005. Multivariate texture-based segmentation of remotely sensed imagery for extraction of object and their uncertainty. *International Journal of Remote Sensing*, 26 (14): 2917 ~2936.

McRobertd R E, Wendt D G, Nelson M D, *et al.* 2002. Using a land cover classification based on satellite imagery to improve the precision of forest inventory area estimates. *Remote sensing of Environment*. 81: 36 ~44.

Nguyen M Q, Atkinsonn P M, Lewis H G. 2006. Superresolution mapping using a Hopfield neural network with fused images. *IEEE Treansactions on geoscience and remote sensing*, 44 (3): 736 ~749.

Paine D P. 1981, Aerial Photography and Image Interpretation for Resource Management (New York: John Wiley &

Sons).

Sandu R, Brauncker B, Driescher, *et al*. 2000. Design principles of the LH systems ADS40 airborne digital sensor. LAPRS, 33, Amsterdam.

Thomas N, Hendrix C, Congalton RG. 2003. A comparison of urban mapping methods using high-resolution digital imagery. *Photogrammetric Engineering and Remote Sensing*, 69: 963 ~ 972.

Vagen, T-G. 2006. Remote sensing of complex land use change trajectories—a case study from the highlands of Madagascar. *Agricultural Ecosystems and Environment*, 115: 219 ~ 228.

Yu Q, Gong P, Clinton N, *et al*. 2006. Object-based detailed vegetation classification with airborne high spatial resolution remote sensing imagery. *Photogrammetric Engineering & Remote Sensing*, 72 (7): 799 ~ 811.

Zhan Q, Molenaar M, Tempeli K, *et al*. 2005. Quality assessment for geo-spatial objects derived from remotely sensed data. *International Journal of Remote Sensing*, 26 (14): 2953 ~ 2974.

Zhang Y. 2001. Detection of urban housing development by fusing multisensor satellite data and performing spatial feature post-classification. *International Journal Remote Sensing*, 22 (17): 3339 ~ 3355.

附表 1 最小距离分类混淆矩阵_0312new 第三级

类型	f_c11y	f_c11m	f_c11o	f_c12y	f_c12m	f_c12o	f_c21y	f_c21m	f_c21o	f_c22m	f_c23m	f_c24m	f_c300	p_c22y	p_c23y	p_c24y	p_c24m	p_c300	p_c400	p_c500	p_c600	p_c900	合计	正确	精度
f_c11y	6	1			7	2				7	12	1											36	6	16.67
f_c11m	10	25	4	5	26	6			1	30	27	20	2										156	25	16.03
f_c11o		7	5	4	2				2	6		6											32	5	15.63
f_c12y	5	3		16	2			3		14	19	15											77	16	20.78
f_c12m		1	1	2	24	4		4	1	13	10	11											71	24	33.80
f_c12o		3			4	4			1	4	1	8											25	4	16.00
f_c21y							21			20	5	6											52	21	40.38
f_c21m							2	9		10	1	11											33	9	27.27
f_c21o				1		3	4	5	9	20	2	5	1										50	9	18.00
f_c22m				3			3			26	3	3	1										39	26	66.67
f_c23m	1	4			1	1	2	5		42	96	13	2										167	96	57.49
f_c24m	1	5		7	1		14	2		34	8	88	9										169	88	52.07
f_c300							1	3		13		18	18										53	18	33.96
p_c22y														3		3	1	4	5	4		1	21	3	14.29
p_c23y														5	15	15		2	11	9	26	8	91	15	16.48
p_c24y														6	6	15	1	4	4	7	17	1	61	15	24.59
p_c24m														19	5	7	2	8	8	5		3	57	2	3.51
p_c300														7	2	1	1	16	6	14	1	3	51	16	31.37
p_c400														11	9	8		3	14	3	6	3	57	14	24.56
p_c500																		2	6	24		4	36	24	66.67
p_c600														2	14	11	5		6	3	68	1	110	68	61.82
p_c900														2	2	1						21	26	21	80.77
合计	23	49	10	38	67	20	47	31	14	239	184	205	33	55	53	61	10	39	60	69	118	45	1470	525	35.71
正确	6	25	5	16	24	4	21	9	9	26	96	88	18	3	15	15	2	16	14	24	68	21			
用户精度	26.09	51.02	50.00	42.11	35.82	20.00	44.68	29.03	64.29	10.88	52.17	42.93	54.55	5.45	28.3	24.59	20.00	41.03	23.33	34.78	57.63	46.67			

附表 2　最小距离分类混淆矩阵_noTM 第三级

类型	f_c11y	f_c11m	f_c11o	f_c12y	f_c12m	f_c12o	f_c21y	f_c21m	f_c21o	f_c22m	f_c23m	f_c24m	f_c300	p_c22y	p_c23y	p_c24y	p_c24m	p_c300	p_c400	p_c500	p_c600	p_c900	合计	正确	精度
f_c11y	28	10	2	5	3	2	1	25	1	17	2	14	1										111	28	25.23
f_c11m	19	36	2	8	18	9	1	26	11	20	1	14	1										166	36	21.69
f_c11o	3	3	9	2	3	6		13	6	1		5											51	9	17.65
f_c12y	13	9	9	20	13	7	10	34	14	15	13	23	1										181	20	11.05
f_c12m	16	23	3	5	42	12		28	6	9	1	6	1										152	42	27.63
f_c12o		4	6	3	6	10	1	26	10	10		9											85	10	11.76
f_c21y	3	4		1	2	1	42	72	10	9	3	33	5										185	42	22.70
f_c21m				1		2	1	27	4	1		8											44	27	61.36
f_c21o	1		1	1		3		13	18	1	2												40	18	45.00
f_c22m	1				1		1	8		15		2											28	15	53.57
f_c23m	24	3	1	2	25	6	1	59	2	31	114	24	5										297	114	38.38
f_c24m	1	2	1	4	1	5	5	27	6	7	1	156	12										228	156	68.42
f_c300							3	22		10		34	20										89	20	22.47
p_c22y														10	1				1	2	2	2	18	10	55.56
p_c23y															47	22			4	1	1	16	91	47	51.65
p_c24y														6	14	23	2		11	2	9	10	77	23	29.87
p_c24m														35	4	6	21	5	9	8	13	14	115	21	18.26
p_c300														17			4	13	5	11	2	3	55	13	23.64
p_c400														4	3	5	1		25	6	6	9	59	25	42.37
p_c500														6			1	3	2	16	2	16	46	16	34.78
p_c600														16	23	23	5	8	24	15	21	18	153	21	13.73
p_c900														1	2	1			2	2	5	18	31	18	58.06
合计	109	94	34	52	114	63	66	380	88	146	137	328	46	95	94	80	34	29	83	63	61	106	2302	731	31.76
正确	28	36	9	20	42	10	42	27	18	15	114	156	20	10	47	23	21	13	25	16	21	18			
用户精度	25.69	38.30	26.47	38.46	36.84	15.87	63.64	7.11	20.45	10.27	83.21	47.56	43.48	10.53	50.00	28.75	61.76	44.83	30.12	25.40	34.43	16.98			

附表 3　最小距离分类混淆矩阵_withTM 第三级

类型	f_c11y	f_c11m	f_c11o	f_c12y	f_c12m	f_c12o	f_c21y	f_c21m	f_c21o	f_c22m	f_c23m	f_c24m	f_c300	p_c22y	p_c23y	p_c24y	p_c24m	p_c300	p_c400	p_c500	p_c600	p_c900	合计	正确	精度
f_c11y	19	7	1		4	7	1	6	2	14	18	6											85	19	22.35
f_c11m	11	40	2		8	21	1	6	2	33	3	6	3										136	40	29.41
f_c11o		7	2		1	15		4	1	10		2											42	2	4.76
f_c12y	11	5	3	3	8	10	2	20	7	42	15	11	1										138	3	2.17
f_c12m	7	15		1	19	27	1	20	3	21	8	7											129	19	14.73
f_c12o		6	2		4	14	2	10	1	17	3		1										60	14	23.33
f_c21y	1	2			3	1	30	27	5	25	9	14	16										133	30	22.56
f_c21m	2					2		11		8	3	5	5										36	11	30.56
f_c21o			1		1	5	3	6	6	5	3	3											33	6	18.18
f_c22m	1					2	1	2		15		2											23	15	65.22
f_c23m	4	11	1		2	7	4	28		24	144	21	2										248	144	58.06
f_c24m		2			4	8	1	25	1	31	6	88	21										187	88	47.06
f_c300						2	2	15		4		18	35										76	35	46.05
p_c22y														8	1	2		2	1	2	1		17	8	47.06
p_c23y														4	36	25			1	1		15	82	36	43.90
p_c24y														7	11	21	1	2	7	2	3	8	62	21	33.87
p_c24m														30	1	6	14	16	6	7	11	11	102	14	13.73
p_c300														9			3	15	4	12	1	3	47	15	31.91
p_c400														12	6	4	1		14	5	2	7	51	14	27.45
p_c500														4			2	5	1	14	5	12	43	14	32.56
p_c600														22	21	17	1	8	8	13	17	11	118	17	14.41
p_c900															2	3			3		1	17	26	17	65.38
合计	56	95	12	4	54	121	48	180	28	249	212	183	84	96	78	78	22	48	45	56	41	84	1874	582	31.06
正确	19	40	2	3	19	14	30	11	6	15	144	88	35	8	36	21	14	15	14	14	17	17			
用户精度	33.93	42.11	16.67	75.30	35.19	11.57	62.50	6.11	21.43	6.02	67.92	48.09	41.67	8.33	46.15	26.92	63.64	31.25	31.11	25.00	41.46	20.24			

附表4　马氏距离分类器混淆矩阵_0312new 第三级

类型	f_c11y	f_c11m	f_c11o	f_c12y	f_c12m	f_c12o	f_c21y	f_c21m	f_c21o	f_c22m	f_c23m	f_c24m	f_c300	p_c22y	p_c23y	p_c24y	p_c24m	p_c300	p_c400	p_c500	p_c600	p_c900	合计	正确	精度
f_c11y	12	2			1					1	12	3											31	12	38.71
f_c11m	4	52		3	2					4	14	29											108	52	48.15
f_c11o		3	5	2						1	3	12											26	5	19.23
f_c12y	1	2		21						11	12	14											61	21	34.43
f_c12m	2	4			22	1		1	1		11	13											55	22	40.00
f_c12o		1			2	8		1	1	3		11											27	8	29.63
f_c21y							28			4	2	7											41	28	68.29
f_c21m							1	16		1		8	1										27	16	59.26
f_c21o								4	25	4	2	5	1										41	25	60.98
f_c22m										29	3												32	29	90.63
f_c23m							1	1		7	119	5											133	119	89.47
f_c24m		2					3	1		7	3	137	4										157	137	87.26
f_c300							3			3		5	38										49	38	77.55
p_c22y														7	2	1		1	6	4			21	7	33.33
p_c23y															49	7			8	6	15		85	49	57.65
p_c24y														1	11	35	1			1	5		54	35	64.81
p_c24m														1	4	8	7	1	9	6			36	7	19.44
p_c300															3	4		17	4	7			35	17	48.57
p_c400														2	8	4			30	3	3		50	30	60.00
p_c500															1	1			1	29			32	29	90.63
p_c600															19	11			5	2	66		103	66	64.08
p_c900															1							21	22	21	95.45
合计	19	66	5	26	27	9	36	24	27	75	181	249	44	11	98	71	8	19	63	58	89	21	1226	773	63.05
正确	12	52	5	21	22	8	28	16	25	29	119	137	38	7	49	35	7	17	30	29	66	21			
用户精度	63.16	78.79	100.00	80.77	81.48	88.89	77.78	66.67	92.59	38.67	65.75	55.02	86.36	63.64	50.00	49.30	87.50	89.47	47.62	50	74.16	100.00			

附表 5　马氏距离分类器混淆矩阵__noTM 第三级

类型	f_c11y	f_c11m	f_c11o	f_c12y	f_c12m	f_c12o	f_c21y	f_c21m	f_c21o	f_c22m	f_c23m	f_c24m	f_c300	p_c22y	p_c23y	p_c24y	p_c24m	p_c300	p_c400	p_c500	p_c600	p_c900	合计	正确	精度
f_c11y	38	2		5				1			7	12											65	38	58.46
f_c11m	1	43		8	2	1	1	1				14											71	43	60.56
f_c11o		1	18	2		1	2		4			5											33	18	54.55
f_c12y	7	1		57	1		3				3	28											100	57	57.00
f_c12m	2	8		6	22	2		2			1	6											49	22	44.90
f_c12o				1	2	24			2		2	6											37	24	64.86
f_c21y		1					60					14	2										77	60	77.92
f_c21m						1		17	1			8	1										28	17	60.71
f_c21o						1	3	1	21		2	1											29	21	72.41
f_c22m				1			1	1		17		7											27	17	62.96
f_c23m	3	2		1			1				140	8											155	140	90.32
f_c24m				3			2					173	3										181	173	95.58
f_c300							4	4				12	34										54	34	62.96
p_c22y														6		2	1	1	3	1	2	1	17	6	35.29
p_c23y															60	1			1		9		71	60	84.51
p_c24y																41			10		8		59	41	69.49
p_c24m															1	11	40	2	4	11	20	1	90	40	44.44
p_c300																	4	21	4	6	11		46	21	45.65
p_c400															1	2			36		9		48	36	75.00
p_c500																		1		31	2		34	31	91.18
p_c600															5	5	2		1	4	91	1	109	91	83.49
p_c900																				1	1	15	17	15	88.24
合计	51	58	18	84	27	30	77	27	28	17	155	294	40	6	67	62	47	25	59	54	153	18	1397	1005	71.94
正确	38	43	18	57	22	24	60	17	21	17	140	173	34	6	60	41	40	21	36	31	91	15			
用户精度	74.51	74.14	100.00	67.86	81.48	80.00	77.92	62.96	75.00	100.00	90.32	58.84	85.00	100.00	89.55	66.13	85.11	84.00	61.02	57.41	59.48	83.33			

附表 6　马氏距离法分类混淆矩阵_withTM 第三级

类型	f_c11y	f_c11m	f_c11o	f_c12y	f_c12m	f_c12o	f_c21y	f_c21m	f_c21o	f_c22m	f_c23m	f_c24m	f_c300	p_c22y	p_c23y	p_c24y	p_c24m	p_c300	p_c400	p_c500	p_c600	p_c900	合计	正确	精度
f_c11y	35	4		3	2	2		6			11	12											75	35	46.67
f_c11m	8	44	1	3	3	11		3			8	13											94	44	46.81
f_c11o		4	16		2	6		1	1		1	8											39	16	41.03
f_c12y	11	2		44		4	2	1	1		13	18	1										97	44	45.36
f_c12m	3	10		5	32	13	2	2			5	16											88	32	36.36
f_c12o		4	1	1	2	33		3			3	4											51	33	64.71
f_c21y		1		3	1	2	40	4			4	13	2										70	40	57.14
f_c21m				1				24			1	5	1										32	24	75.00
f_c21o						2		2	20		2	2											28	20	71.43
f_c22m	1	2		1				1		10	2	2	1										20	10	50.00
f_c23m	1			1	2		1	1			176	9											191	176	92.15
f_c24m	1			3		3		1				91	1										100	91	91.00
f_c300							1					7	30										38	30	78.95
p_c22y														8	3	1	3		1	3	1	1	21	8	38.10
p_c23y															62	4				1	2	3	72	62	86.11
p_c24y															8	43			2		4		57	43	75.44
p_c24m															3	11	49	1	5	5	13		87	49	56.32
p_c300																2	4	20	1	3	11		41	20	48.78
p_c400															3	4	1		28	1	6	2	45	28	62.22
p_c500															2	2	1		1	25		1	32	25	78.13
p_c600															12	16	1		1		62	2	94	62	65.96
p_c900																			1			19	20	19	95.00
合计	60	71	18	65	44	76	46	49	22	10	226	200	36	8	93	83	59	21	40	38	99	28	1392	911	65.45
正确	35	44	16	44	32	33	40	24	20	10	176	91	30	8	62	43	49	20	28	25	62	19			
用户精度	58.33	61.97	88.89	67.69	72.73	43.42	86.96	48.98	90.91	100.00	77.88	45.50	83.33	100.00	66.67	51.81	83.05	95.24	70.00	65.79	62.63	67.86			

附表 7　Bayes 准则分类混淆矩阵_0312new 第三级

类型	f_c11y	f_c11m	f_c11o	f_c12y	f_c12m	f_c12o	f_c21y	f_c21m	f_c21o	f_c22m	f_c23m	f_c24m	f_c300	p_c22y	p_c23y	p_c24y	p_c24m	p_c300	p_c400	p_c500	p_c600	p_c900	合计	正确	精度
f_c11y	18	3			2					1	5	2											31	18	58.06
f_c11m	5	79	1	11	4					1	3	4											108	79	73.15
f_c11o		3	18	1							1	3											26	18	69.23
f_c12y	1	2	1	40	1			1		4	4	6	1										61	40	65.57
f_c12m	2	5		1	36	3		1	2		3	2											55	36	65.45
f_c12o	1	2		1	1	16			1	1	1	3											27	16	59.26
f_c21y							30	1		2	2	6											41	30	73.17
f_c21m		1			1		1	20				3	1										27	20	74.07
f_c21o		4			2		1	7	23			3	1										41	23	56.10
f_c22m		3		1	1		1			19	5	2											32	19	59.38
f_c23m		4		1	1		1	1		4	117	4											133	117	87.97
f_c24m	2	4		4	3		3	1		4	1	129	6										157	129	82.17
f_c300							3			3		4	39										49	39	79.59
p_c22y														14		1		1		5			21	14	66.67
p_c23y														7	39	9		1	6	6	17		85	39	45.88
p_c24y														2	7	37	4	1			3		54	37	68.52
p_c24m														3	1	3	28			1			36	28	77.78
p_c300															1	1	7	23		3			35	23	65.71
p_c400														8	10	7	8		13	1	3		50	13	26.00
p_c500														3		1	1	1	1	25			32	25	78.13
p_c600															12	19	3		3	2	64		103	64	62.14
p_c900																						22	22	22	100.00
合计	29	110	20	60	52	19	40	32	26	39	142	171	48	37	70	78	51	27	23	43	87	22	1226	849	69.25
正确	18	79	18	40	36	16	30	20	23	19	117	129	39	14	39	37	28	23	13	25	64	22			
用户精度	62.07	71.82	90.00	66.67	69.23	84.21	75.00	62.50	88.46	48.72	82.39	75.44	81.25	37.84	55.71	47.44	54.90	85.19	56.52	58.14	73.56	100.00			

附表 8　Bayes 准则分类混淆矩阵_noTM 第三级

类型	f_c11y	f_c11m	f_c11o	f_c12y	f_c12m	f_c12o	f_c21y	f_c21m	f_c21o	f_c22m	f_c23m	f_c24m	f_c300	p_c22y	p_c23y	p_c24y	p_c24m	p_c300	p_c400	p_c500	p_c600	p_c900	合计	正确	精度
f_c11y	44	7		2	2	1					6	3											65	44	67.69
f_c11m		57		6	2						3	3											71	57	80.28
f_c11o	1	1	27		1		1		1			1											33	27	81.82
f_c12y	2	5		77	4		2				1	9											100	77	77.00
f_c12m		7		3	36				1		2												49	36	73.47
f_c12o		4		2	2	24			2		1	2											37	24	64.86
f_c21y		1		1			64				2	9											77	64	83.12
f_c21m							1	22			1	3	1										28	22	78.57
f_c21o		2				1	3	1	21		1												29	21	72.41
f_c22m										21	1	4	1										27	21	77.78
f_c23m	2	2		1	1		1				145	3											155	145	93.55
f_c24m		3		7			1					167	3										181	167	92.27
f_c300							2	3				12	37										54	37	68.52
p_c22y														15		1						1	17	15	88.24
p_c23y															61	1			1		8		71	61	85.92
p_c24y															1	40	3		7		8		59	40	67.8
p_c24m														1	1	6	64	3	1	5	9		90	64	71.11
p_c300																	3	36	1	4	2		46	36	78.26
p_c400															1	2	4	2	33	1	5		48	33	68.75
p_c500																	1	2		29	2		34	29	85.29
p_c600														1	6	4	11	3	1	5	77	1	109	77	70.64
p_c900																	2				3	12	17	12	70.59
合计	49	89	27	99	48	26	75	26	25	21	163	216	42	17	70	54	88	46	44	44	114	14	1397	1109	79.38
正确	44	57	27	77	36	24	64	22	21	21	145	167	37	15	61	40	64	36	33	29	77	12			
用户精度	89.8	64.04	100	77.78	75.00	92.31	85.33	84.62	84.00	100.00	88.96	77.31	88.1	88.24	87.14	74.07	72.73	78.26	75.00	65.91	67.54	85.71			

附表9 Bayes 准则分类混淆矩阵_withTM 第三级

类型	f_c11y	f_c11m	f_c11o	f_c12y	f_c12m	f_c12o	f_c21y	f_c21m	f_c21o	f_c22m	f_c23m	f_c24m	f_c300	p_c22y	p_c23y	p_c24y	p_c24m	p_c300	p_c400	p_c500	p_c600	p_c900	合计	正确	精度
f_c11y	33	15		7	6			4	1		4	5											75	33	44.00
f_c11m	2	68	2	8	6	1		2			2	3											94	68	72.34
f_c11o		5	23		3	1	1		1		1	4											39	23	58.97
f_c12y	1	9		67	2		2		1	1	4	9	1										97	67	69.07
f_c12m		14	1	7	51	2	3	1			1	8											88	51	57.95
f_c12o		6	5	2	7	20		3			3	5											51	20	39.22
f_c21y		2		4	2	2	44	1			4	10	1										70	44	62.86
f_c21m				1			1	25				2	3										32	25	78.13
f_c21o		2			1			2	21		1	1											28	21	75.00
f_c22m				2						16	1		1										20	16	80.00
f_c23m	2			2	2		1	1			174	9											191	174	91.10
f_c24m	2	1		5								90	2										100	90	90.00
f_c300							1				1	4	32										38	32	84.21
p_c22y														8	3	1	3		1	3	1	1	21	8	38.10
p_c23y															63	4				1	2	2	72	63	87.50
p_c24y															8	44	1				4		57	44	77.19
p_c24m															3	14	46	1	2	5	16		87	46	52.87
p_c300																2	6	12	1	5	15		41	12	29.27
p_c400															3	5	1		25	1	9	1	45	25	55.56
p_c500															2	2				25	2	1	32	25	78.13
p_c600															13	15	1		1		63	1	94	63	67.02
p_c900																						20	20	20	100.00
合计	40	122	31	105	80	26	53	39	24	17	196	150	40	8	95	87	58	13	30	40	112	26	1392	970	69.68
正确	33	68	23	67	51	20	44	25	21	16	174	90	32	8	63	44	46	12	25	25	63	20			
用户精度	82.50	55.74	74.19	63.81	63.75	76.92	83.02	64.10	87.50	94.12	88.78	60.00	80.00	100.00	66.32	50.57	79.31	92.31	83.33	62.50	56.25	76.92			

附表 10　模糊分类混淆矩阵_0312new 第三级

类型	f_c11y	f_c11m	f_c11o	f_c12y	f_c12m	f_c12o	f_c21y	f_c21m	f_c21o	f_c22m	f_c23m	f_c24m	f_c300	p_c22y	p_c23y	p_c24y	p_c24m	p_c300	p_c400	p_c500	p_c600	p_c900	合计	正确	精度
f_c11y	10										15	1											26	10	38.46
f_c11m		10									67	13											90	10	11.11
f_c11o		2	1	2							5	10											20	1	5.00
f_c12y				12							15	15											42	12	28.57
f_c12m					8						35	4											47	8	17.02
f_c12o						3					12	3											18	3	16.67
f_c21y							23				4	6											33	23	69.70
f_c21m							2	9			7	8											26	9	34.62
f_c21o								1	14	1	14	7											37	14	37.84
f_c22m										18	9	3											30	18	60.00
f_c23m							1				100	1											102	100	98.04
f_c24m											10	104	2										116	104	89.66
f_c300											6	11	24										41	24	58.54
p_c22y														13	1	1		1					16	13	81.25
p_c23y														6	35	9		1	2	6	17		76	35	46.05
p_c24y														2	6	36	3			1	5		53	36	67.92
p_c24m														2	1	3	24			1			31	24	77.42
p_c300																1	5	22		2			30	22	73.33
p_c400														8	7	8	7		14	2	4		50	14	28.00
p_c500														1		3	2		1	25			32	25	78.13
p_c600															13	20	2		3	1	60		99	60	60.61
p_c900															1							21	22	21	95.45
合计	10	12	1	14	8	3	26	10	14	19	299	186	26	32	64	81	43	24	20	38	86	21	1037	586	56.51
正确	10	10	1	12	8	3	23	9	14	18	100	104	24	13	35	36	24	22	14	25	60	21			
用户精度	100.00	83.33	100.00	85.71	100.00	100.00	88.46	90.00	100.00	94.74	33.44	55.91	92.31	40.63	54.69	44.44	55.81	91.67	70.00	65.79	69.77	100.00			

附表 11　模糊分类混淆矩阵_noTM 第三级

类型	f_c11y	f_c11m	f_c11o	f_c12y	f_c12m	f_c12o	f_c21y	f_c21m	f_c21o	f_c22m	f_c23m	f_c24m	f_c300	p_c22y	p_c23y	p_c24y	p_c24m	p_c300	p_c400	p_c500	p_c600	p_c900	合计	正确	精度
f_c11y	26	6		5	2						11	15											65	26	40.00
f_c11m	1	46		8	2			1			2	11											71	46	64.79
f_c11o		4	11	4			2		2			10											33	11	33.33
f_c12y	3	2		56			4				5	30											100	56	56.00
f_c12m	1	12		6	24							6											49	24	48.98
f_c12o		2		1	1	16	1		2		3	11											37	16	43.24
f_c21y		1		1			60					14	1										77	60	77.92
f_c21m		1				1	1	15	1			7	2										28	15	53.57
f_c21o				1		1	6		14		2	5											29	14	48.28
f_c22m		1		2			2			12		9	1										27	12	44.44
f_c23m	2	1		1			1				143	7											155	143	92.26
f_c24m		1		3			2	1			1	169	4										181	169	93.37
f_c300							3				1	15	35										54	35	64.81
p_c22y														15		1						1	17	15	88.24
p_c23y															59	3			1		8		71	59	83.10
p_c24y															1	39	2	2	6		9		59	39	66.10
p_c24m														1	1	4	59	4	2	9	10		90	59	65.56
p_c300																	8	30		4	4		46	30	65.22
p_c400															1	1	5	1	31		8	1	48	31	64.58
p_c500																	1	2	1	27	3		34	27	79.41
p_c600														1	7	4	10	4	1	3	79		109	79	72.48
p_c900																1	1			1	3	11	17	11	64.71
合计	33	77	11	88	29	18	82	17	19	12	168	309	43	17	69	53	86	43	42	44	124	13	1397	977	69.94
正确	26	46	11	56	24	16	60	15	14	12	143	169	35	15	59	39	59	30	31	27	79	11			
用户精度	78.79	59.74	100.00	63.64	82.76	88.89	73.17	88.24	73.68	100.00	85.12	54.69	81.40	88.24	85.51	73.58	68.60	69.77	73.81	61.36	63.71	84.62			

附表 12 模糊分类混淆矩阵_withTM 第三级

类型	f_c11y	f_c11m	f_c11o	f_c12y	f_c12m	f_c12o	f_c21y	f_c21m	f_c21o	f_c22m	f_c23m	f_c24m	f_c300	p_c22y	p_c23y	p_c24y	p_c24m	p_c300	p_c400	p_c500	p_c600	p_c900	合计	正确	精度
f_c11y	23	10		4	2		2	2			17	14	1										75	23	30.67
f_c11m	2	50		5	2	1					13	21											94	50	53.19
f_c11o		5	13		3	1	1	2	1			13											39	13	33.33
f_c12y	5	3		49	1		3	1			14	20	1										97	49	50.52
f_c12m	1	15		10	34		4	1			8	15											88	34	38.64
f_c12o		4	1	1	5	14	2	2			5	17											51	14	27.45
f_c21y		1		2			40	3			3	17	4										70	40	57.14
f_c21m				1			2	16			2	9	2										32	16	50.00
f_c21o		2		1	1	1	1	1	12		3	6											28	12	42.86
f_c22m		1		3				1		7	4	4											20	7	35.00
f_c23m	1			2	4		1				170	13											191	170	89.01
f_c24m				3							4	92	1										100	92	92.00
f_c300							1					8	29										38	29	76.32
p_c22y														16	2	1			1	1			21	16	76.19
p_c23y															56	6			1	1	5	3	72	56	77.78
p_c24y															5	37	1	1	3	1	7	2	57	37	64.91
p_c24m														1		1	67	3	3	4	7	1	87	67	77.01
p_c300																	4	33		1	3		41	33	80.49
p_c400														1	1	3	7	1	24		8		45	24	53.33
p_c500														1			3	1	1	25		1	32	25	78.13
p_c600															4	11	11	3	1		62	2	94	62	65.96
p_c900																			1		1	18	20	18	90.00
合计	32	91	14	81	52	17	57	29	13	7	243	249	38	19	68	59	93	42	35	33	93	27	1392	887	63.72
正确	23	50	13	49	34	14	40	16	12	7	170	92	29	16	56	37	67	33	24	25	62	18			
用户精度	71.88	54.95	92.86	60.49	65.38	82.35	70.18	55.17	92.31	100.00	69.96	36.95	76.32	84.21	82.35	62.71	72.04	78.57	68.57	75.76	66.67	66.67			

附表 13 支持向量机分类混淆矩阵_0312new 第三级

类型	f_c11y	f_c11m	f_c11o	f_c12y	f_c12m	f_c12o	f_c21y	f_c21m	f_c21o	f_c22m	f_c23m	f_c24m	f_c300	p_c22y	p_c23y	p_c24y	p_c24m	p_c300	p_c400	p_c500	p_c600	p_c900	合计	正确	精度
f_c11y	12	3	1		3					2	7	3											31	12	38.71
f_c11m	8	67	3	13	8					1	4	4											108	67	62.04
f_c11o		5	12	2		1				1	2	3											26	12	46.15
f_c12y		3	2	29	2			3		4	6	10	2										61	29	47.54
f_c12m	3		5	2	32	4		1	2		4	2											55	32	58.18
f_c12o	2		2	1	1	16			1		1	3											27	16	59.26
f_c21y					1	2	21	1		4	3	9											41	21	51.22
f_c21m		1			2		1	19				3	1										27	19	70.37
f_c21o		5			2		3	5	18		2	5	1										41	18	43.90
f_c22m		3		1	1		1	3		19	2	2											32	19	59.38
f_c23m		5			2		2	3		5	109	7											133	109	81.95
f_c24m	1	6		5			3		2	8		123	9										157	123	78.34
f_c300							2		4	7		8	28										49	28	57.14
p_c22y														12	2			2		5			21	12	57.14
p_c23y														9	32	11		2	3	9	19		85	32	37.65
p_c24y														2	8	35	5	1			3		54	35	64.81
p_c24m														4		4	24	1	1	2			36	24	66.67
p_c300															1	2	8	19	1	4			35	19	54.29
p_c400														8	10	7	8		13	1	3		50	13	26.00
p_c500														3		1	1	1	1	25			32	25	78.13
p_c600															9	21	3	3	3	2	58	4	103	58	56.31
p_c900																					2	20	22	20	90.91
合计	26	98	25	53	54	23	33	35	27	51	140	182	41	38	62	81	49	29	22	48	85	24	1226	743	60.60
正确	12	67	12	29	32	16	21	19	18	19	109	123	28	12	32	35	24	19	13	25	58	20			
用户精度	46.15	68.37	48.00	54.72	59.26	69.57	63.64	54.29	66.67	37.25	77.86	67.58	68.29	31.58	51.61	43.21	48.98	65.52	59.09	52.08	68.24	83.33			

附表 14　支持向量机分类混淆矩阵_noTM 第三级

类型	f_c11y	f_c11m	f_c11o	f_c12y	f_c12m	f_c12o	f_c21y	f_c21m	f_c21o	f_c22m	f_c23m	f_c24m	f_c300	p_c22y	p_c23y	p_c24y	p_c24m	p_c300	p_c400	p_c500	p_c600	p_c900	合计	正确	精度
f_c11y	42	2		3	1	2		1	1		7	6											65	42	64.62
f_c11m	2	48	2	6	3		2				5	3											71	48	67.61
f_c11o	1	1	24		1		1		1		1	3											33	24	72.73
f_c12y	2	5	3	65	4		3				6	12											100	65	65.00
f_c12m		6	4	3	29				2	1	4												49	29	59.18
f_c12o		4		2	2	20			3		3	3											37	20	54.05
f_c21y		1		2		1	60	2			3	8											77	60	77.92
f_c21m								23			1	3	1										28	23	82.14
f_c21o		2				1	4	2	19		1												29	19	65.52
f_c22m									1	15	2	8	1										27	15	55.56
f_c23m	3	1		2	2		1		1	2	125	13	5										155	125	80.65
f_c24m		2		8	6		3		2			152	8										181	152	83.98
f_c300							3	4				11	36										54	36	66.67
p_c22y														15		1						1	17	15	88.24
p_c23y														1	56	2			2		10		71	56	78.87
p_c24y															1	36	4		8	1	9		59	36	61.02
p_c24m														2	2	8	59	4	1	6	8		90	59	65.56
p_c300																1	4	32	2	5	2		46	32	69.57
p_c400															2	3	3	3	30	2	4	1	48	30	62.50
p_c500																	1	2		29	2		34	29	85.29
p_c600														1	6	4	10	3	2	4	78	1	109	78	71.56
p_c900																	3			1	2	11	17	11	64.71
合计	50	72	33	91	48	24	77	32	30	18	158	222	51	19	67	55	84	44	45	48	115	14	1397	1004	71.87
正确	42	48	24	65	29	20	60	23	19	15	125	152	36	15	56	36	59	32	30	29	78	11			
用户精度	84.00	66.67	72.73	71.43	60.42	83.33	77.92	71.88	63.33	83.33	79.11	68.47	70.59	78.95	83.58	65.45	70.24	72.73	66.67	60.42	67.83	78.57			

附表 15　支持向量机分类混淆矩阵_withTM 第三级

类型	f_c11y	f_c11m	f_c11o	f_c12y	f_c12m	f_c12o	f_c21y	f_c21m	f_c21o	f_c22m	f_c23m	f_c24m	f_c300	p_c22y	p_c23y	p_c24y	p_c24m	p_c300	p_c400	p_c500	p_c600	p_c900	合计	正确	精度
f_c11y	26	12	4	8	6			5	1		6	7											75	26	34.67
f_c11m	3	59	4	10	6	1		3			3	5											94	59	62.77
f_c11o		5	21		4	2			2		1	4											39	21	53.85
f_c12y	1	8	2	72	2		2			3	3	4											97	72	74.23
f_c12m		11	3	9	43	2	3	1			4	12											88	43	48.86
f_c12o		4		2	9	22	1	4			3	6											51	22	43.14
f_c21y		2		5	2	4	37	1			6	12	1										70	37	52.86
f_c21m				1			1	21		3		2	4										32	21	65.63
f_c21o		2			1			3	19		2	1											28	19	67.86
f_c22m				3		1		2		10	1		3										20	10	50.00
f_c23m		5		2	4		1	12			145	15	7										191	145	75.92
f_c24m		1		4			4			7		78	6										100	78	78.00
f_c300							3				3	5	27										38	27	71.05
p_c22y														8	4	1	1		1	3	2	1	21	8	38.10
p_c23y															63	4				1	2	2	72	63	87.50
p_c24y														8	12	26	1			2	8		57	26	45.61
p_c24m															6	16	38	1	2	8	16		87	38	43.68
p_c300																2	6	12	1	5	15		41	12	29.27
p_c400															3	6	2		21	1	11	1	45	21	46.67
p_c500															3	3		1		19	4	2	32	19	59.38
p_c600															8	12	1		2		66	5	94	66	70.21
p_c900															1						1	18	20	18	90.00
合计	30	109	34	116	77	32	52	52	22	23	177	151	48	16	100	70	49	14	27	39	125	29	1392	851	61.14
正确	26	59	21	72	43	22	37	21	19	10	145	78	27	8	63	26	38	12	21	19	66	18			
用户精度	86.67	54.13	61.76	62.07	55.84	68.75	71.15	40.38	86.36	43.48	81.92	51.66	56.25	50.00	63.00	37.14	77.55	85.71	77.78	48.72	52.80	62.07			

附表 16 方案 0312new 分类器融合结果表——投票/模糊法

类型	f_c11y	f_c11m	f_c11o	f_c12y	f_c12m	f_c12o	f_c21y	f_c21m	f_c21o	f_c22m	f_c23m	f_c24m	f_c300	p_c22y	p_c23y	p_c24y	p_c24m	p_c300	p_c400	p_c500	p_c600	p_c900	合计	正确	精度
f_c11y	18	3			2					1	5	2											31	18	58.06
f_c11m	5	79	1	11	4					1	3	4											108	79	73.15
f_c11o		3	18	1							1	3											26	18	69.23
f_c12y	1	2	1	40	1			1		5	4	5	1										61	40	65.57
f_c12m	2	5		1	36	3		1	2		3	2											55	36	65.45
f_c12o		2		1	1	15			1	3	1	3											27	15	55.56
f_c21y							30	1		2	2	6											41	30	73.17
f_c21m		1			1		1	20				3	1										27	20	74.07
f_c21o		2			1			7	25	2		3	1										41	25	60.98
f_c22m		2			1		1			23	4	1											32	23	71.88
f_c23m		4		1	1		1	1		5	116	4											133	116	87.22
f_c24m	1	4		4	3		3	1		6	1	128	6										157	128	81.53
f_c300							3			3		4	39										49	39	79.59
p_c22y														13	1	1		1	1	4			21	13	61.90
p_c23y														6	44	6		1	8	5	15		85	44	51.76
p_c24y														2	11	32	4				5		54	32	59.26
p_c24m														3	3	3	19		7	1			36	19	52.78
p_c300															2	1	4	22	3	3			35	22	62.86
p_c400														8	6	4	1		27	1	3		50	27	54.00
p_c500														1	1	2	2		1	25			32	25	78.13
p_c600															17	12	3		5	2	64		103	64	62.14
p_c900															1							21	22	21	95.45
合计	27	107	20	59	51	18	39	32	28	51	140	168	48	33	86	61	33	24	52	41	87	21	1226	854	69.66
正确	18	79	18	40	36	15	30	20	25	23	116	128	39	13	44	32	19	22	27	25	64	21			
用户精度	66.67	73.83	90.00	67.80	70.59	83.33	76.92	62.50	89.29	45.10	82.86	76.19	81.25	39.39	51.16	52.46	57.58	91.67	51.92	60.98	73.56	100.00			

附表 17　方案 noTM 分类器融合结果表——投票法

类型	f_c11y	f_c11m	f_c11o	f_c12y	f_c12m	f_c12o	f_c21y	f_c21m	f_c21o	f_c22m	f_c23m	f_c24m	f_c300	p_c22y	p_c23y	p_c24y	p_c24m	p_c300	p_c400	p_c500	p_c600	p_c900	合计	正确	精度
f_c11y	36	6		1	1			2			8	11											65	36	55.38
f_c11m		47		5	2		1				2	14											71	47	66.20
f_c11o	1	2	16	1			2		2			9											33	16	48.48
f_c12y	2	2		59	1		3				4	29											100	59	59.00
f_c12m		7		4	29			2			1	6											49	29	59.18
f_c12o		2		1	1	21			2		3	7											37	21	56.76
f_c21y		1					58				1	16	1										77	58	75.32
f_c21m							1	20			1	5	1										28	20	71.43
f_c21o						1	4	1	20		2	1											29	20	68.97
f_c22m								1		16		10											27	16	59.26
f_c23m	3	2		1			1				142	6											155	142	91.61
f_c24m		1		3			1					174	2										181	174	96.13
f_c300							3	3				14	34										54	34	62.96
p_c22y														15		1						1	17	15	88.24
p_c23y															60	1			1		9		71	60	84.51
p_c24y															1	40	2		8		8		59	40	67.80
p_c24m														1	1	6	60	3	2	8	9		90	60	66.67
p_c300																	7	30	1	4	4		46	30	65.22
p_c400															1	2	4	1	33		7		48	33	68.75
p_c500																	1	2		29	2		34	29	85.29
p_c600														1	5	4	10	3	1	4	80	1	109	80	73.39
p_c900																	1			1	3	12	17	12	70.59
合计	42	70	16	75	34	22	74	29	24	16	164	302	38	17	68	54	85	39	46	46	122	14	1397	1031	73.80
正确	36	47	16	59	29	21	58	20	20	16	142	174	34	15	60	40	60	30	33	29	80	12			
用户精度	85.71	67.14	100.00	78.67	85.29	95.45	78.38	68.97	83.33	100.00	86.59	57.62	89.47	88.24	88.24	74.07	70.59	76.92	71.74	63.04	65.57	85.71			

附表 18　方案 noTM 分类器融合结果表——Bayesian 平均法

类型	f_c11y	f_c11m	f_c11o	f_c12y	f_c12m	f_c12o	f_c21y	f_c21m	f_c21o	f_c22m	f_c23m	f_c24m	f_c300	p_c22y	p_c23y	p_c24y	p_c24m	p_c300	p_c400	p_c500	p_c600	p_c900	合计	正确	精度
f_c11y	24	6		4	2						13	16											65	24	36.92
f_c11m		45		6	2			1			3	14											71	45	63.38
f_c11o		5	12	3			5		1			7											33	12	36.36
f_c12y	2	3		54			4				7	30											100	54	54.00
f_c12m		9		5	26			1			1	7											49	26	53.06
f_c12o		3		1	1	13	1		2		4	12											37	13	35.14
f_c21y		1					60					15	1										77	60	77.92
f_c21m						1	1	16				8	2										28	16	57.14
f_c21o		1				1	6	1	13		2	5											29	13	44.83
f_c22m		1		1			1			11		12	1										27	11	40.74
f_c23m	2	1		1							144	7											155	144	92.90
f_c24m		1		3			2	1				170	4										181	170	93.92
f_c300							3					15	36										54	36	66.67
p_c22y														15		1						1	17	15	88.24
p_c23y															59	3			1		8		71	59	83.10
p_c24y															1	39	2	2	6		9		59	39	66.10
p_c24m														1	1	4	59	4	2	9	10		90	59	65.56
p_c300																	8	29		4	5		46	29	63.04
p_c400															1	1	5	1	31		9		48	31	64.58
p_c500																	1	2		28	3		34	28	82.35
p_c600														1	6	5	10	4	1	3	79		109	79	72.48
p_c900																1	1			1	3	11	17	11	64.71
合计	28	76	12	78	31	15	83	20	16	11	174	318	44	17	68	54	86	42	41	45	126	12	1397	974	69.72
正确	24	45	12	54	26	13	60	16	13	11	144	170	36	15	59	39	59	29	31	28	79	11			
用户精度	85.71	59.21	100.00	69.23	83.87	86.67	72.29	80.00	81.25	100.00	82.76	53.46	81.82	88.24	86.76	72.22	68.60	69.05	75.61	62.22	62.70	91.67			

附表 19　方案 noTM 分类器融合结果表——模糊法

类型	f_c11y	f_c11m	f_c11o	f_c12y	f_c12m	f_c12o	f_c21y	f_c21m	f_c21o	f_c22m	f_c23m	f_c24m	f_c300	p_c22y	p_c23y	p_c24y	p_c24m	p_c300	p_c400	p_c500	p_c600	p_c900	合计	正确	精度
f_c11y	44	7		2	2	1					8	1											65	44	67.69
f_c11m		58		6	4						1	2											71	58	81.69
f_c11o		1	25		2			1	3			1											33	25	75.76
f_c12y	2	5		75	6		5				2	5											100	75	75.00
f_c12m		12		6	28			1	1			1											49	28	57.14
f_c12o		4		2	2	24			2		1	1	1										37	24	64.86
f_c21y		2		2	1		66				2	3	1										77	66	85.71
f_c21m					1			21	1			2	3										28	21	75.00
f_c21o					1	1	2	3	22														29	22	75.86
f_c22m							1			21	3	1	1										27	21	77.78
f_c23m		4		1			1				146	3											155	146	94.19
f_c24m		2		7			3					164	5										181	164	90.61
f_c300							2					8	44										54	44	81.48
p_c22y														15		1						1	17	15	88.24
p_c23y															61	1			1		8		71	61	85.92
p_c24y															1	40	3		7		8		59	40	67.80
p_c24m														1	1	6	64	3	1	5	9		90	64	71.11
p_c300																	3	36	1	4	2		46	36	78.26
p_c400															1	2	4	2	33	1	5		48	33	68.75
p_c500																	1	2		29	2		34	29	85.29
p_c600														1	6	4	11	3	1	5	77	1	109	77	70.64
p_c900																	2				1	14	17	14	82.35
合计	46	95	25	1C1	47	26	80	26	29	21	163	192	55	17	70	54	88	46	44	44	112	16	1397	1107	79.24
正确	44	58	25	75	28	24	66	21	22	21	146	164	44	15	61	40	64	36	33	29	77	14			
用户精度	95.65	61.05	100.00	74 26	59.57	92.31	82.50	80.77	75.86	100.00	89.57	85.42	80.00	88.24	87.14	74.07	72.73	78.26	75.00	65.91	68.75	87.50			

附表 20 方案 noTM 分类器融合结果表——投票/模糊法

类型	f_c11y	f_c11m	f_c11o	f_c12y	f_c12m	f_c12o	f_c21y	f_c21m	f_c21o	f_c22m	f_c23m	f_c24m	f_c300	p_c22y	p_c23y	p_c24y	p_c24m	p_c300	p_c400	p_c500	p_c600	p_c900	合计	正确	精度
f_c11y	44	7		2	2	1					6	3											65	44	67.69
f_c11m		57		6	2						3	3											71	57	80.28
f_c11o	1	1	25		1		1		3			1											33	25	75.76
f_c12y	2	5		77	4		2				1	9											100	77	77.00
f_c12m		7		3	36				1		2												49	36	73.47
f_c12o		4		2	2	24			2		1	2											37	24	64.86
f_c21y		1		1			63				2	9	1										77	63	81.82
f_c21m							1	21	1		1	2	2										28	21	75.00
f_c21o						1	3	1	23		1												29	23	79.31
f_c22m										21	1	4	1										27	21	77.78
f_c23m	2	2		1	1		1				145	3											155	145	93.55
f_c24m		3		7			1					166	4										181	166	91.71
f_c300							2					11	41										54	41	75.93
p_c22y														15		1						1	17	15	88.24
p_c23y															61	1			1		8		71	61	85.92
p_c24y															1	40	3		7		8		59	40	67.80
p_c24m														1	1	6	64	3	1	5	9		90	64	71.11
p_c300																	3	36	1	4	2		46	36	78.26
p_c400															1	2	4	2	33	1	5		48	33	68.75
p_c500																	1	2		29	2		34	29	85.29
p_c600														1	6	4	11	3	1	5	77	1	109	77	70.64
p_c900																	2				1	14	17	14	82.35
合计	49	87	25	99	48	26	74	22	30	21	163	213	49	17	70	54	88	46	44	44	112	16	1397	1112	79.60
正确	44	57	25	77	36	24	63	21	23	21	145	166	41	15	61	40	64	36	33	29	77	14			
用户精度	89.80	65.52	100.00	77.78	75.00	92.31	85.14	95.45	76.67	100.00	88.96	77.93	83.67	88.24	87.14	74.07	72.73	78.26	75.00	65.91	68.75	87.50			

附表21　方案 withTM 分类器融合结果——投票/模糊法

类型	f_c11y	f_c11m	f_c11o	f_c12y	f_c12m	f_c12o	f_c21y	f_c21m	f_c21o	f_c22m	f_c23m	f_c24m	f_c300	p_c22y	p_c23y	p_c24y	p_c24m	p_c300	p_c400	p_c500	p_c600	p_c900	合计	正确	精度
f_c11y	38	9		6	3	2	2	5	1		4	5											75	38	50.67
f_c11m	8	57	2	5	5	10		2			2	3											94	57	60.64
f_c11o		5	22		3	1	1	1	1		1	4											39	22	56.41
f_c12y	9	8		58	2	2	2		1	1	4	9	1										97	58	59.79
f_c12m	2	14		5	43	9	4	2			1	8											88	43	48.86
f_c12o		6	4		6	24	1	3			3	4											51	24	47.06
f_c21y		2		4	1	2	44	2			4	10	1										70	44	62.86
f_c21m				1			1	25				2	3										32	25	78.13
f_c21o					1	2		2	21		1	1											28	21	75.00
f_c22m				2				1		15	1		1										20	15	75.00
f_c23m	2			2	2		1	1			174	9											191	174	91.10
f_c24m	2			5		2		1				88	2										100	88	88.00
f_c300							1				1	4	32										38	32	84.21
p_c22y														17	2				1		1		21	17	80.95
p_c23y															59	4			1	1	5	2	72	59	81.94
p_c24y															8	37	2		1	1	8		57	37	64.91
p_c24m															1	1	70	3	3	3	6		87	70	80.46
p_c300																1	4	34			2		41	34	82.93
p_c400															2	2	7	1	27		6		45	27	60.00
p_c500															2		3			27			32	27	84.38
p_c600															5	7	12	3	1	1	64	1	94	64	68.09
p_c900																			1		1	18	20	18	90.00
合计	61	101	28	83	66	54	57	45	24	16	196	147	40	17	79	52	98	41	35	33	93	21	1392	994	71.41
正确	38	57	22	58	43	24	44	25	21	15	174	88	32	17	59	37	70	34	27	27	64	18			
用户精度	62.30	56.44	78.57	65.91	65.15	44.44	77.19	55.56	87.50	93.75	88.78	59.86	80.00	100.00	74.68	71.15	71.43	82.93	77.14	81.82	68.82	85.71			

附表 22　方案 noTM 各类型对象特征值的变动系数

类型	b1	b2	b4	tm1	tm4	tm5	std_b1	std_tm1	std_tm2	std_tm4	con_b1	con_b4	con_tm1	con_tm5	stdd_b4	stdd_tm5	平均
f_c11y	0.1206	0.0436	0.0206	0.0590	0.0945	0.1195	0.2243	0.3298	0.2793	0.2598	0.2775	0.2159	0.4652	0.4809	0.2210	0.2219	0.2146
f_c11m	0.1214	0.0474	0.0203	0.0311	0.1105	0.1157	0.1801	0.3401	0.3548	0.2096	0.2753	0.1814	0.4065	0.4913	0.2032	0.2363	0.2078
f_c11o	0.1334	0.0625	0.0138	0.0362	0.1062	0.1168	0.1707	0.2159	0.2092	0.2926	0.2905	0.1619	0.5090	0.4324	0.1756	0.1889	0.1947
f_c12y	0.1236	0.0532	0.0182	0.0351	0.0911	0.1049	0.2149	0.2835	0.3079	0.2948	0.3183	0.2377	0.5031	0.5288	0.2015	0.2693	0.2241
f_c12m	0.0743	0.0431	0.0185	0.0783	0.0703	0.0905	0.2165	0.2984	0.2503	0.3536	0.2869	0.1620	0.4914	0.4992	0.1574	0.2874	0.2111
f_c12o	0.1109	0.0623	0.0202	0.0408	0.1297	0.1405	0.1823	0.2614	0.3590	0.3149	0.2258	0.2420	0.3371	0.5550	0.1697	0.2763	0.2142
f_c21y	0.0934	0.0840	0.0199	0.0365	0.1265	0.1150	0.2018	0.2993	0.2932	0.2950	0.3117	0.1968	0.4968	0.4310	0.1685	0.2136	0.2114
f_c21m	0.0976	0.0598	0.0374	0.0334	0.0738	0.1273	0.2330	0.2516	0.3189	0.2907	0.3418	0.2506	0.6018	0.6452	0.2107	0.3371	0.2444
f_c21o	0.1716	0.1014	0.0213	0.0173	0.1326	0.1490	0.1932	0.2776	0.2901	0.2246	0.3258	0.1882	0.5652	0.4372	0.1450	0.2667	0.2192
f_c22m	0.1484	0.0821	0.0343	0.0167	0.1235	0.1322	0.2776	0.3247	0.4204	0.3877	0.3880	0.3611	0.5022	0.7604	0.2625	0.3852	0.2879
f_c23m	0.1064	0.0626	0.0383	0.0479	0.0895	0.1253	0.2144	0.3080	0.3056	0.3116	0.2789	0.2648	0.4633	0.5429	0.2464	0.2844	0.2306
f_c24m	0.1550	0.0818	0.0331	0.0322	0.1259	0.1373	0.2070	0.1980	0.2832	0.2835	0.2532	0.2712	0.4599	0.5051	0.2461	0.2953	0.2230
f_c300	0.0784	0.0701	0.0302	0.0406	0.0718	0.0742	0.1921	0.2318	0.2839	0.3246	0.2633	0.2892	0.4709	0.4634	0.2397	0.3127	0.2148
p_c22y	0.1835	0.1282	0.0685	0.0234	0.1613	0.1256	0.2472	0.3094	0.2171	0.3540	1.1527	0.7278	3.1221	0.5756	0.4018	0.3146	0.5071
p_c23y	0.1294	0.1167	0.0879	0.1175	0.1230	0.1562	0.2326	0.3392	0.4423	0.3123	0.3734	0.4605	1.8539	0.5784	0.2143	0.3065	0.3653
p_c24y	0.2293	0.1242	0.0877	0.0723	0.2413	0.1392	0.2210	0.3851	0.3616	0.3040	0.4525	0.5381	1.9609	0.5100	0.2516	0.2698	0.3843
p_c24m	0.1088	0.0701	0.0573	0.0311	0.0914	0.1208	0.1742	0.3341	0.2985	0.2236	0.3640	0.5100	0.6706	0.5400	0.2527	0.2788	0.2579
p_c300	0.1069	0.0894	0.0263	0.0306	0.0968	0.1000	0.1844	0.3075	0.3341	0.2755	0.3309	0.4069	1.0005	0.5129	0.2930	0.2619	0.2724
p_c400	0.1409	0.0796	0.0850	0.0312	0.0939	0.1701	0.1964	0.3037	0.4041	0.1789	0.4185	0.5188	0.7909	0.4418	0.2837	0.2736	0.2757
p_c500	0.1189	0.1423	0.0363	0.0529	0.1252	0.1318	0.3029	0.6965	0.4639	0.2918	0.5660	0.5829	1.1091	0.7035	0.3617	0.3091	0.3747
p_c600	0.1605	0.0908	0.0731	0.0653	0.1451	0.1486	0.2103	0.6378	0.3937	0.2615	0.3632	0.5016	1.0443	0.3995	0.2543	0.2437	0.3121
p_c900	0.0991	0.1091	0.0528	0.1195	0.1175	0.1483	0.2129	0.4946	0.6198	0.2010	1.0003	0.8578	1.5176	0.6830	0.2382	0.2296	0.4188

附表 23 方案 withTM 各类型对象特征值的变动系数

类型	b1	b2	b3	b4	tm1	tm4	tm5	std_tm2	con_b4	con_tm1	con_tm5	stdd_b1	stdd_b2	stdd_b3	stdd_b4	stdd_tm1	stdd_tm3	stdd_tm4	stdd_tm5	vcon_tm3	平均
f_c11y	0.1313	0.0623	0.0465	0.0279	0.0616	0.1208	0.1451	0.3934	1.5599	6.5171	0.7910	0.2139	0.3826	0.3833	0.3645	0.5996	0.5884	0.3197	0.3484	2.6440	0.7851
f_c11m	0.1362	0.0663	0.0532	0.0270	0.0898	0.1393	0.1620	0.4889	1.2461	5.1916	0.9166	0.2176	0.3207	0.3140	0.3380	0.5020	0.5562	0.2620	0.4012	1.8714	0.6650
f_c11o	0.1269	0.0595	0.0477	0.0261	0.0614	0.1386	0.1756	0.2737	1.7374	2.8630	1.6275	0.2424	0.3545	0.3409	0.4126	0.8557	0.5629	0.3172	0.3513	2.2546	0.6415
f_c12y	0.1455	0.0769	0.0652	0.0299	0.1701	0.1309	0.1505	0.3926	2.1783	4.8137	1.3367	0.2615	0.3848	0.3585	0.3781	0.8063	0.5781	0.3680	0.4016	2.6777	0.7852
f_c12m	0.1349	0.0675	0.0614	0.0277	0.2837	0.1191	0.1548	0.8194	1.7448	5.1978	1.0944	0.2501	0.3559	0.3496	0.3467	0.6797	0.6898	0.4597	0.3604	2.8913	0.8044
f_c12o	0.1527	0.0812	0.0677	0.0282	0.1868	0.1487	0.1775	0.4619	1.6742	4.4407	1.3894	0.2325	0.2866	0.2749	0.3509	0.7581	0.6040	0.3872	0.4563	2.3220	0.7241
f_c21y	0.1262	0.1107	0.0938	0.0348	0.1753	0.1430	0.1504	0.5994	1.4927	3.6200	0.8941	0.2643	0.3559	0.3503	0.3533	0.9826	0.7016	0.3560	0.3350	2.5596	0.6850
f_c21m	0.1401	0.0976	0.0671	0.0354	0.0409	0.1112	0.1436	0.3568	0.6907	3.4886	0.8868	0.2447	0.2404	0.2520	0.2333	0.4151	0.5062	0.3724	0.4631	1.5933	0.5190
f_c21o	0.1627	0.1008	0.0829	0.0317	0.0686	0.1305	0.1436	0.3242	1.2030	4.3824	0.8593	0.1647	0.3660	0.3937	0.3047	0.6218	0.4698	0.2489	0.2906	1.8466	0.6098
f_c22y	0.0400	0.0590	0.0473	0.0158	0.0027	0.1030	0.1000	0.2345	0.3132	0.1656	0.5909	0.5662	0.3519	0.2434	0.0984	0.0644	0.2478	0.1302	0.2287	0.6190	0.2111
f_c22m	0.1380	0.0803	0.0632	0.0427	0.0308	0.1336	0.1628	0.5735	1.7192	3.5608	1.3074	0.3127	0.4796	0.4758	0.4288	0.8548	0.8155	0.4242	0.4373	2.1483	0.7095
f_c23m	0.1584	0.0928	0.0789	0.0659	0.2758	0.1693	0.1824	0.7229	3.0492	4.5247	1.2190	0.2909	0.5863	0.6024	0.5344	0.9008	0.7497	0.4454	0.4066	2.3921	0.8724
f_c24m	0.1610	0.0887	0.0615	0.0460	0.0379	0.1399	0.1476	0.3478	1.2678	5.7393	0.8780	0.2334	0.2920	0.3075	0.2949	0.5955	0.4447	0.3037	0.3397	2.1035	0.6915
f_c300	0.1171	0.0978	0.0824	0.0362	0.0415	0.1239	0.1287	0.3199	0.7759	4.0609	0.9410	0.2364	0.2795	0.2602	0.3069	0.5011	0.3833	0.3626	0.3591	1.3083	0.5361
p_c22y	0.1933	0.1579	0.1297	0.1172	0.0605	0.2117	0.2004	0.3696	0.6420	1.5178	0.4435	0.2849	0.3371	0.3099	0.3515	0.4565	0.3936	0.2639	0.3497	0.9712	0.3881
p_c23y	0.1866	0.1143	0.1287	0.0931	0.2844	0.2208	0.2438	0.5544	1.0430	2.6557	1.4458	0.2717	0.3606	0.3731	0.2627	0.9148	0.4705	0.4404	0.5681	1.5934	0.6113
p_c24y	0.2466	0.1402	0.1065	0.0945	0.1012	0.2544	0.1847	0.4034	0.7636	2.2593	0.6194	0.2465	0.3807	0.3766	0.2795	0.4941	0.4861	0.3277	0.3117	1.0839	0.4580
p_c24m	0.1311	0.1176	0.0985	0.0859	0.0405	0.1009	0.1557	0.3210	1.6287	3.0260	1.0879	0.2281	0.4135	0.4190	0.3695	0.6274	0.4886	0.2589	0.3301	1.6906	0.5810
p_c300	0.1183	0.1133	0.0887	0.0504	0.0331	0.1130	0.1249	0.3464	1.4313	4.4549	1.0831	0.2201	0.3564	0.3234	0.3509	0.6045	0.5324	0.2887	0.2912	1.9784	0.6452
p_c400	0.1457	0.1237	0.1139	0.1016	0.0514	0.1128	0.2144	0.4033	1.0175	4.5714	0.6664	0.2337	0.4866	0.5371	0.3380	0.4729	0.4048	0.2845	0.2992	0.9287	0.5754
p_c500	0.1228	0.1704	0.1601	0.0746	0.1487	0.1394	0.1492	0.4759	1.1463	2.5434	0.9909	0.3125	0.5352	0.5291	0.5046	0.6107	0.5108	0.3959	0.3881	1.2123	0.5560
p_c600	0.1713	0.1181	0.1058	0.0966	0.1325	0.1717	0.1954	0.4230	1.0100	2.7476	0.5248	0.2279	0.3504	0.3913	0.2959	0.7176	0.3787	0.3189	0.2637	0.8552	0.4748
p_c900	0.1834	0.1725	0.1870	0.0960	0.1254	0.1811	0.1872	0.6112	0.7065	1.0730	0.7137	0.3040	0.4690	0.5020	0.2590	0.5063	0.4125	0.4224	0.2837	1.0477	0.4222

附表 24 方案 noTM 各类型间的欧氏距离

类型	f_c11y	f_c11m	f_c11o	f_c12y	f_c12m	f_c12o	f_c21y	f_c21m	f_c21o	f_c22m	f_c23m	f_c24m	f_c300	p_c22y	p_c23y	p_c24y	p_c24m	p_c300	p_c400	p_c500	p_c600	p_c900
f_c11y		1.01	1.32	0.43	0.61	0.77	1.95	0.93	0.71	0.90	1.50	1.38	2.03									
f_c11m			0.39	0.92	0.47	0.58	2.78	1.63	1.06	1.63	2.46	2.11	2.63									
f_c11o				1.15	0.78	0.71	2.95	1.80	1.18	1.82	2.75	2.28	2.73									
f_c12y					0.66	0.51	1.93	0.84	0.47	0.82	1.68	1.29	1.92									
f_c12m						0.54	2.46	1.33	0.86	1.33	2.09	1.82	2.38									
f_c12o							2.27	1.13	0.59	1.13	2.12	1.61	2.12									
f_c21y								1.19	1.84	1.18	1.32	0.93	1.06									
f_c21m									0.75	0.24	1.42	0.60	1.17									
f_c21o										0.82	1.76	1.29	1.84									
f_c22m											1.34	0.60	1.21									
f_c23m												1.47	2.09									
f_c24m													0.80									
f_c300																						
p_c22y															3.92	2.85	0.91	0.60	2.49	1.12	1.84	7.64
p_c23y																1.27	3.52	3.93	2.06	4.05	2.21	7.53
p_c24y																	2.33	2.86	1.36	3.18	1.08	7.62
p_c24m																		0.98	2.23	1.85	1.37	7.96
p_c300																			2.67	1.30	1.88	8.08
p_c400																				2.56	1.25	6.80
p_c500																					2.22	7.14
p_c600																						7.49
p_c900																						

距离计算采用的对象特征 16 个：b1，b2，b4，tm1，tm4，tm5，std_b1，std_tm1，std_tm2，std_tm4，con_b1，con_b4，con_tm1，con_tm5，stdd_b4，stdd_tm5。

附表 25 方案 withTM 各类型间的欧氏距离

类型	f_c11y	f_c11m	f_c11o	f_c12y	f_c12m	f_c12o	f_c21y	f_c21m	f_c21o	f_c22m	f_c23m	f_c24m	f_c300	p_c22y	p_c23y	p_c24y	p_c24m	p_c300	p_c400	p_c500	p_c600	p_c900
f_c11y		0.68	1.07	0.38	0.49	0.53	1.52	0.73	0.44	0.91	1.28	1.03	1.64									
f_c11m			0.47	0.92	0.48	0.43	2.13	1.31	0.96	1.52	1.93	1.59	2.13									
f_c11o				1.23	0.83	0.62	2.39	1.57	1.24	1.80	2.32	1.84	2.29									
f_c12y					0.82	0.65	1.28	0.52	0.21	0.67	1.19	0.81	1.44									
f_c12m						0.54	1.92	1.12	0.84	1.33	1.67	1.42	1.95									
f_c12o							1.79	0.98	0.68	1.19	1.74	1.26	1.76									
f_c21y								0.87	1.25	0.66	1.05	0.75	0.77									
f_c21m									0.49	0.31	1.11	0.36	0.94									
f_c21o										0.69	1.24	0.81	1.39									
f_c22m											0.92	0.37	0.92									
f_c23m												1.21	1.66									
f_c24m													0.71									
f_c300																						
p_c22y															2.41	1.73	0.54	0.89	1.32	1.27	0.82	3.74
p_c23y																0.85	2.90	3.10	1.56	3.05	1.75	3.17
p_c24y																	2.22	2.49	1.05	2.56	1.06	3.25
p_c24m																		0.60	1.72	1.15	1.29	3.98
p_c300																			1.96	0.86	1.59	4.16
p_c400																				1.83	0.82	2.91
p_c500																					1.66	3.72
p_c600																						3.37
p_c900																						

距离计算采用的对象特征 20 个：b1，b2，b3，b4，tm1，tm4，tm5，std_tm2，con_b4，con_tm1，con_tm5，stdd_b1，stdd_b2，stdd_b3，stdd_b4，stdd_tm1，stdd_tm3，stdd_tm4，stdd_tm5，vcon_tm3。

彩图2-1 分段线性拉伸效果

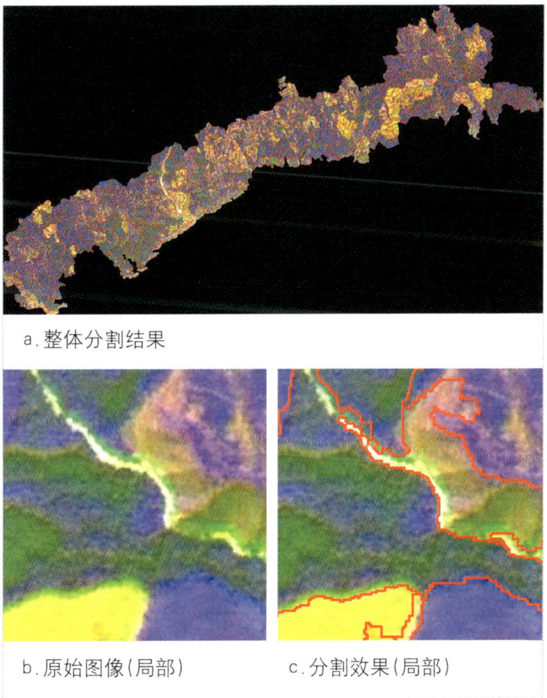

a.整体分割结果

b.原始图像(局部)

c.分割效果(局部)

彩图3-1 方案noTM图像分割结果

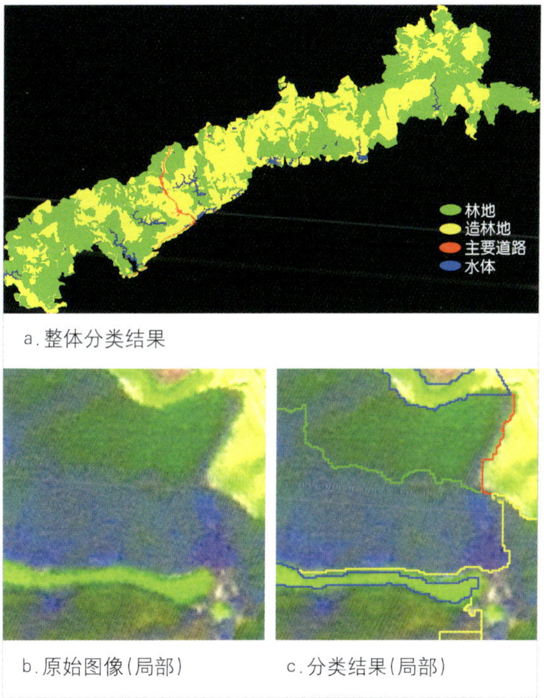

a.整体分类结果

b.原始图像(局部)

c.分类结果(局部)

彩图3-2 方案noTM基于规则的分类结果

绿色:林地;黄色:造林地;红色:主要道路;蓝色:水体

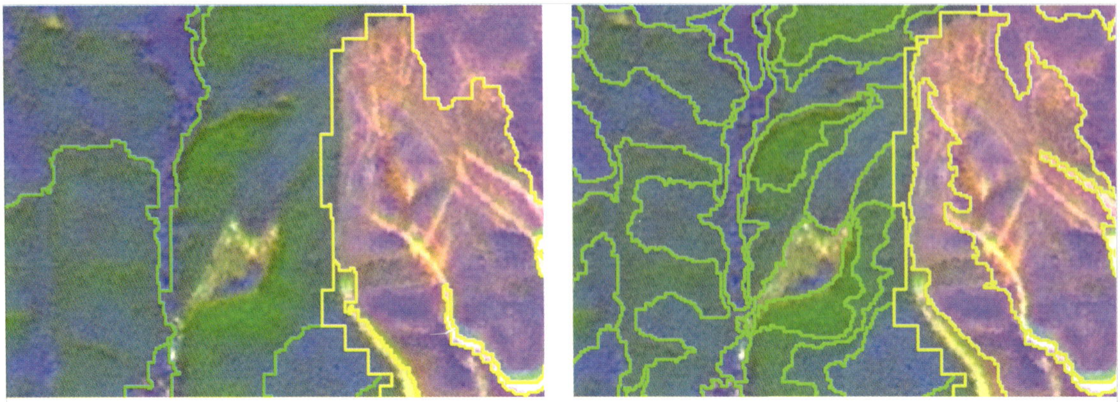

a.第一次分割　　b.第二次分割

彩图3-3　方案noTM基于分类的林地和造林地分割

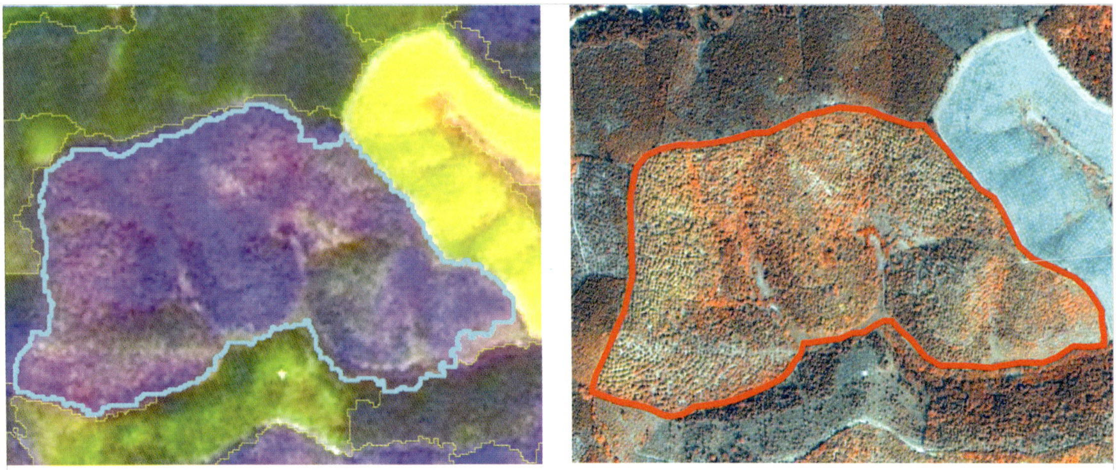

a.SPOT5 分割结果　　b.Quickbird 参考对象

彩图3-4　分割对象和参考对象比较

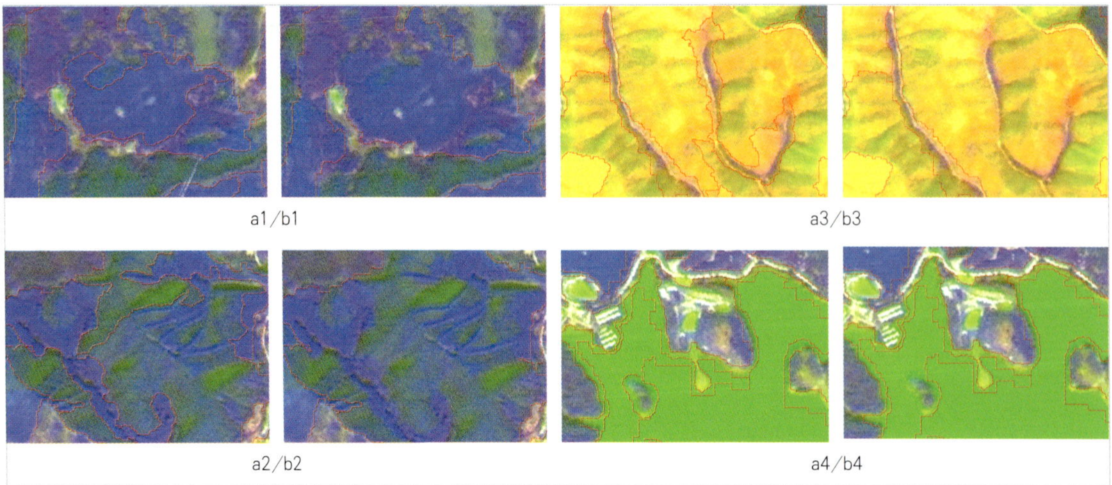

彩图3-5　方案noTM和withTM分割结果比较

a1～a4为方案noTM的分割结果；b1～b4为方案withTM的分割结果

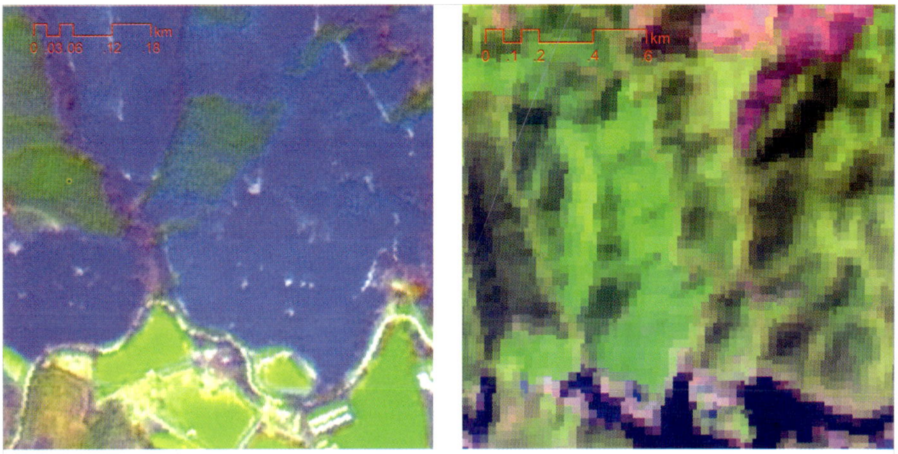

a.SPOT5图像(4/2/1)　　b.Landsat7 ETM+(5/4/3)

彩图3-6 SPOT5和ETM+原始图像比较

a.原始图像(4/2/1)　　b.直方图均衡化

彩图7-1 原始图像和直方图均衡化图像比较

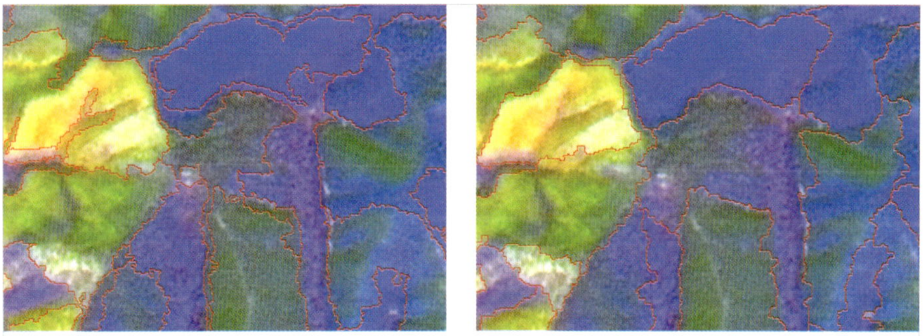

a.His_200　　b.Info_75

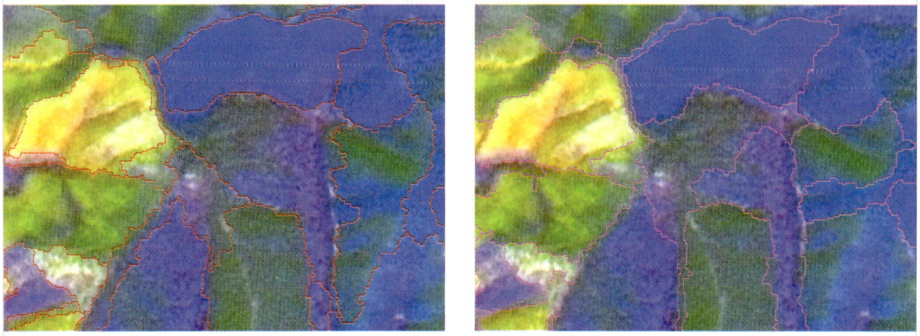

c.WithStd_75　　d.NoStd_75

彩图7-2 各方案的分割结果比较

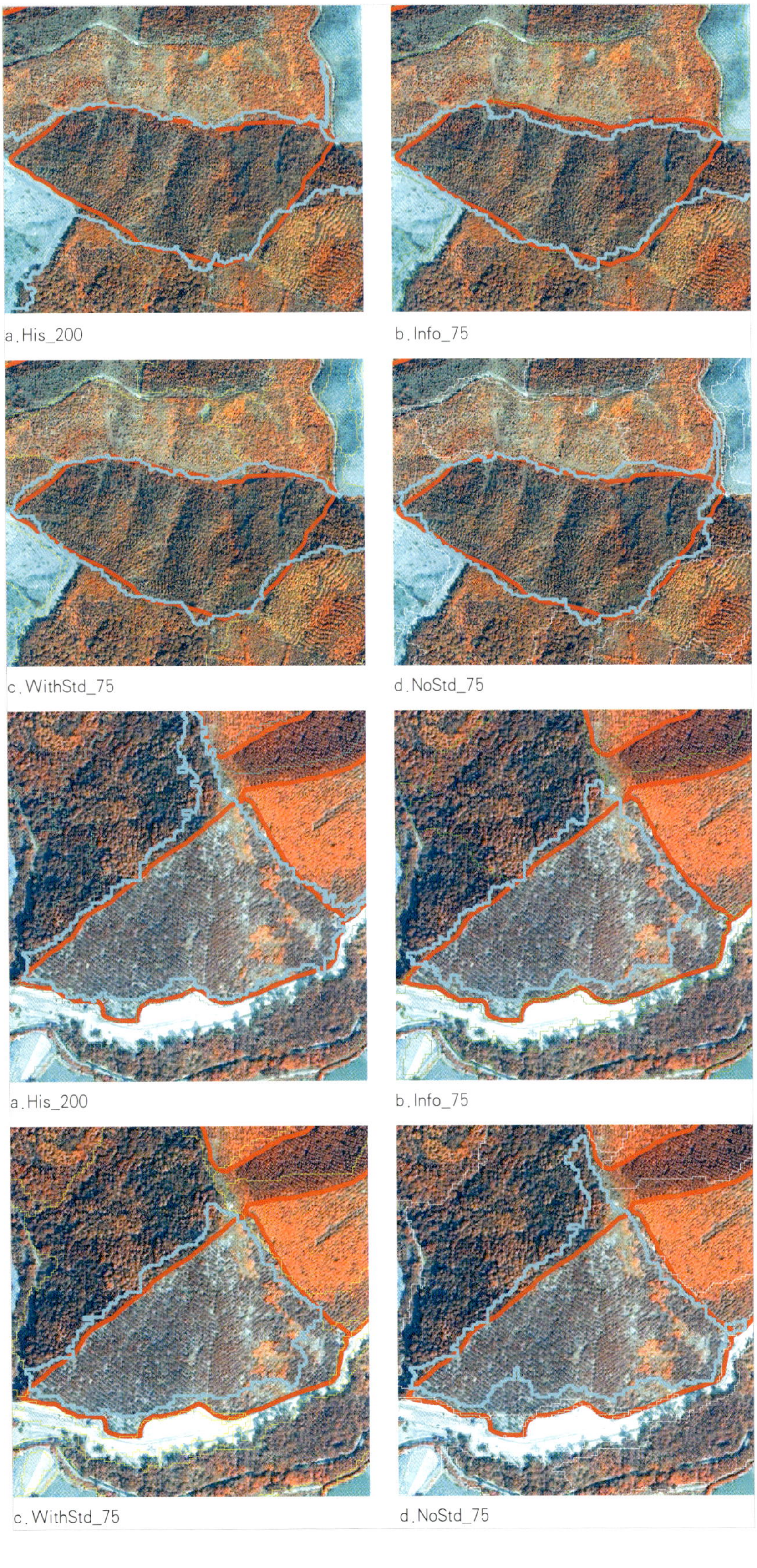

彩图7-3
各方案分割结果与
参考对象比较

彩图8-1
多尺度分割结果与层次

a.Scale=500
b.Scale=400
c.Scale=300
d.Scale=200
e.Scale=100
f.Scale=50
g.Scale=20

a	b	c	d
e	f	g	

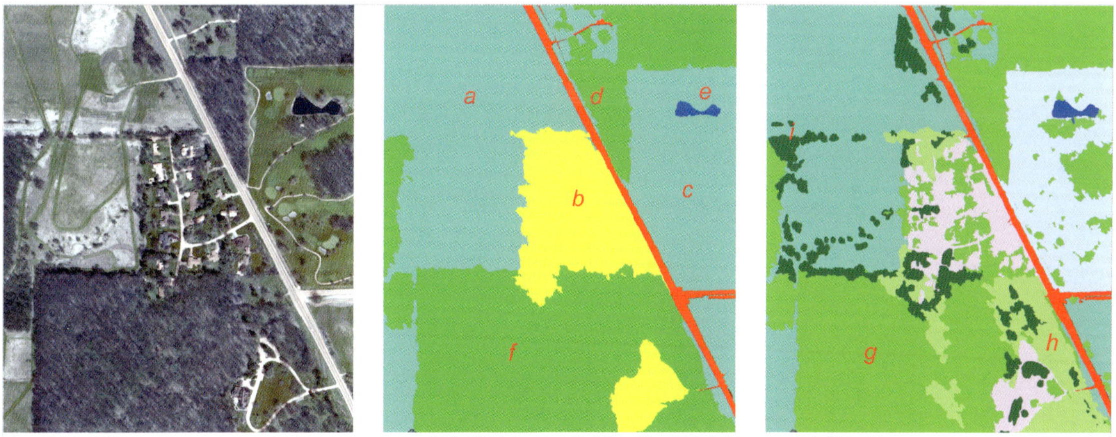

a.原始图像　　b.土地利用　　c.土地覆盖

彩图8-2　分类结果

a–运动/开放草坪　b–城市/居民区　c–高尔夫球场　d–道路　e–水体　f–落叶林　g–常绿林　h–混交林

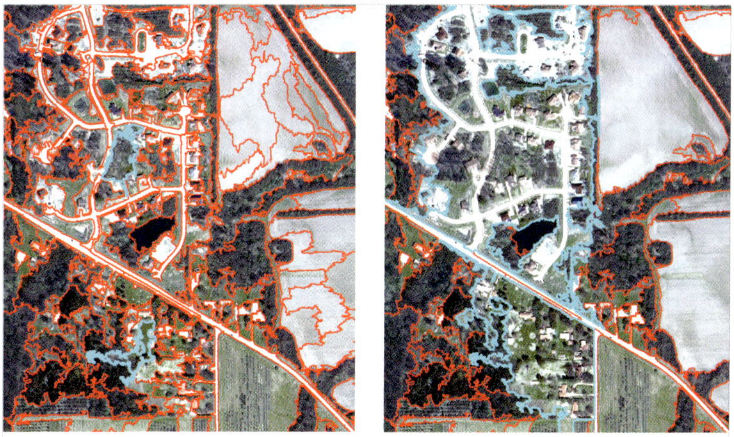

a.未合前　　b.已合后

彩图8-3
对象合并前后对比

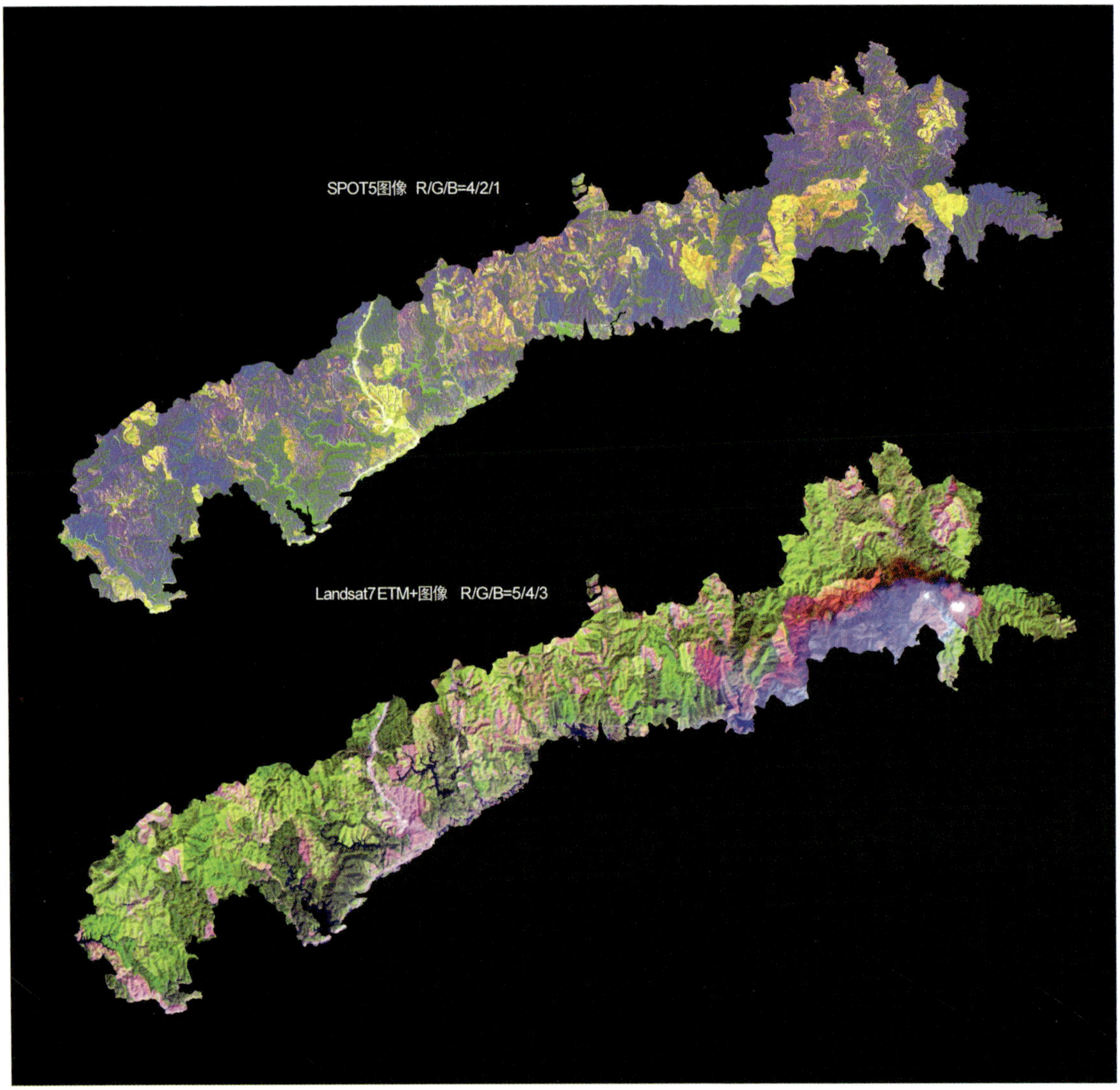

附图1　原始图像

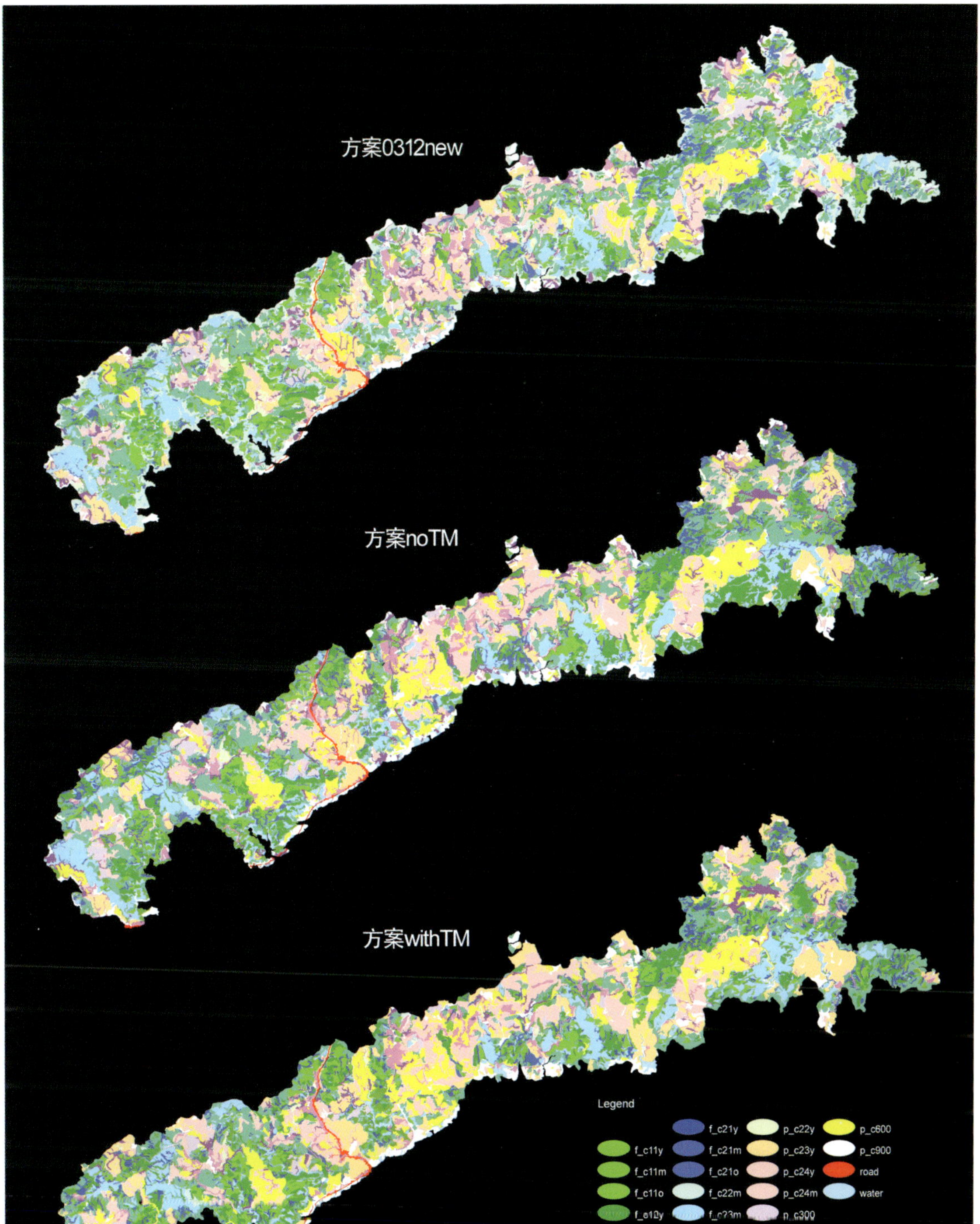

附图2 各方案的Bayes分类器分类结果(全图)

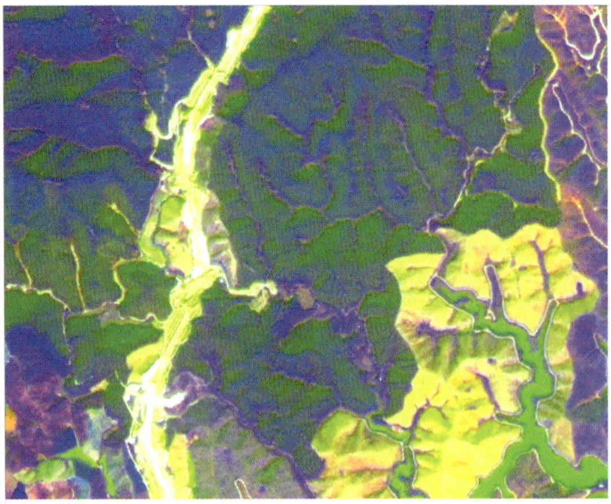

a.原始图像

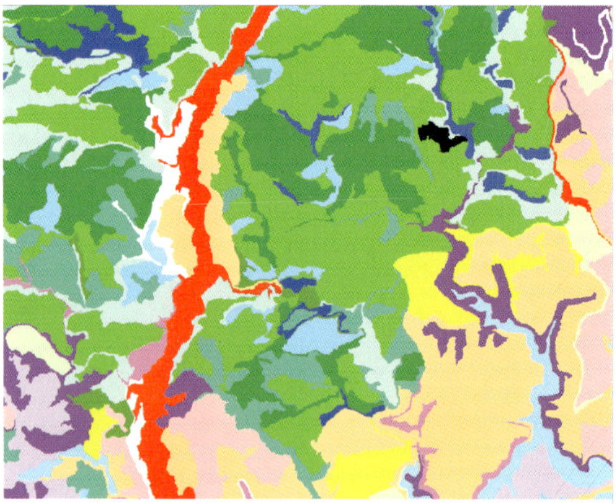

b.方案0312new

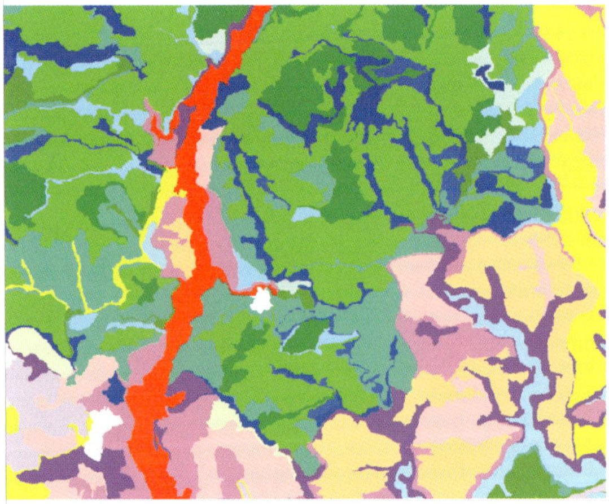

c.方案noTM

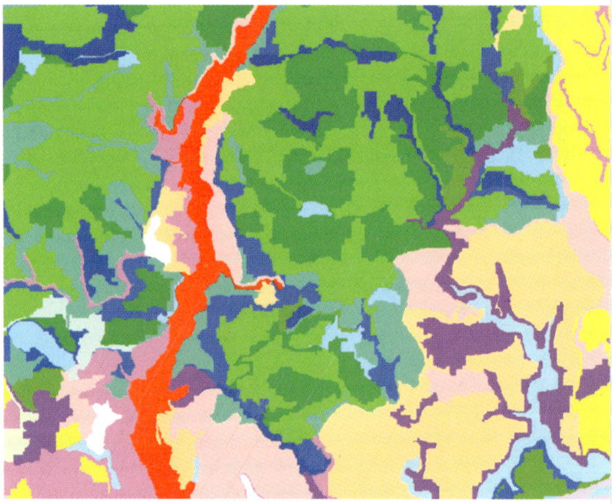

d.方案withTM

附图3　各方案的第三级分类的Bayes分类器分类结果比较(局部)